철근 배근 이론과 실무

|제3판|

박우열 · 정현옥
강태경 · 조훈희 공저

머리말

최근 건축시공기술이 비약적으로 발전하고 초고층화가 진행되면서 재료의 발달도 가속화되고 있다. 그러나 철근콘크리트구조에서 보강재로 사용되는 철근은 최근에서야 분업화·전문화되고 있으며 이에 대한 체계적인 자료도 많이 부족한 상태이다. 철근공사는 제강사에서 생산한 장대철근을 구입하여 해당 부재에 적합한 형상으로 가공한 후 적절한 위치에 조립하는 과정을 거친다. 이 과정에서 제강사, 종합건설업체, 철근전문건설업체, 가공공장, 철근상세도(샵드로잉) 작성 전문업체 등이 참여한다. 과거에는 철근공사 대부분을 철근전문업체가 담당하였으나, 최근에는 가공 및 철근상세도 작업이 전문화되면서 철근가공공장과 철근상세도 전문업체가 증가하고 있다. 이처럼 철근작업은 점점 전문화되고 있으며 업체 간의 의사소통과정도 복잡해지고 있다.

철근작업은 여러 가지 측면에서 숙련된 경험을 요구한다. 건축물은 기초, 기둥, 벽체, 보, 슬래브 등 다양한 구조부재로 구성되어 있고, 부재에 따라 가공되는 철근의 형상이 다르고 배근되는 위치가 달라진다. 만일 모든 건축물의 형태가 동일하다면 철근작업이 어느 정도 단순해지겠지만, 건축물의 모양은 매번 달라진다. 따라서 각각의 부재에 필요한 철근의 형상도 매우 복잡하게 나타나기 때문에, 철근을 처음 배우는 학생이나 기능공은 철근 배근을 매우 어렵게 느낀다.

또 철근은 무게가 무겁고 다루기가 어렵기 때문에 일반적으로 3D업종으로 인식한다. 그러나 철근 배근을 이해하기 위해서는 상당한 지식이 필요하다. 철근콘크리트 구조체에서 철근은 주로 인장력을 분담하고 콘크리트는 압축력을 분담한다. 콘크리트는 인장력에 약하다. 따라서 인장력을 분담하는 철근이 적절한 형상으로 가공되지 않거나 적절한 위치에 배치되지 않는다면 콘크리트에 균열이 발생하는 등 구조적인 성능이 저하되고 안정성에 큰 문제를 일으킬 수도 있다. 따라서 철근작업자는 구조도면을 보고 읽을 수 있는 능력을 갖추어야 하며, 철근콘크리트구조에 관한 기준을 어느 정도 이해할 필요가 있다. 아마 철근공사가 어렵게 느껴지는 가장 큰 이유는 철근콘크리트 구조에 대한 쉽지 않은 지식이 필요하기 때문일 것이다.

더욱이 최근 철근콘크리트 구조설계기준에 많은 변화가 있었다. 구조설계기준은 1988년 〈극한강도 설계법에 의한 철근콘크리트 구조계산 규준〉이 제정된 이래 1999년에는 건축·토목 분야 관련 학회가 공동으로 협력하여 〈콘크리트구조설계기준〉을 제정 발표하여 두 분야에 적용할 수 있게 되었다. 이후 2003년과 2007년, 2012년에 부분 개정되었으며, 현재 대부분의 건축물은 극한강도 설계법으로 설계·시공하고 있다. 이처럼 구조기준에서 많은 변화가 있었지만 일부 서적에서는 과거의 배근방식을 그대로 답습하는 경우도 있어서 일부 현장에서는 혼선이 발생하기도 하였다. 따라서 개정된 구조설계기준에 맞는 배근상세기준을 규정할 필요가 있다. 선진국에서는 이미 철근상세도 및 배근상세의 표준을 출판하여, 구조설계도면에 명시되지 않은 사항이나 소규모 현장에서 참조할 수 있는 참고자료를 제시하고 있다. 이와 같은 자료는 우리의 입장에서 참고자료가 될 수 있지만 외국의 건설현장은 우리나라와 다르기 때문에 우리 현실에 맞는 표준을 제시할 필요가 있을 것이다.

이 책은 2012년 개정된 철근콘크리트 구조설계기준에 적합한 철근 배근 안내서를 제공하는 데 목적을 두고 있다. 철근에 대한 기본적인 사항뿐 아니라 현장에서 배근하는 과정을 가능한 쉽게 이해할 수 있도록 많은 도판을 수록하였다. 이 책은 3부와 부록으로 나누어 구성하였다.

1부에서는 철근에 대한 기본적인 사항을 다루었다. 철근콘크리트 구조에서 철근이 부담하는 힘에 대한 기본적인 설명과 철근재료에 대한 KS 규격, 철근의 가공, 이음과 정착, 배치 간격 등을 다루었다.

2부에서는 구조설계기준에 따른 기초, 기둥, 벽체, 보, 슬래브 부재별 배근방법을 다루었다. 각 부재별 일반사항에서는 부재별로 발생하는 응력을 서술하고, 각각의 응력에 대응하기 위해 필요한 철근의 종류를 서술하여 기본원리에 대한 이해를 돕고자 하였다. 각 장의 마지막에는 실제 현장에서 어떤 순서로 배근하는지 부재별 배근 순서를 알기 쉽게 나타내었다.

3부에서는 실제 사례도면을 바탕으로 부재별 철근상세도 작성방법을 서술하였다. 우리나라에서는 아직까지 철근가공 표준형상 등 철근상세도에 대한 표준이 없다. 따라서 여기서 제시하는 도면작성방법이 표준이라고 할 수는 없지만 저자가 다년간 건설현장에서 적용해 온 방식이므로 실무에 충분히 활용될 수 있을 것이며, 앞으로 국가적인 표준이 마련되는 데 일조할 수 있기를 희망한다.

이 책은 대학에서 철근 배근을 처음 공부하는 학생이나 실무에서 철근을 처음 접하는 초심자들을 대상으로 쉽게 이해할 수 있도록 내용을 구성하였지만, 관련된 업무에 종사하는 모든 분들에게 도움이 될 수 있기를 희망해 본다. 실질적이고 실용적인 내용을 담기 위해 노력했지만 저자의 게으름과 무지 탓에 잘못 설명하고 누락한 내용도 많을 것이다. 앞으로 독자 여러분의 많은 관심과 지적을 부탁드리며 계속 새로운 내용을 담을 수 있도록 노력할 것을 약속드린다. 끝으로 책을 출판할 수 있도록 도와주신 많은 분들과 도서출판 대가 사장님을 비롯 편집부 직원 여러분께 감사드린다.

저자 일동

CONTENTS

제1부 철근 배근의 기본

1장 철근콘크리트 구조
1. 철근과 콘크리트 / 12
2. 철근이 부담하는 응력 / 14

2장 철근 재료
1. 형상(원형철근과 이형철근) / 20
2. 재질(기계적 성질) / 22
3. 지름(철근의 굵기) / 25
4. 표준길이(생산길이) / 27
5. 철근 한 개마다의 표시 / 28
6. 철근 한 묶음마다의 표시 / 29
7. 철근의 녹 / 30

3장 철근의 가공
1. 공장가공과 현장가공 / 32
2. 절곡과 절단 / 34

4장 철근의 정착
1. 인장 정착길이의 개념 / 49
2. 인장 이형철근 및 이형철선의 정착길이 / 51
3. 표준갈고리가 있는 이형철근의 정착길이 / 57
4. 압축 이형철근의 정착길이 / 60

5장 철근의 이음
1. 이음 위치 / 62
2. 이음 방법 / 67

6장 배근 기준
1. 철근의 간격 / 80
2. 철근의 피복두께 / 82

제2부 부재별 배근

7장 기초 배근

1. 기초 배근 일반 / 90
2. 상하부근 / 93
3. 조립용 철근 / 95
4. 집수정 / 97

8장 기둥 배근

1. 기둥 배근 일반 / 98
2. 기둥 다우얼 철근 / 100
3. 주근 / 102
4. 띠철근 / 105

9장 벽체 배근

1. 벽체 배근 일반 / 112
2. 벽체 다우얼 철근 / 113
3. 벽체 철근 일반 / 114
4. 단부 보강 / 117
5. 벽체 개구부 보강 / 120
6. 미국 ACI 배근 상세 / 121
7. 벽체 철근 배근 순서 / 123

10장 보 배근

1. 보 배근 일반 / 128
2. 주근 / 130
3. 스터럽 / 131
4. 보 2단근 지지 / 134
5. 교차부 배근 / 135
6. 보 배근 순서 / 137

11장 슬래브 배근

1. 슬래브 배근 일반 / 142
2. 1방향 슬래브 배근 / 144
3. 2방향 슬래브 배근 / 149
4. 슬래브 개구부 보강 / 151
5. 단차가 있는 슬래브 철근 / 153
6. 슬래브의 배근 순서 / 154

12장 배근검사 : 배근의 허용오차

1. 종방향 철근의 허용오차 / 160
2. 배근 위치의 허용오차 / 162

13장 철근 물량 절감

1. 기초 / 168
2. 기둥 / 169
3. 벽체 / 172
4. 보 / 173
5. 슬래브 / 175

제3부 부재별 철근상세도 작성

14장 철근상세도

1. 철근상세도 규정 / 180
2. 철근상세도 작성의 필요성 / 182
3. 철근상세도 작성 일반 / 187
4. 철근가공 길이의 단순화 / 193

15장 기초 철근상세도

1. 집수정 / 199
2. 전면(Mat)기초 / 203

16장 기둥 철근상세도

1. 기둥 다우얼 철근 / 215
2. 기둥 철근 / 217

17장 벽체 철근상세도

1. 벽체 다우얼 철근 / 225
2. 벽체 철근 / 227

18장 보 철근상세도

1. 상하부 주근 / 235
2. 스터럽 / 242
3. 단순화 / 243

19장 슬래브 철근상세도

1. 하부 주근 / 250
2. 하부 부근 / 251
3. 상부 부근 / 252
4. 상부 주근 / 254

참고문헌 / 260

철근형상별 코드표

■ 일러두기

1. 이 책은 콘크리트구조 설계기준(KDS : 2022), 콘크리트 표준시방서(KCS : 2022), ACI Detailing, Manual(2004)를 기준으로 하였다.
2. 본문에 단위가 명기되지 않은 수치는 mm를 나타낸다.

1부에서는 철근에 대한 기본적인 사항을 다루었다. 철근콘크리트구조에서 철근이 부담하는 힘에 대한 기본적인 설명과 철근 재료에 대한 KS 규격, 철근의 가공, 정착과 이음, 배치 간격 등을 다룬다.

제 1 부

철근 배근의 기본

1. 철근콘크리트구조
2. 철근 재료
3. 철근의 가공
4. 철근의 정착
5. 철근의 이음
6. 배근 기준

1 철근콘크리트 구조

1. 철근과 콘크리트

철근콘크리트구조를 뜻하는 RC구조는 Reinforced Concrete Structure의 약자로써 철근으로 콘크리트를 보강한 구조를 말한다. 철근과 콘크리트는 구조적으로 우수한 장점이 있지만 각기 다른 단점을 가지고 있다. 콘크리트는 압축력에 비해 인장력이 매우 약하고 건조수축이나 온도변화에 의해 균열이 발생하는 단점이 있으며, 철근은 가늘기 때문에 압축에 좌굴되고 대기중에서 쉽게 부식되며 내화성이 약하다. 하지만 왼쪽 그림에서와 같이 철근과 콘크리트가 결합되면 서로의 단점을 보완하면서 우수한 구조성능을 발휘할 수 있다.

[그림 1-1] 철근과 콘크리트의 상호보완

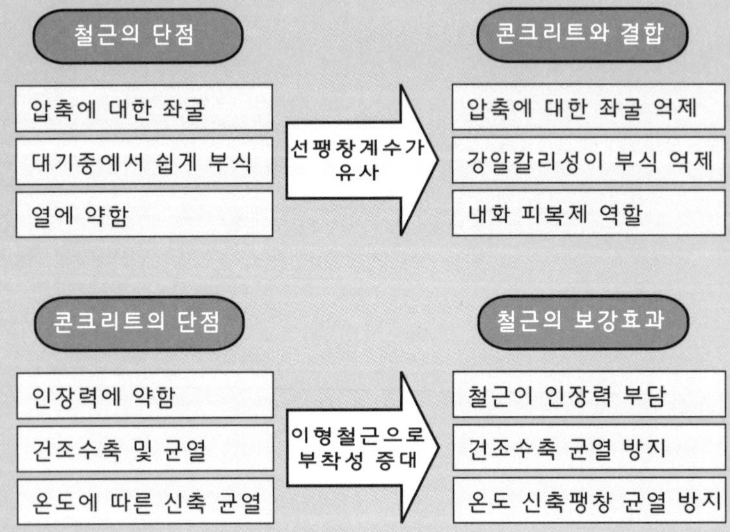

철근의 단점		콘크리트와 결합
압축에 대한 좌굴	선팽창계수가 유사	압축에 대한 좌굴 억제
대기중에서 쉽게 부식		강알칼리성이 부식 억제
열에 약함		내화 피복제 역할

콘크리트의 단점		철근의 보강효과
인장력에 약함	이형철근으로 부착성 증대	철근이 인장력 부담
건조수축 및 균열		건조수축 균열 방지
온도에 따른 신축 균열		온도 신축팽창 균열 방지

철근은 압축력과 인장력에 매우 강한 성질을 가지고 있으나 굵기가 가는 철근에 압축력이 작용하면 쉽게 구부러지고 힘을 발휘하지 못한다. 즉, 철근은 길이에 비해 가늘어서 좌굴되기 쉽다. 반면 콘크리트는 압축력에 강하지만 인장력에 대한 저항은 압축력의 1/10배 정도로 매우 약하다. 따라서 콘크리트만으로는 인장력이 작용하는 부재에 사용하기 어려우며, 인장력과 압축력이 조합된 휨모멘트에도 저항하지 못한다. 그러나 콘크리트 속에 철근을 넣어 보강하면 인장력과 압축력뿐 아니라 휨모멘트와 전단력에도 강한 구조재료가 된다.

철근은 대기중에서 쉽게 부식되고, 녹이 슬면 단면이 손실되기 때문에 구조성능이 저하된다. 그러나 콘크리트 속에 철근을 매입하면 부식을 억제할 수 있다. 만일 콘크리트 속에서 철근이 부식된다면 체적이 팽창하여 콘크리트에 균열이 생기게 된다. 그러나 콘크리트는 시멘트가 수화반응하면서 생긴 수산화칼슘[$Ca(OH)_2$] 때문에 강한 알칼리성을 띠고 이것이 부동태피막을 형성하여 철근의 부식을 막는다. 이 수산화칼슘은 대기중에 있는 이산화탄소(CO_2)와 결합하여 탄산칼슘($CaCO_3$)으로 변하게 되는데, 이처럼 콘크리트가 탄산화되면 부동태피막이 파괴되어 철근이 부식하게 된다. 그러나 탄산화는 콘크리트 표면에서 안쪽으로 서서히 진행되기 때문에 철근이 충분히 안쪽에 있다면 건물수명 동안 부식되는 것을 막을 수 있다.

또 구조재로서 철근은 화재와 같은 고온상태에서 내력이 급격히 감소하는 단점이 있다. 강재는 온도가 500℃ 정도로 올라가면 내력이 약 1/2로 줄어든다. 따라서 강구조와 같이 철만 단독으로 사용하는 경우에는 화재발생 시 일정 시간 동안 구조재료를 보호해 줄 수 있는 내화피복이 필요하다. 그러나 철근콘크리트구조에서는 철근을 콘크리트 속에 매입하기 때문에 화재가 발생하더라도 일정 시간 동안 철근을 보호할 수 있다.

철근콘크리트구조는 철근과 콘크리트를 동시에 사용하는 복합재료이다. 만일 복합재료에 사용되는 개별재료의 선팽창계수가 다르면 온도가 높아졌을 때 서로 늘어나는 길이가 다르기 때문에 한쪽으로 구부러지거나 균열이 발생할 수 있다.

따라서 복합재료에서는 개별재료의 선팽창계수가 매우 중요하다. 철근콘크리트 구조에서 철근은 선팽창계수가 1.04~1.15×10^{-5}(1×10^{-5}) 정도로 콘크리트와 비슷하기 때문에 계절에 따라 온도차가 발생하더라도 서로 떨어지지 않고 일체로 거동할 수 있다.

이와 같이 철근과 콘크리트는 각각의 단점을 서로 보완하면서 장점을 최대로 발휘할 수 있는 이상적인 구조방식이라고 할 수 있다.

2. 철근이 부담하는 응력

철근콘크리트구조에서 철근은 인장력을 주로 부담하는데, 구조물에서 발생하는 인장응력은 다음과 같다.

① 휨모멘트
② 전단력
③ 콘크리트의 건조수축
④ 온도변화에 따른 콘크리트의 신축팽창

(1) 휨모멘트

[그림 1-2]는 보에서 발생하는 휨모멘트에 의해 부재가 변형되는 모습과 이때 발생되는 응력을 나타낸 것이다.

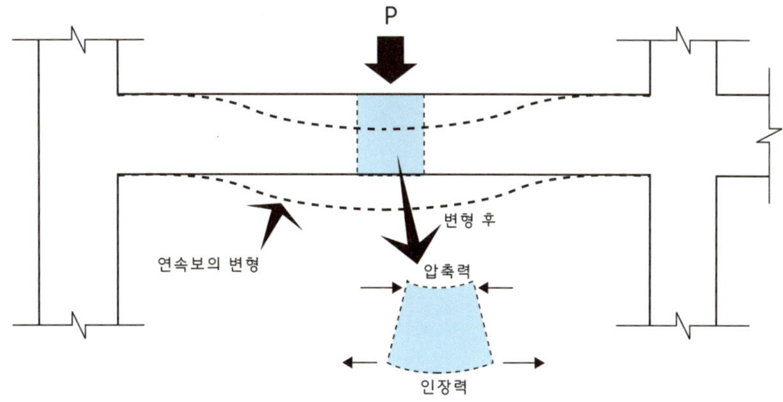

[그림 1-2] 보에 발생하는 휨모멘트와 변형

보에 휨모멘트가 작용하여 휘게 되면 원래 직사각형이었던 미소(微少)단면이 사다리꼴처럼 변형된다. 이 사다리꼴의 상부는 길이가 줄어들기 때문에 압축응력이 발생하고 하부는 길이가 늘어나기 때문에 인장응력이 발생한다. 일반적으로 휨모멘트는 보의 중앙 하부에서 최대가 되고 콘크리트는 인장력에 약하기 때문에, 보의 중앙하부에서 수직방향으로 균열이 발생한다. 따라서 보 하부에 철근을 배근하여 인장력을 부담하게 하고, 콘크리트가 상부의 압축력을 부담하면 인장 및 압축응력을 동시에 견딜 수 있는 이상적인 구조형태를 만들 수 있다.

(2) 전단력

보에 전단력이 작용할 때 미세영역의 거동을 보면 [그림 1-3]과 같이 마름모꼴로 변형된다. 일반적으로 전단력은 지지점에 가까운 단부에서 최대이고 중앙부로 갈수록 줄어든다.

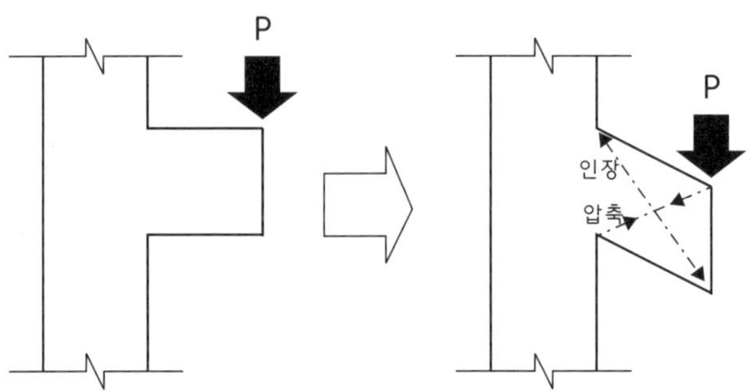

[그림 1-3] 전단력 작용에 의한 부재의 변형

휨모멘트에 의한 부재의 변형 시 발생되는 응력을 인장응력과 압축응력으로 나누는 것처럼 전단력이 작용하는 단면에서 발생되는 응력 역시 인장응력과 압축응력으로 나눌 수 있다. 원래 정사각형이었던 단면이 마름모꼴로 변형되었다고 보면, 단면이 줄어드는 대각선 방향으로는 압축응력이 발생하고 단면이 늘어나는 대각선 방향으로는 인장응력이 작용하는 것으로 볼 수 있다. 이때 인장응력이 작용하는 방향의 직각 방향으로 균열이 발생하게 되며 이를 **사인장**(斜引張)**균열**이라고 한다. 따라서 사인장력이 작용하는 경사 방향으로 철근을 배열하는 것이 구조적으로 가장 바람직하다고 할 수 있으나, 실무에서는 보의 수직 방향으로 철근을 배열하는데 이를 스터럽(stirrup)이라 한다.

(3) 콘크리트의 건조수축

콘크리트는 일정한 온도하에서 경화 및 건조하는 동안 수축(shortening)된다. 여러 유형의 수축 중에서 가장 중요한 것이 건조수축(drying shrinkage)이며, 흡착(absorb)된 수분층이 콘크리트 겔 입자의 표면에서 증발하면서 발생한다. 따라서 건조수축은 내부보다 외부에서 더 빨리 발행되며, 수축하는 동안 외부에는 인장응력, 내부에는 압축응력이 발생한다. 일반적으로 대형 부재의 경우 표면적에 대한 부피의 비율이 증가하고 수축을 억제하는 것은 콘크리트가 더 많으므로 소형 부재에 비해 덜 수축되는 경향이 있다.

〈KDS 14 20 01 3.1.2(6)〉에서는 콘크리트의 기본 건조수축 변형률(ε_{sho})을 다음과 같이 제시하고 있다.

$$\varepsilon_{sho} = \varepsilon_s(f_{cu}) \times \beta_{RH} \quad (1.1)$$

여기서, $\varepsilon_s(f_{cu})$와 β_{RH}는 다음과 같이 구한다.

$$\varepsilon_s(f_{cu}) = [160 + 10\beta_{sc}(9 - f_{cu}/10)] \times 10^{-6} \quad (1.2)$$

$$\beta_{RH} = \begin{cases} (40\% \le RH < 99\%)\text{일 경우} : -1.55[1-(RH/100)^3] \\ (RH \ge 99\%)\text{일 경우} : 0.25 \end{cases} \quad (1.3)$$

$\varepsilon_s(f_{cu})$를 계산하는 식에서 f_{cu}는 28일 평균압축강도를 나타내며 설계기준강도(f_{ck})를 이용하여 $f_{cu} = f_{ck} + 8$ 로 구한다. β_{sc}는 시멘트 종류에 따른 계수로 2종 중용열 시멘트면 $\beta_{sc} = 4$, 1종 및 5종 내황산 시멘트면 $\beta_{sc} = 5$, 3종 조강 시멘트면 $\beta_{sc} = 8$을 적용한다. β_{RH}는 상대습도에 따라 영향을 미치는 값으로 상대습도(RH)에 따라 두 가지로 나누어 적용한다.

예를 들어 설계기준강도 24MPa인 일반 콘크리트의 기본 건조수축 변형률을 계산할 때, $\varepsilon_s(f_{cu})$는 다음과 같이 구한다.

$$\varepsilon_s(f_{cu}) = [160 + 10 \times 5 \times (9 - 32/10)] \times 10^{-6} = 0.00045$$

β_{RH}는 우리나라 평균상대습도를 적용하여 다음과 같이 계산할 수 있다. 기상청 자료에 따르면 우리나라 연평균 상대습도는 70.8%를 나타낸다고 한다.

$$\beta_{RH} = -1.55[1-(70.8/100)^3] = -0.999913$$

따라서 $\varepsilon_{sho} = 0.00045 \times -0.999913 = -0.00045$가 된다. 여기서 계산된 결과값이 음수인데, 이것은 건조수축 때문에 수축된다는 것을 의미한다. 따라서 부재 크기가 10m라면 약 4.5mm 정도 수축된다는 것을 나타낸다. 실제 건조수축 변형률은 부재의 유효두께와 건조기간에 따라 달라지겠지만 여기서는 기본 건조수축 변형률만을 고려하였다.

만일 10m 부재가 강하게 구속되어 있어서 수축하지 못하면 내부에 균열이 생기고, 균열이 한 곳에서 발생한다면 4.5mm가 될 것이다. 이 정도면 매우 큰 균열이므로 미관상 좋지 않을 뿐만 아니라 내구성에 심각한 영향을 끼치게 된다. 그런데 만일 이 균열을 잘게 분산시킬 수만 있다면 거의 문제가 되지 않는다. 예를 들어 균열을 30개 정도로 분산시킨다면, 그 크기는 4.5mm/30 = 0.15mm로 거의 눈에 띄지 않을 뿐만 아니라 구조물에 해를 미치지 않을 것이다. 이처럼 균열을 잘게 분산시켜서 눈에 보이지 않게 하려면 철근을 충분히 배열해야 한다. 따라서 〈구조설계기준〉에서는 최소한의 철근량을 규정하고 있다.

이것과는 달리 콘크리트에 줄눈을 넣어서 해결할 수도 있다. 10m에 약 4.5mm 정도 수축된다면, 균열이 생길 수 있는 부분에 콘크리트를 절단하여 줄눈을 만들고 줄눈 부분을 탄성이 있는 실링재로 채워서 해결할 수 있다. 이렇게 하면 콘크리트에 발생하는 균열이 줄눈에 집중되기 때문에 다른 곳에 균열이 생기는 것을 방지할 수 있다.

(4) 온도변화에 따른 신축팽창

대부분의 재료는 온도가 올라가면 팽창하고 온도가 내려가면 수축하는데 콘크리트 역시 온도변화에 따라 수축·팽창을 반복하게 된다. 만일 콘크리트가 자유롭게 움직일 수 있다면 온도에 의한 콘크리트 변형 시 응력은 발생하지 않을 것이다. 그러나 대부분의 콘크리트 부재는 서로 다른 부분과 연결되어 구속되어 있으며 상호간에 영향을 주므로, 슬래브나 벽체와 같이 면적이 넓은 부재의 경우 균열이 발생할 수 있다.

온도수축 변형률은 콘크리트의 열팽창계수에 온도 차이를 곱하여 계산할 수 있으며 콘크리트의 열팽창계수는 10^{-5} 정도이다. 우리나라는 계절에 따른 온도변화가 크기 때문에 온도수축 변형률에 의한 인장응력이 콘크리트의 인장강도보다 큰 경우가 빈번하여 균열이 발생할 가능성이 높다. 따라서 〈KDS 14 20 50 4.6〉에서는 슬래브에서 휨철근이 1방향으로만 배치되는 경우, 이 휨철근에 직각방향으로 수축·온도철근을 배치하도록 규정하고 있다. 여기서 수축·온도철근비는 콘크리트 전체 단면적에 대한 수축·온도철근 단면적의 비로 계산하며, 1방향 슬래브의 경우 설계기준항복강도가 400MPa 이하인 철근을 사용하면 0.0020으로, 설계기준강도가 400MPa를 초과하는 철근을 사용하면 $0.0020 \times \frac{400}{f_y}$ 로 적용하도록 규정하고 있다. 단 어떤 경우에도 0.014 이상이 되어야 한다.

이와 같이 철근콘크리트의 기본적인 원리는 압축력은 콘크리트, 인장력은 철근이 부담하는 것이기 때문에, 철근을 정확한 위치에 배열하는 것이 매우 중요하다. 또한 철근은 인장력을 부담하는 구조적인 역할 이외에도 콘크리트가 가진 결함을 보완하기 위하여 다양한 방법으로 사용된다.

2 철근 재료

철근콘크리트구조에 사용하는 철근의 종류는 한국산업규격(KS D 3504; 철근콘크리트용 봉강)에 규정되어 있다. 한국산업규격에 따르면 철근의 종류는 다음 네 가지 기준에 의해 구분할 수 있다.

① 형상(이형철근)
② 재질(기계적 성질)
③ 지름(철근의 굵기)
④ 표준길이(장대길이)

1. 형상(원형철근과 이형철근)

철근의 형상은 단면이 원형인 원형철근(plane reinforcement)과 표면에 리브(축선방향의 돌기)와 마디(축선방향 이외의 돌기)가 있는 이형철근(deformed reinforcement)으로 구분되며, 보통 원형철근을 SR, 이형철근을 SD로 표시한다. 2007년 이후 개정된 한국산업규격에서는 기존의 원형 봉강 2종류를 삭제했으므로 이형철근만 규정하고 있다. 또한 2016년에는 사용되지 않는 SD350을 삭제하고,

KS D 3688(고성능 철근 콘크리트용 봉강)을 특수내진용으로 통합하여 총 열 종류의 철근 규격으로 개정되었다.

[표 2-1] 철근의 종류 및 기호

종류	기호	용도
이형 봉강	SD300	일반용
	SD400	
	SD500	
	SD600	
	SD700	
	SD400W	용접용
	SD500W	
	SD400S	특수내진용
	SD500S	
	SD500S	

[그림 2-1] 이형철근의 형상

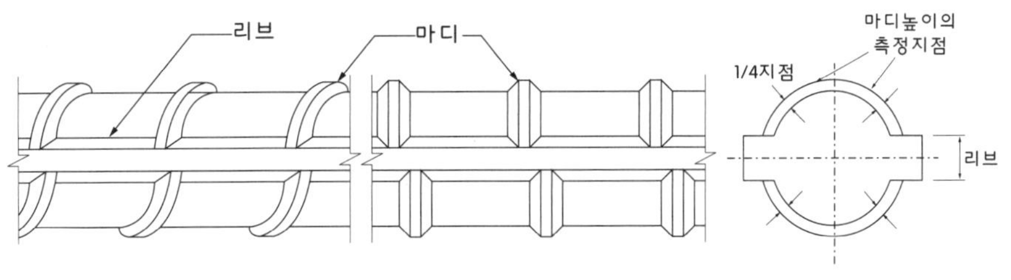

[그림 2-2] 이형철근 표면의 마디와 리브

원형철근은 표면에 돌기가 없이 매끈하기 때문에 콘크리트와의 강한 접착성능을 기대할 수 없다. 따라서 그 사용범위가 제한적이며, 주로 **용접철망**을 제조하는 데 사용된다. 이형철근은 단면에 리브와 마디를 가지고 있어 원형철근보다 콘크리트와의 부착성능을 높일 수 있다. 이형철근에 새겨진 마디와 리브는 제강사별로 다를 수 있으나 콘크리트와 충분히 부착되도록 KS기준을 만족시켜야 한다.

2. 재질(기계적 성질)

철근의 재료인 강은 제조방법 및 성분 중 특히 탄소 함유량에 따라 기계적인 특성이 달라진다.

철근 재질은 구조설계에서 매우 중요하며 구조도면에는 부재별로 필요한 철근 규격이 명기되어 있다. 일반적으로 원형철근을 나타내는 SR 또는 이형철근을 나타내는 SD 기호 뒤에 철근의 최소 항복점강도를 표기한다. 열처리를 한 고강도 탄소강과 같이 항복점이 뚜렷하지 않은 철의 경우에는 0.2% 옵셋 항복강도를 쓴다. 예를 들어 SD400으로 표기되었다면 이형철근으로서 항복점강도가 400N/mm^2= 400MPa[1] 이상임을 나타낸다.

[그림 2-3] 철근의 표기방법

용접용의 경우 항복점강도를 나타내는 수치 뒤에 W(Weldable)을 붙여서 표기한다. 용접을 하면 철근을 고온으로 가열해서 붙이게 되는데, 불순물이 섞여있으면 고온으로 가열 후 식는 과정에서 품질이 나빠질 수 있다. 용접용 철근은 이 불순물의 함양이 일정한 수준 이하가 되도록 처리한 것이다. 특수 내진용철근은 S(Seismic)를 붙여서 표기한다.

[표 2-2] 철근의 종류 및 화학성분

종류	기호	화학성분(%: 무게백분율)							
		C[a]	Si	Mn	P	S	Cu	N[b]	Ceq
이형 철근	SD300				0.050 이하	0.050 이하			
	SD400				0.045 이하	0.045 이하			
	SD500				0.040 이하	0.040 이하			
	SD600				0.040 이하	0.040 이하			0.63 이하
	SD700								
	SD400W	0.22 이하	0.60 이하	1.60 이하	0.040 이하	0.040 이하		0.012 이하	0.50 이하
	SD500W								
	SD400S	0.29 이하	0.30 이하	1.50 이하	0.040 이하	0.040 이하	0.20 이상		0.55 이하
	SD500S	0.32 이하	0.30 이하	1.80 이하	0.040 이하	0.040 이하	0.20 이상		0.60 이하
	SD600S	0.37 이하	0.30 이하	1.80 이하	0.040 이하	0.040 이하	0.20 이상		0.67 이하
	SD700S	0.40 이하	0.60 이하	2.00 이하	0.040 이하	0.040 이하	0.20 이상		0.80 이하

a. SD400W, SD500W에서 치수가 호칭명 D32를 초과하는 것에 대해서는 탄소함량 0.25% 이하, 탄소당량 0.55% 이하로 한다. 또한 SD 600 S에서 치수가 호칭명 D35를 초과하는 것에 대해서는 탄소함량 0.40% 이하, 탄소당량 0.70% 이하로 한다.
b. 질소 결합 원소가 충분히 있을 경우에는 질소 함량이 높아도 좋다.

[표 2-3] 철근의 기계적 성질

종류 기호	항복점 또는 항복강도(N/mm²)	인장강도(N/mm²)
SD300	300 ~ 420	항복강도의 1.15배 이상
SD400	400 ~ 520	항복강도의 1.15배 이상
SD500	500 ~ 650	항복강도의 1.08배 이상
SD600	600 ~ 780	항복강도의 1.08배 이상
SD700	700 ~ 910	항복강도의 1.08배 이상
SD400W	400 ~ 520	항복강도의 1.15배 이상
SD500W	500 ~ 650	항복강도의 1.15배 이상
SD400S	400 ~ 520	항복강도의 1.25배 이상
SD500S	500 ~ 620	항복강도의 1.25배 이상
SD600S	600 ~ 720	항복강도의 1.25배 이상
SD700S	700 ~ 820	항복강도의 1.25배 이상

1) MPa는 메가 파스칼(Mega Pascal)이라고 읽으며, M(메가)은 10^6을 나타내고, Pa는 1㎡당 1N의 힘이 작용할 때의 응력을 말한다. N은 뉴턴이라고 하며, 질량 1kg인 물체가 가속도 $1m/s^2$로 가하는 힘을 나타낸다. 기존의 MKS단위계의 1kgf는 SI단위계로 나타내면 9.806N이 된다. MKS단위계를 SI단위계로 바꿀 때는 편의상 1kgf=10N으로 계산한다. 따라서 $fck=240kgf/cm^2=24MPa$가 된다.

〈KDS 41 17 00 : 건축물 내진설계기준 9.3.1〉에서는 "중연성도과 고연성도가 요구되는 구조형식의 구조물"에 대해 "모멘트골조부재, 벽체의 경계요소, 연결보에 사용되는 주철근에 대해서는 한국산업규격의 내진용 철근(SD400S, SD500S, SD600S)을 사용해야 한다."고 규정하고 있다. 여기서 중연성도와 고연성도가 요구되는 구조형식은 〈KDS 41 17 00 9.7 시스템별 상세설계〉 중, 중간모멘트골조, 특수모멘트골조, 특수전단벽이 독립적으로 또는 지진력저항시스템과 함께 사용되는 경우에 해당한다.

고연성도로 설계하는 경우는 지반이 연약지반인 경우에 한하여 드물게 적용되지만, 중연성도의 경우에도 기둥이 지진력을 얼마나 부담하는지의 비율에 상관없이 내진용 철근을 사용해야 한다.

만일 건물골조시스템을 설계할 때 전단벽이 지진하중을 100% 부담하도록 설계했다면 골조가 보통모멘트골조가 되기 때문에 내진용 철근을 사용하지 않아도 된다. 그런데 골조가 지진하중의 일부를 부담하도록 설계했다면 중간모멘트골조에 해당되기 때문에 기준을 따른다면 특수내진용 철근을 사용해야만 한다.

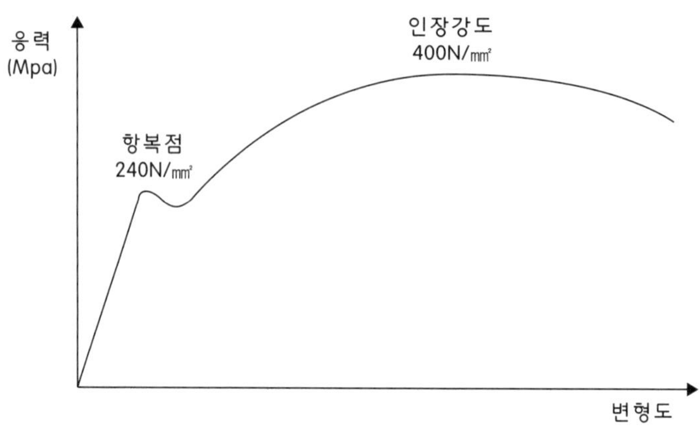

[그림 2-4] 철근의 응력변형도 곡선

3. 지름(철근의 굵기)

KS기준에서는 철근의 굵기를 [표 2-4]와 같이 18가지로 구분하고 있다. 벽체나 슬래브에는 D10 또는 D13과 같이 가는 철근이 주로 사용되며, 기둥과 보의 주근은 D19 이상의 굵은 철근이 주로 사용된다. 이형철근은 마디와 리브에 복잡한 돌기가 있기 때문에 정확한 지름을 측정할 수 없다. 따라서 이형철근의 **공칭지름**이나 **공칭단면적**은 그 이형철근과 같은 단위중량을 가진 원형철근의 지름이나 단면적으로 표현된다. 즉, 단위길이(1m)의 이형철근을 녹여서 똑같은 단위길이(1m)의 원형철근으로 만들었을 때의 원형철근의 지름이 이형철근의 공칭지름이 되는 것이다. 이형철근의 공칭단면적, 공칭둘레 및 단위무게의 계산 방법은 다음과 같다.

① 공칭단면적(s) = $\dfrac{0.7854 \times d^2}{100}$: 유효숫자는 4자리
② 공칭둘레(l) = $0.3142 \times d$: 소수점 이하 첫째자리 반올림
③ 단위무게 = $0.785 \times s$: 유효숫자 3자리

[표 2-4] 이형철근의 치수, 무게 및 마디의 허용차

호칭명	단위무게 (㎏/m)	공칭지름 d(mm)	공칭단면적 s(㎠)	공칭둘레 l (㎝)	마디의 평균간격 최대치(mm)	마디높이		마디 틈 합계의 최소치(mm)	마디와 축선과의 각도
						최소치(mm)	최대치(mm)		
D4	0.110	4.23	0.1405	1.3	3.0	0.2	0.4	3.3	45° 이상
D5	0.173	5.29	0.2198	1.7	3.7	0.2	0.4	4.3	
D6	0.249	6.35	0.3167	2.0	4.4	0.3	0.6	5.0	
D8	0.389	7.94	0.4951	2.5	5.6	0.3	0.6	6.3	
D10	0.560	9.53	0.7133	3.0	6.7	0.4	0.8	7.5	
D13	0.995	12.7	1.267	4.0	8.9	0.5	1.0	10.0	
D16	1.56	15.9	1.986	5.0	11.1	0.7	1.4	12.5	
D19	2.25	19.1	2.865	6.0	13.4	1.0	2.0	15.0	
D22	3.04	22.2	3.871	7.0	15.5	1.1	2.2	17.5	
D25	3.98	25.4	5.067	8.0	17.8	1.3	2.6	20.0	
D29	5.04	28.6	6.424	9.0	20.0	1.4	2.8	22.5	
D32	6.23	31.8	7.942	10.0	22.3	1.6	3.2	25.0	
D35	7.51	34.9	9.566	11.0	24.4	1.7	3.4	27.5	
D38	8.95	38.1	11.40	12.0	26.7	1.9	3.8	30.0	
D41	10.5	41.3	13.40	13.0	28.9	2.1	4.2	32.5	
D43	11.4	43.0	14.52	13.5	30.1	2.2	4.4	33.8	
D51	15.9	50.8	20.27	16.0	35.6	2.5	5.0	40.0	
D57	20.3	57.3	25.79	18.0	40.1	2.9	5.8	45.0	

4. 표준길이(생산길이)

운반상의 제약 때문에 제강사에서 생산되는 철근의 길이는 제한될 수밖에 없다. 생산길이를 통상 **정척길이**(정척철근)[2)]라고도 하며 KS기준에서는 다음과 같이 13가지 길이를 표준으로 정하고 있다.

3.5, 4.0, 4.5, 5.0, 5.5, 6.0, 6.5, 7.0, 8.0, 9.0, 10.0, 11.0, 12.0

건설현장에 반입된 철근은 필요한 치수에 맞게 절단하게 되는데 이때 철근의 손실이 발생한다. 기존에는 표준길이가 8m인 철근이 많이 사용되어 왔으나, 한 가지만 사용하면 절단 손실이 크다는 인식이 확산되면서 표준길이가 다양해지고 있다. 예를 들어 보에 쓰이는 주철근의 경우 표준길이가 긴 것을 쓸수록 이음 개소를 줄일 수 있어 겹침이음에 의한 손실이 줄어든다. 또 아파트 벽체에 쓰이는 수직 철근의 경우 매층마다 치수가 같기 때문에 정척철근을 절단하는 것보다는 필요한

[그림 2-5] 8m 장대철근

[그림 2-6] 다양한 길이로 보관할 수 있는 공장가공

2) KS에서 쓰고 있는 '표준길이'라는 용어는 현장에서 '정척길이'나 '장대길이'라는 용어로 더 많이 사용하고 있다. 이 책에서는 정척길이(정척철근)나 장대길이(장대철근)라는 용어도 같이 사용하였다.

[표 2-5] 이형철근의 길이 허용차

길이	길이의 허용차
7m 초과	+40mm 0mm
7m 초과	길이 1m 또는 그 단수가 증가할 때마다 위에 적은 허용차에 5mm를 더한다. 다만 최대값은 120mm까지로 한다.

비고 1. 코일의 경우는 적용하지 않는다.
2. 주문자는 표기 이외의 허용차를 적용할 수 있다.

[그림 2-7] 코일철근(Bar-in-coil)

치수를 제강사에 주문하여 사용하는 편이 손실을 줄일 수 있다.

최근에는 교량이나 고층건물의 파일지정에 사용할 수 있는 **코일철근**이 생산되고 있다. 코일철근은 기존에 생산되었던 직선 형태의 장대철근과는 달리 후프(hoop) 형태로 감아서 제작한 형태로, 종방향철근을 스파이럴 형태로 감아서 사용하면 기존 철근보다 손실(loss)을 줄일 수 있는 것이 특징이다.

5. 철근 한 개마다의 표시

한국산업규격에서는 철근 재질을 구분하기 위하여 철근 양단면에 색을 칠하도록 규정하고 있다. SD300은 녹색, SD400은 황색, SD500은 흑색 등으로 표기해야 한다. 그러나 양단면의 색으로 철근을 구분할 경우, 필요한 길이로 절단해 버리면 단면에 칠한 색을 알 수 없게 되는 문제가 있다. 따라서 개정된 한국산업규격에서는 철근을 생산할 때 1.5m 이하의 간격마다 다음 그림과 같은 **롤링마크**(rolling mark)를 반복적으로 표시하도록 규정하였다.

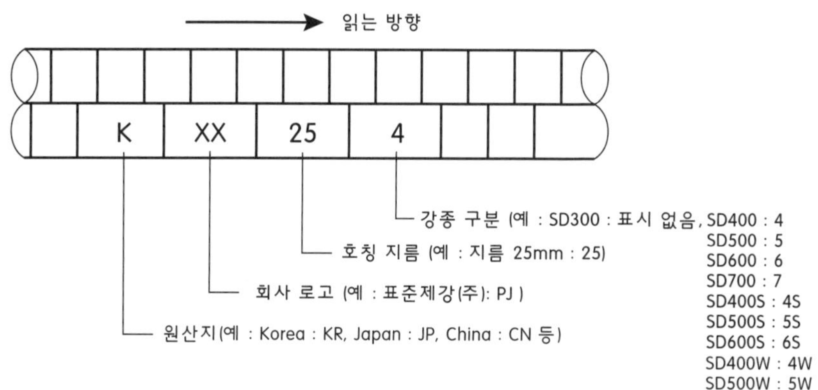

[그림 2-8] 철근 한 개마다 의 표시 방법

개정된 표시 방법을 따르면 최소 1.5m마다 호칭지름과 재질이 표시되기 때문에 절단되더라도 철근에 대한 정보를 쉽게 파악할 수 있다. [그림 2-1] 참조

6. 철근 한 묶음마다의 표시

한국산업규격에서는 철근 1묶음마다 태그에 다음 사항을 표시하도록 규정하고 있다. 다만, 제품 1개마다의 표시를 한 경우에는 색구별 표시를 생략할 수 있다.

① 종류의 기호
② 레이들 번호
③ 공칭지름 또는 호칭명
④ 제조자명 또는 그 약호
⑤ 색 구별 표시

[그림 2-9] 철근 1묶음마다 의 표시

[표 2-6] 철근의 종류를 구별하는 색 표시 방법

기호	종류를 구별하는 표시 방법
	도색에 의한 색 구별 표시
SD300	녹색
SD400	황색
SD500	흑색
SD600	회색
SD700	하늘색
SD400W	백색
SD500W	분홍색
SD400S	보라색
SD500S	적색
SD600S	청색
SD700S	주황

7. 철근의 녹

'콘크리트공사 표준시방서'를 보면, 경미한 황갈색의 녹은 일반적으로 콘크리트와의 부착을 해치지 않으므로 사용해도 좋다고 기술하고 있다. 철근에 녹이 약간 슬면 표면이 거칠어지기 때문에 콘크리트와의 부착력이 높아진다. 그러나 녹이 심하게 발생하여 마디와 리브의 높이가 줄어들거나 철근의 중량이 줄어든다면 문제가 된다. 녹을 제거했을 때 중량손실이 기준값(5%) 이하이면 문제가 되지 않는다고 할 수 있다.

그 외 철근의 부착에 해가 되는 것으로는 들뜬 녹, 기름, 페인트 등이 있다. 철근 표면에 그리스 또는 오일이 묻으면 부착력이 낮아질 수 있다. 일반적으로 콘크리트는 거푸집에 타설하는데, 콘크리트가 경화한 후 거푸집을 쉽게 떼어내기 위해 박리제를 바른다. 이 박리제 기름이 철근에 묻게 되면 부착성능을 떨어뜨리기 때문에 제거하는 것이 바람직하다고 할 수 있다.

또 조립된 철근에 부착하여 경화된 모르타르는 철근과 콘크리트의 부착을 저해하기 때문에 와이어브러시 등으로 제거해야 한다.

3 철근의 가공

1. 공장가공과 현장가공

건설현장에서 사용되는 철근은 부재별로 배근에 필요한 모양으로 절단하거나 절곡해야 한다. 공사현장 대지에 여유가 있으면 표준길이의 철근을 현장에 반입하여 직접 가공하지만(현장가공), 도심지와 같이 대지가 협소하면 공장에서 철근을 가공한 후 현장으로 운반하여 조립한다(공장가공). 현장가공에 비해 공장가공은 다음과 같은 특징이 있다.

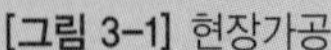

[그림 3-1] 현장가공

[그림 3-2] 공장가공

① 철근 손실 절감

현장가공은 가공장이 협소하기 때문에 표준길이(정척길이) 8m 위주로 반입할 수밖에 없어 절단손실[1)]이 크다. 반면 공장가공은 다양한 길이의 철근을 활용하여 가공할 수 있기 때문에 절단손실을 크게 줄일 수 있다. 예를 들어 3.5m 철근 두 개가 필요할 경우, 표준길이 8m 철근을 사용하면 1m가 남게 된다. 지름이 가는 철근이면 다른 용도로 사용할 수 있겠지만 굵으면 다른 용도로 쓰기가 어렵기 때문에 버릴 수밖에 없다. 그러나 공장에서는 다양한 표준길이의 철근을 야적할 수 있기 때문에 이 경우 표준길이 7m 철근을 사용하면 손실이 없게 된다. 만일 7m짜리가 없다면 10m짜리를 쓰면 된다. 남는 3m는 보관해 두었다가 차후에 사용할 수 있으므로 그만큼 손실이 줄어든다. 보통 공장가공은 운반비가 상승하는 단점이 있으나 가공손실을 줄일 수 있기 때문에 전체 비용 상승은 크지 않을 것이다.

② 가공 품질의 향상

공장가공은 악천후에 영향을 받지 않고 안정된 환경에서 가공할 수 있어 가공의 정밀도가 높다. 또한 가공공장에서는 자동화된 설비 라인으로 철근을 가공하기 때문에 수작업보다 시공 정밀도를 높일 수 있다. 이와 같이 표준갈고리나 띠철근, 스터럽 등의 가공 정밀도가 높으면 부재의 피복두께를 확보하는 데 유리하고 조립의 정밀도도 높일 수 있다.

③ 공기 단축

공장가공은 배근 직전에 가공된 철근을 반입하기 때문에 조립 시 악천후의 영향을 적게 받는다. 또한 반입과 동시에 양중장비로 조립 위치에 맞게 이동시킨다면 별도의 야적장이 필요 없을 뿐만 아니라 현장 내에서의 철근 조립시간을 단축

1) 이형철근의 할증률은 통상 3%를 적용한다. 일본 공공건축수량적산기준에서는 4%를 표준으로 적용한다.

할 수 있다. 공기 단축 효과를 얻기 위해서는 현장에서 사전계획을 철저히 세우고 충분한 시간(3일 정도)을 두고 가공 요청을 해야만 한다. 설계변경이 잦거나 철근 자재 지급이 늦어지는 등 사전계획이 불충분할 경우 공장가공의 긍정적인 효과를 기대하기 어렵다.

2. 절곡과 절단

'콘크리트공사 표준시방서'에서는 철근을 상온에서 가공하도록 규정하고 있다. 열간압연으로 제조된 보통 철근은 가열온도 900~1,000℃ 정도에서 가열가공한 후 급랭시키면 재질이 나빠질 수 있다. 공사현장에서 철근을 가열하면 가열온도나 냉각온도가 적절하지 않거나 그 방법이 적절하지 않을 가능성이 높으므로 주의해야 한다. 특히 지름이 굵은 철근에 열을 가하여 가공할 때에는 가열온도를 충분히 관리하여 급랭시키지 않는 것이 매우 중요하다.

[그림 3-3] 철근 절단기

[그림 3-4] 철근 절곡기

철근을 상온에서 절단할 때는 그림과 같이 고속 절단기 등을 사용하며, 철근을 구부릴 때에도 절곡기를 사용하여 열을 가하지 않고 냉간(상온)가공하는 것을 원칙으로 한다.

[그림 3-5] 철근가공공장 자동절곡기

[그림 3-6] 코일철근용 자동가공기

최근에는 철근가공기계도 매우 발달되어 절단이나 절곡작업이 자동화되고 있으며, SD 500이상의 고강도 철근에 대응하고 가공생산성을 높이는 기계가 계속 개발되고 있다. 또한 D16이하의 가는 철근을 대상으로 코일형 철근이 생산되면서 코일철근용 자동가공기도 사용되고 있다. [그림 3-6]을 보면 약 3톤 단위로 감겨진 코일철근이 풀려지면서 직선으로 펴지고 제어판에 입력된 형상으로 자동으로 가공된다. 코일철근용 자동가공시스템은 생산성이 높으며 철근 손실(Loss)이 거의 없다는 장점이 있다.

(1) 표준갈고리의 가공

콘크리트 속에 묻혀 있는 철근에 인장력이 작용할 때, 묻힌 길이가 짧으면 철근이 쉽게 빠진다. 이때 철근 끝부분을 구부리면 묻힌 길이가 짧더라도 쉽게 뽑히지 않는데, 이처럼 정착이나 이음을 위해 철근 끝을 구부리는 것을 표준갈고리라고 한다.

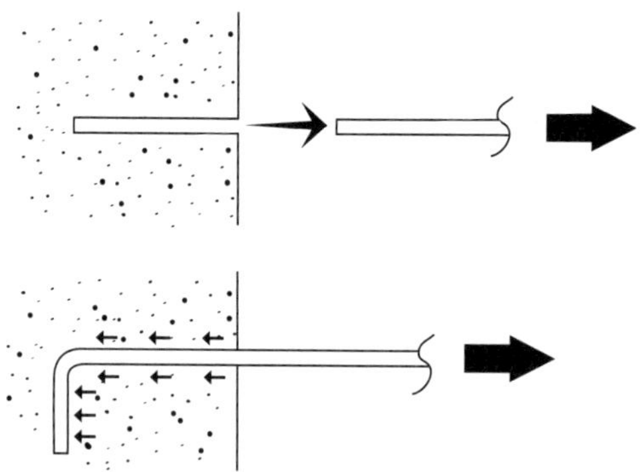

[그림 3-7] 표준갈고리의 역할

〈KDS 14 20 50 4.1.1〉에서는 주철근과 스터럽, 띠철근을 구분하여 표준갈고리를 규정하고 있다. 또한 구조적인 성능을 충분히 발휘할 수 있도록 구부린 각도와 구부린 부분의 길이를 규정하고 있다.

주철근을 정착할 때 사용하는 표준갈고리는 90°와 180° 두 가지로 기준을 정하고 있다. 스터럽이나 띠철근에는 135°표준갈고리를 사용할 수 있으나 주철근에는 사용할 수 없다. 현장에서는 90°표준갈고리를 선호하는데 이는 180°보다는 가공하기 편하고 조립할 때 간섭이 덜해 배근하기 쉽기 때문이다.

① 180°표준갈고리는 구부린 반원 끝에서 $4d_b$ 이상 최소 60mm 이상 연장되어야 한다.

② 90°표준갈고리는 구부린 끝에서 $12d_b$ 이상 연장되어야 한다.

[표 3-1] 주철근의 표준 갈고리 가공

90° 표준갈고리	180° 표준갈고리

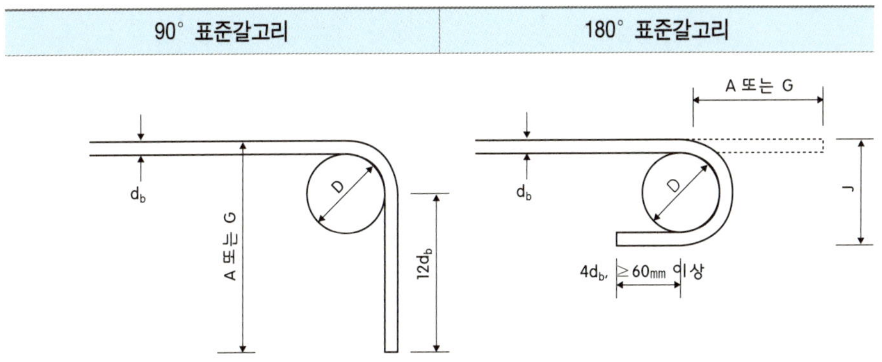

철근 종류	구부림 최소지름(D)		90° 표준갈고리	180° 표준갈고리	
			A or G	A or G	J
D10	$6d_b$	60	160	130	80
D13		80	200	160	110
D16		100	250	180	130
D19		120	300	210	160
D22		140	380	250	180
D25		160	430	280	210
D29	$8d_b$	240	480	380	300
D32		280	550	430	340

스터럽과 띠철근의 표준갈고리는 90°와 135° 두 가지로 기준을 정하고 있으며, D25 이하의 철근에만 적용된다.

① 90°표준갈고리는 D16 이하의 철근에서 $6d_b$ 이상 연장되어야 하고, D19에서 D25까지는 구부린 끝에서 $12d_b$ 이상 더 연장하여야 한다.

② D25 이하의 135°표준갈고리는 구부린 끝에서 $6d_b$ 이상 연장하여야 한다.

[표 3-2] 스터럽과 띠철근의 표준갈고리 가공

90° 표준갈고리	135° 표준갈고리

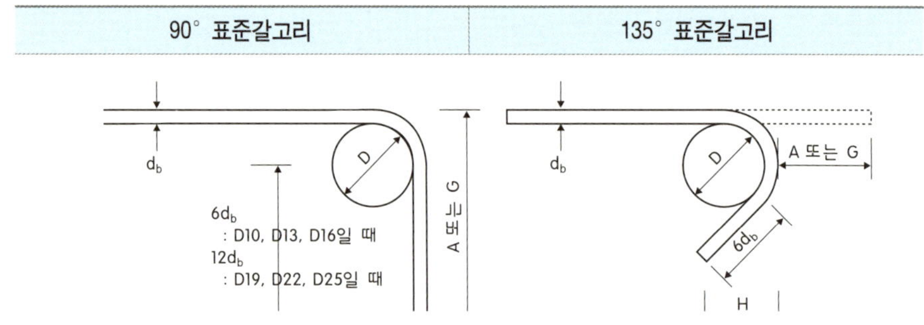

철근 종류	구부림 최소지름(D)		90° 표준갈고리	135° 표준갈고리	
			A or G	A or G	H
D10	$4d_b$	40	110	110	70
D13		50	120	120	80
D16		70	160	140	100
D19	$6d_b$	120	310	210	120
D22		140	360	230	140
D25		160	410	270	160

〈철근상세 설계기준〉에서는 D16 이하일 때 90°표준갈고리의 구부린 끝부분에서 연장한 길이를 $6d_b$로 규정하고 있다. 따라서 D10철근일 때 갈고리 총길이(A or G)를 구하면

① 철근 지름 = 10

② 구부림 반지름 = $2d_b = 2\times10 = 20$

③ 구부린 끝에서 연장길이 = $6d_b = 6\times10 = 60$

∴ 총길이 = 10+20+60 = 90

따라서 구조도면에서는 D10철근의 갈고리 총길이(A 또는 G)를 100 또는 110으로 표기하며, D13철근은 110 또는 120으로 많이 표기한다.

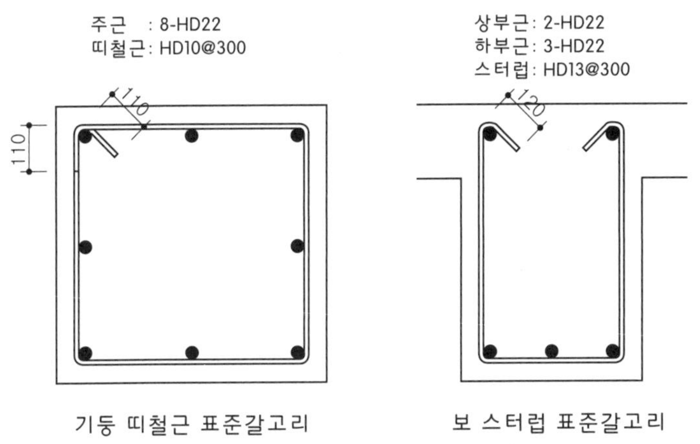

[그림 3-8] 표준갈고리 형상과 치수 예시(D10과 D13 철근으로 띠철근과 스터럽을 만들 경우)

[그림 3-8]은 기둥에 쓰이는 띠철근과 보에 쓰이는 스터럽을 나타낸 것이다. 띠철근과 스터럽 모두 끝부분에 갈고리를 설치하지 않는다면 힘을 받지 못하고 쉽게 파괴될 것이다. 따라서 끝부분에 표준갈고리를 설치하는데, 철근의 굵기에 따라 갈고리의 길이가 달라진다. 기둥에 배근하는 띠철근은 D10이기 때문에 갈고리 길이는 앞에서 제시한 바와 같이 110이며, 보에 배근하는 스터럽은 D13이기 때문에 갈고리 길이가 120이 된다.

(2) 구부림의 최소내면반지름

철근의 표준갈고리 등을 가공할 때 급격하게 구부리면 파열될 우려가 있다. 따라서 이것을 방지하기 위해 일정한 크기 이상의 곡률 반지름을 갖도록 규정하고 있다. 주철근에서 표준갈고리의 구부림 최소내면반지름은 [표 3-1]에 제시되어 있는 값 이상이 되도록 가공해야 한다. 스터럽과 띠철근으로 사용하는 표준갈고리

[그림 3-9] 최소내면반지름

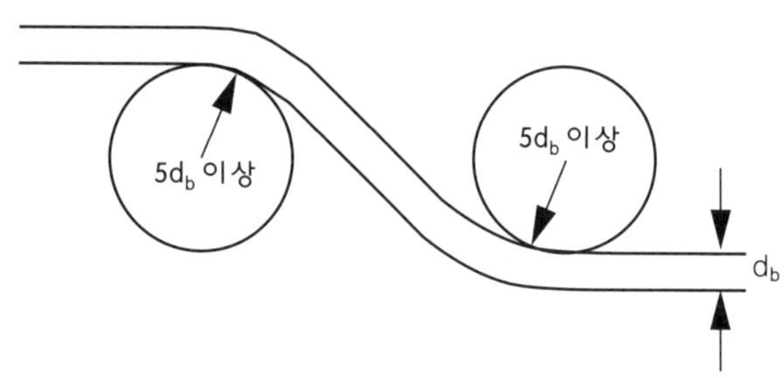

[그림 3-10] 절곡시 최소내면반지름의 필요성

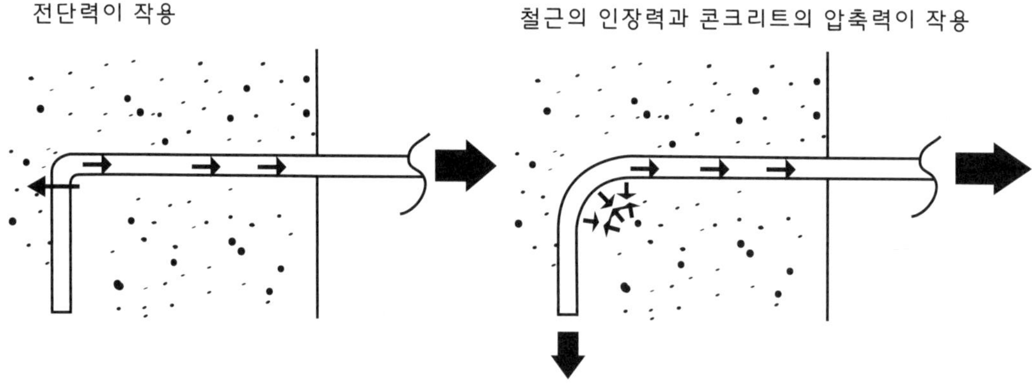

의 구부림 내면반지름은 D16 이하일 때 $2d_b$ 이상, D19~D25일 때에는 $3d_b$ 이상, D29~D35일 때에는 $4d_b$ 이상으로 해야 한다.

(3) 절곡 신장률

철근은 연성이 크기 때문에 상온에서 구부리면 길이가 어느 정도 늘어나게 된다. 이때 철근이 늘어나는 길이는 구부림 내면지름(D)에 따라 달라진다. 구부림 내면지름이 커지면 철근이 늘어나는 길이도 커지는데, 일반적으로 구부림 내면지름이 $4d_b$이면 늘어나는 길이가 $2d_b$, $6d_b$이면 $2.5d_b$, $8d_b$이면 $3d_b$ 정도 늘어난다.

[그림 3-11] 절곡시 신장률

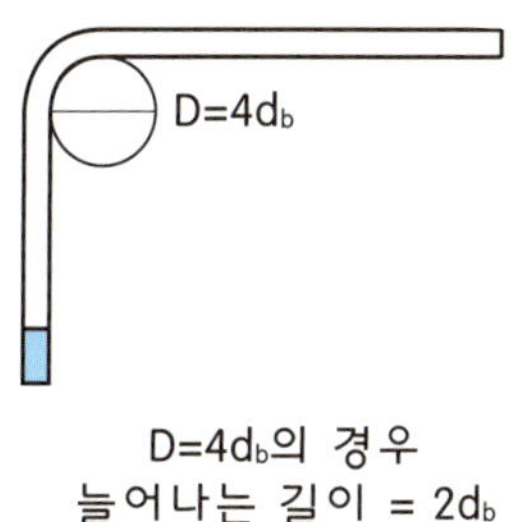

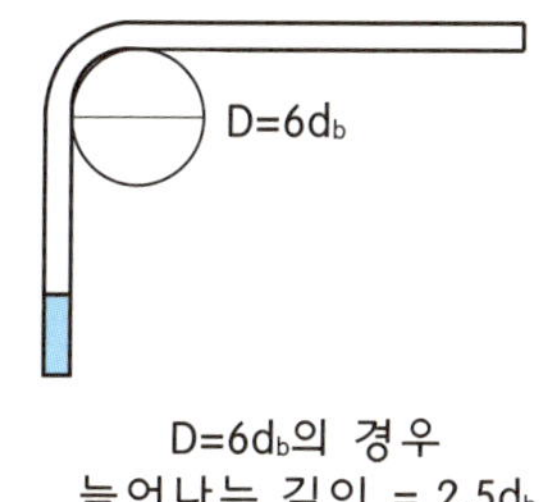

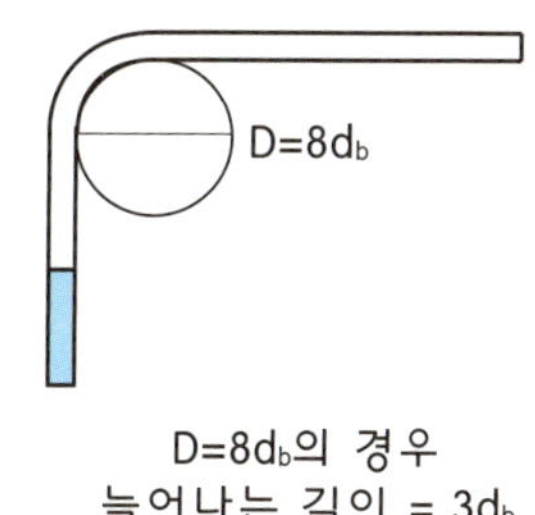

(4) 폐쇄띠철근과 폐쇄스터럽

폐쇄스터럽이나 폐쇄띠철근은 전단력이 큰 부분 또는 비틀림이 발생하는 부분에 사용된다. 〈KDS 14 20 50 4.4.1(1)〉에서는 보의 압축철근은 띠철근이나 스터럽 또는 등가의 단면적을 갖는 용접철망으로 둘러싸여야 한다고 규정하고 있다. 연속보에서 지지점 근처 단부 하단에는 마치 기둥의 주근과 같이 큰 압축력이 발생하는데 이곳에 배열된 철근은 압축력을 지지할 수 있어야 한다. 따라서 철근이 좌굴되지 않도록 단단히 고정할 필요가 있으며 이를 위해 폐쇄스터럽으로 배근해야 한다.

또 〈KDS 14 20 50 4.4.1(2)〉에서는 받침부에서 응력의 반전 또는 비틀림을 받는 휨골조부재의 횡철근은 휨보강철근 주위까지 연장시킨 폐쇄띠철근, 폐쇄스터럽 또는 나선철근으로 해야 한다고 규정하고 있다.

일반적으로 라멘구조에 사용되는 보는 휨모멘트를 부담하며 [그림 1-2]와 같이 보 경간 중앙부에서는 하단－인장력, 상단-압축력이 작용하고 외측 경간 단부에서는 하단－압축력, 상단－인장력이 작용한다. 그러나 지진력이 작용하면 상하단의 응력이 반전될 수 있다. 특히 단부에서 쉽게 반전되는데 이때에는 반대로 상단－압축력, 하단－인장력이 작용하게 된다. 따라서 이와 같이 "받침부에서 응력이 반전"될 수 있는 '횡골조부재'에서는 폐쇄스터럽을 사용해야 한다. 내진설계를 적용할 필요가 없는 지하층을 제외하고, 지상층 라멘조의 보 대부분이 여기에 해당한다고 볼 수 있다.

구조설계기준에 폐쇄스터럽의 모양은 다음과 같이 규정되어 있다.

— 폐쇄띠철근 또는 폐쇄스터럽은 종방향 철근 주위를 한 가닥의 스터럽 또는 띠철근으로 한 바퀴 돌려서 종방향 철근 위치에서 교차시키면서 표준갈고리로 중첩시켜 만들거나, 한 가닥 또는 두 가닥의 철근을 B급 이음($1.3l_d$ 이음)으로 겹침이음한 형태로 만들어야 한다〈KDS 14 20 50 4.4.1(3)〉.
— 폐쇄형으로 배치된 한 쌍의 U형 스터럽 또는 띠철근은 겹침이음길이가 $1.3l_d$ 이상일 때 적절하게 이어진 것으로 볼 수 있다. 깊이가 450mm 이상인 부재에서 스터럽의 가닥들이 부재의 전 깊이까지 연장된다면 폐쇄스터럽의 이음이 적절한 것으로 볼 수 있다. 이때 한 가닥의 이음부에서 발휘할 수 있는 인장력($A_b \cdot f_{yt}$)은 40kN 이하여야 한다〈KDS 14 20 52 4.4.4(5) 복부철근의 정착〉.

[그림 3-12]에서 (가)의 경우는 종방향 철근 주위를 한 바퀴 돌려 종방향 철근 위치에서 표준갈고리로 중첩시켜서 만든 것이다. (나)와 (다)의 경우는 한 가닥 또는 두 가닥 철근을 인장 B급이음($1.3l_d$)으로 겹침이음한 형태이다. 그림에서 (다)와 같은 형상은 자주 사용되지 않으며, 특히 비틀림이 지배적으로 작용하는 부재에서는 사용하지 않는 것이 좋다.

기둥은 주로 상부에서 작용하는 압축력에 저항하지만 보에서 전달되는 휨모멘트에도 저항해야 한다. 지진이 발생하면 기둥에서도 응력이 반전될 수 있기 때문에 폐쇄띠철근으로 배치해야 한다. 기둥에 사용하는 폐쇄띠철근은 콘크리트를 구속하는 역할을 하기 때문에 매우 중요하다.

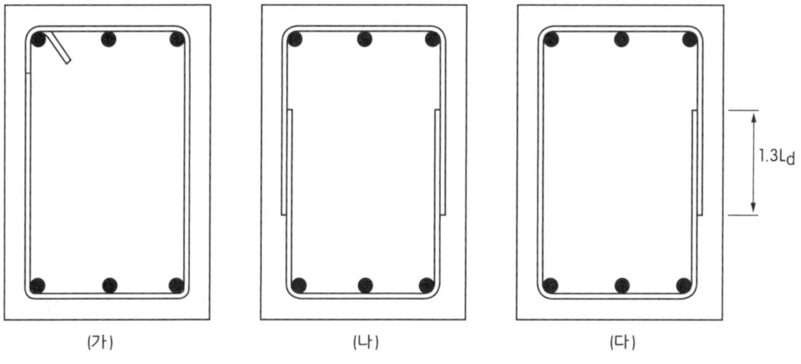

[그림 3-12] 폐쇄띠철근 또는 폐쇄스터럽

[그림 3-14]는 지진이 발생했을 때 전단력으로 인해 기둥이 파괴되는 과정을 나타낸 것이다. 지진이 발생하면 왼쪽과 오른쪽에서 번갈아가며 전단력을 받게 되고 경사방향으로 전단균열이 발생하여 X자 형태가 된다. 결국 **균열**이 발생한 곳에서 콘크리트가 탈락하여 기둥 주근이 외부로 노출되고, 이 경우 콘크리트가 주근을 잡아줄 수 없기 때문에 기둥 주근에 **좌굴**이 발생하여 결국 기둥이 파괴된다.

[그림 3-13] 기둥 띠철근(폐쇄형으로 가공되지 않음)

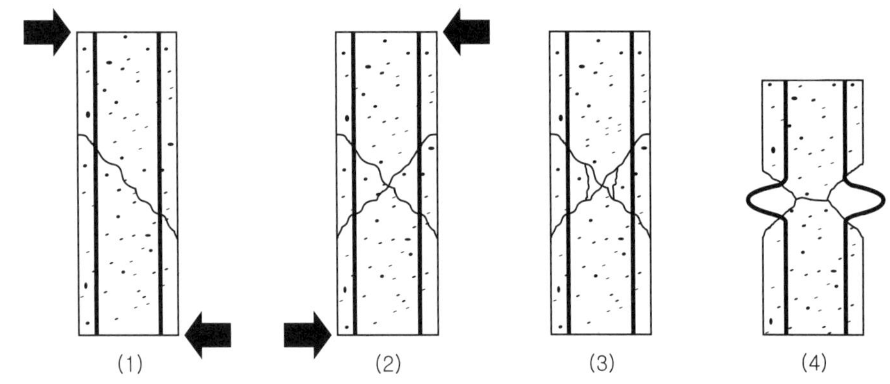

[그림 3-14] 지진이 발생할 때 기둥에서의 전단파괴

(4) 표준형상

건물에 사용되는 철근을 가공하고 관리하기 위해서는 가공형상의 표준을 정하고 각 형상에 코드를 부여할 필요가 있다. 미국 ACI에서는 표준형상을 정하여 활용하고 있으나 우리나라에서는 아직 통일된 업계 표준이 없고, 철근 관련 업체 임의로 표준형상을 정하여 활용하고 있다. 구조설계기준이 통합되어 철근상세가 과거 허용응력법과 차이가 있는 점을 감안할 때 건축업계 표준형상을 정하여 활용한다면 시공품질과 효율성이 매우 높아질 것이다. 여기서는 참고로 ACI의 표준형상을 제시하였다.

ACI 표준형상에서는 철근 단부에 만드는 표준갈고리에 'A' 또는 'G'라는 기호를 붙여 통일하였다.

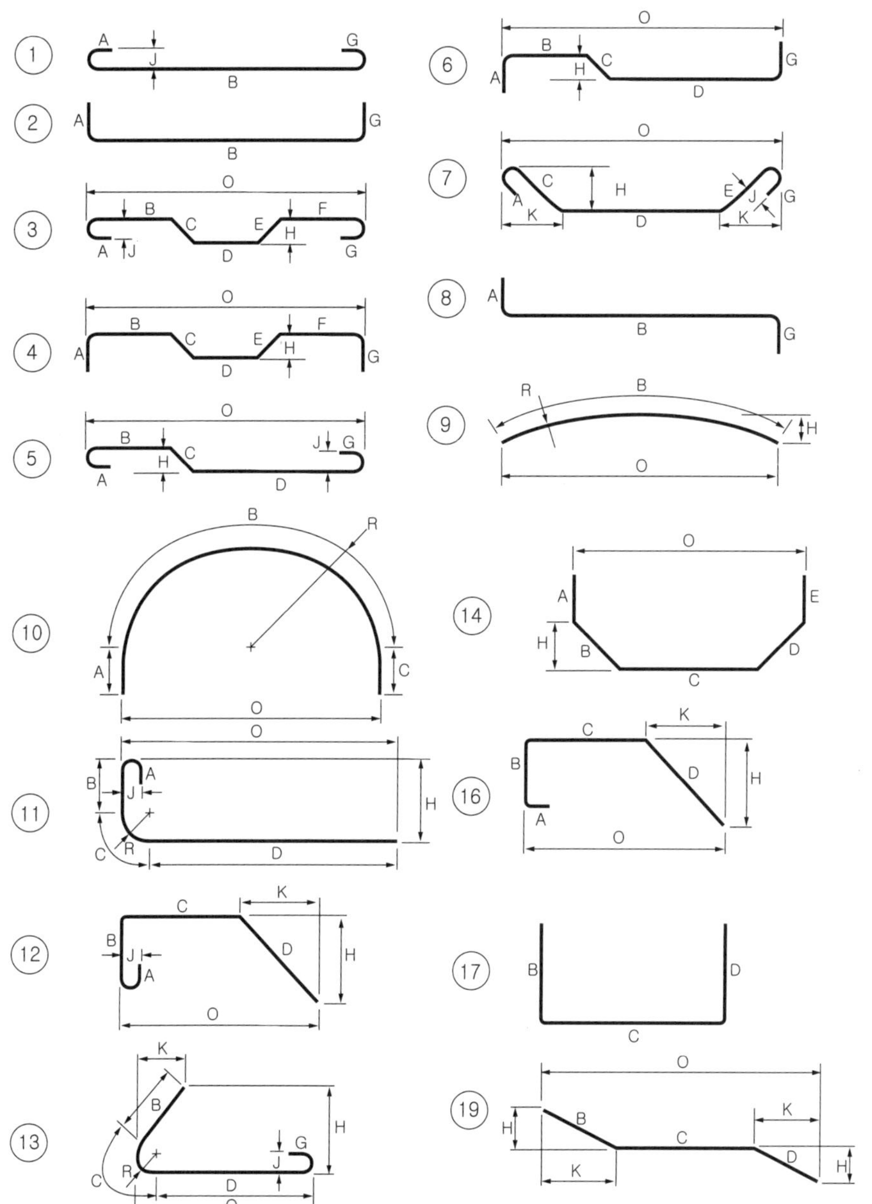

[그림 3-15] ACI 철근가공 표준형상

[그림 3-16] ACI 철근가공 표준형상(계속)

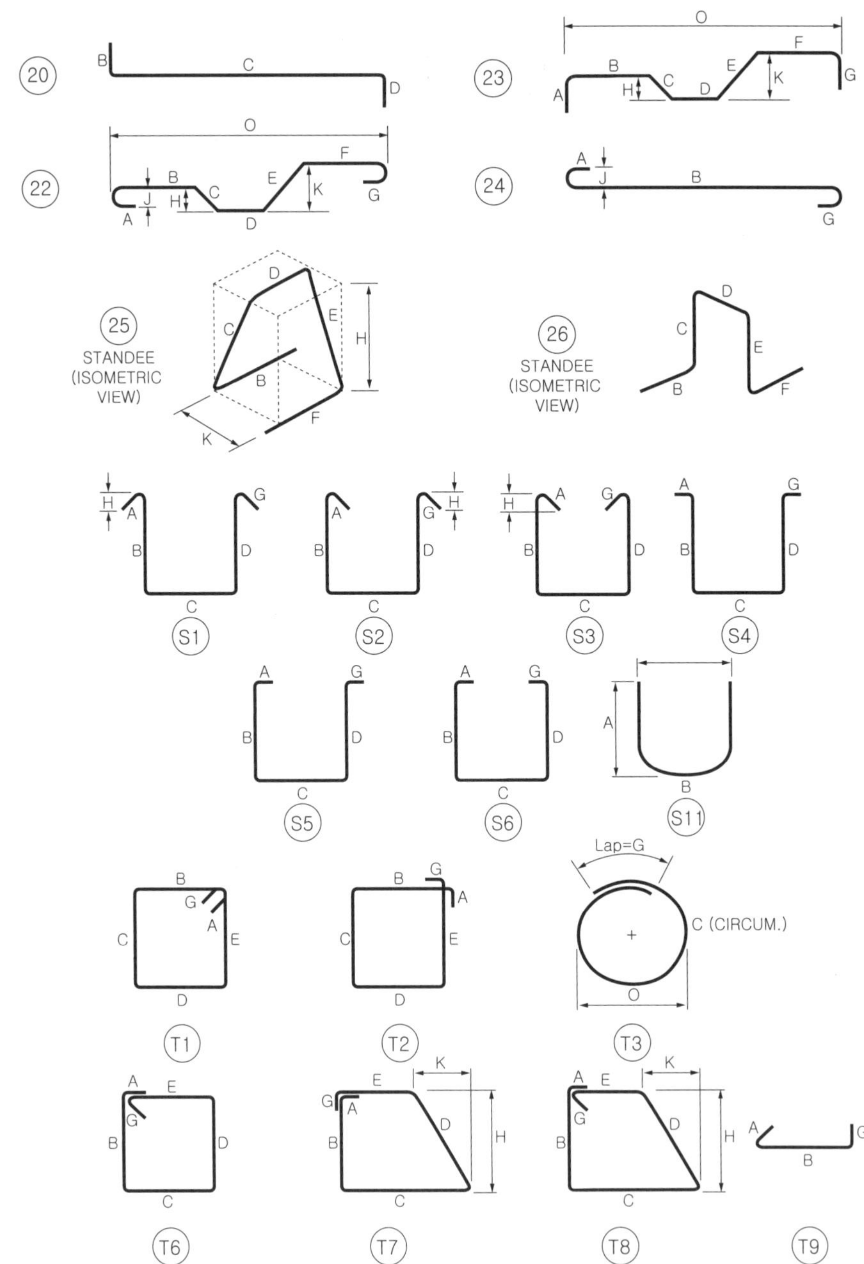

4 철근의 정착

기둥과 보, 보와 슬래브 등의 부재 접합부에서는 휨응력이 인접 부재로 전달된다. 기둥 주근은 기초에, 큰보 주근은 기둥에, 작은보 주근은 큰보에, 슬래브 철근은 보 또는 벽체에 응력을 전달해야만 하는데, 이렇게 힘을 전달시키고자 하는 부재로 철근을 연장하여 매입하는 것을 **정착**이라고 한다.

철근은 콘크리트와 일체로 거동해야 하며 콘크리트 속에서 헐거워지거나 빠져서는 안 된다. 철근의 응력은 매입 부분의 부착력으로 지지부에 전달되며, 철근이 힘을 받을 때 미끄러짐 변형이 없이 **항복강도**에 이르기까지 응력을 발휘할 수 있게 하는 최소길이를 철근의 **정착길이**(l_d : development length)라 한다.

인장을 받는 철근의 정착길이는 직선으로 정착이 가능한 경우와 표준갈고리를 설치하는 경우로 나눌 수 있다. 예를 들어 보의 상부근을 기둥에 정착할 때 직선 정착으로 정착길이를 구하면 보통 기둥의 폭보다 길게 계산되기 때문에 표준갈고리를 설치하여 정착하는 것이 일반적이다.

[그림 4-1] 기둥 철근의 정착

[그림 4-2] 슬래브 철근의 정착

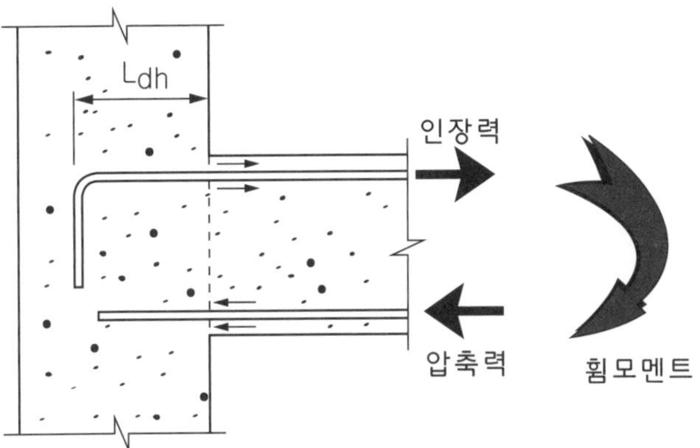

[그림 4-3] 기둥-보 접합부에서 보 철근에 작용하는 힘

1. 인장 정착길이의 개념

인장 정착길이의 개념은 콘크리트 속에 묻힌 철근 단면 주위에 작용하는 평균 부착응력(μ)을 기반으로 하고 있다. 인장 정착길이는 단면적이 A_b인 철근에 외력 $A_b f_y$이 작용하여 파괴에 도달했을 때, 극한 부착응력을 고려한 내력($\pi d_b l_d \mu$)이 평형 상태를 이루는 조건으로 구할 수 있다.

$$\pi d_b l_d \mu = A_b f_y$$

$A_b = \dfrac{\pi d_b^2}{4}$이므로 위 식에 대입하여 풀면 $l_d = \dfrac{k_1 d_b f_y}{\sqrt{f_{ck}}}$

여기서, d_b : 철근의 공칭지름, mm

l_d : 철근의 정착길이, mm

f_y : 철근의 설계기준항복강도, MPa

f_{ck} : 콘크리트의 설계기준강도, MPa

μ : 평균부착응력, 실험으로부터 $\mu = K\sqrt{f_{ck}}$

[그림 4-4] 인장 정착의 기본개념

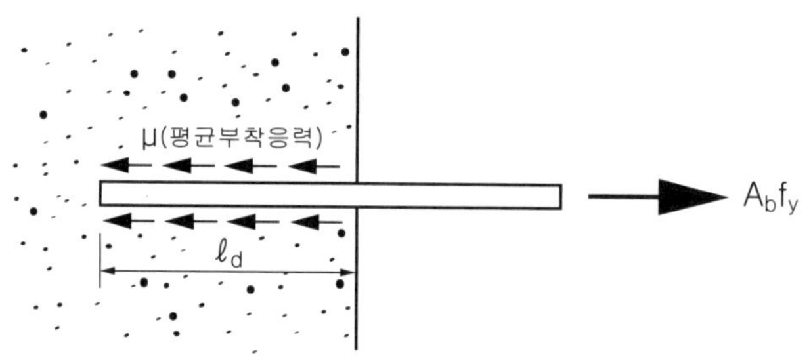

이처럼 정착길이는 공칭지름(d_b), 철근의 설계기준항복강도(f_y), 콘크리트의 설계기준강도(f_{ck})의 관계로 이루어진 식이다. 이 식을 보면 공칭지름과 철근의 설계기준항복강도가 클수록 철근이 받는 힘이 크기 때문에 정착되는 길이도 커져야 하고, 콘크리트의 설계기준강도가 클수록 철근의 평균부착응력이 커지기 때문에 정착길이가 작아진다.

여기서 d_b는 철근의 공칭지름을 나타내며, 이형철근의 공칭지름은 그 이형철근 1m와 같은 단위중량인 원형철근을 1m로 만들었을 때의 지름을 나타낸 것이므로 호칭지름과는 다르다. 호칭지름 D10의 공칭지름은 9.53mm이다. 그러나 정착길이를 계산할 때 공칭지름을 매번 확인해서 계산하기는 번거로우므로 호칭지름을 사용할 수 있도록 하고 있다.

2. 인장 이형철근 및 이형철선의 정착길이

인장 이형철근 및 이형철선의 정착길이는 2가지 방법으로 구할 수 있다.

① 〈콘크리트구조 정착 및 이음 설계기준식 4.1-1〉(기본정착길이)에 보정계수를 곱하는 방식
② 〈콘크리트구조 정착 및 이음 설계기준식 4.1-2〉를 이용한 방법

이 중 한 가지 방법을 선택하여 적용할 수 있다. 그러나 사용하기에는 ①번이 용이하며 특수한 방법이나 반복되는 배근 방법의 경우 ②번을 사용하여 정착길이를 줄일 수 있다.

(1) 기본정착길이에 보정계수를 곱하는 방식

〈콘크리트구조 정착 및 이음 설계기준식 4.1-1〉에 기본정착길이(l_{db} : basic development length)는 다음과 같이 계산된다.

$$l_{db} = \frac{0.6 d_b f_y}{\lambda \sqrt{f_{ck}}}$$

이 기본정착길이에 보정계수를 곱해 정착길이를 계산한다. 단, 항상 300mm보다 커야 한다.

$$l_d = l_{db} \times (\text{보정계수}) \geq 300\text{mm}$$

[표 4-1] 정착길이의 보정계수

조건 \ 철근 지름	D19 이하의 철근과 이형철선	D22 이상의 철근
정착되거나 이어지는 철근의 순간격이 d_b 이상이고, 피복두께도 d_b 이상이면서, l_d 전 구간에 이 기준에서 규정된 최소 철근량 이상의 스터럽 또는 띠철근을 배치한 경우 또는 정착되거나 이어지는 철근의 순간격이 $2d_b$ 이상이고, 피복두께가 d_b 이상인 경우	$0.8\alpha\beta$	$\alpha\beta$
기타	$1.2\alpha\beta$	$1.5\alpha\beta$

여기서 보정계수를 정리하면 다음 표와 같다.

[표 4-2] 정착길이의 보정계수

계수	구분	적용계수
α (철근 배치 위치계수)	상부철근	1.3
	기타 철근	1.0
β (도막계수)	에폭시 도막 혹은 아연-에폭시 이중 도막 철근 (피복두께 $3d_b$ 미만 또는 순간격 $6d_b$ 미만)	1.5
	기타 에폭시 도막 혹은 아연-에폭시 이중 도막 철근	1.2
	아연도금 또는 도막되지 않은 철근	1.0
λ (경량 콘크리트 계수)	f_{sp}[1] 값이 규정되어 있지 않은 경량 콘크리트	전경량 콘크리트 : 0.75 모래경량 콘크리트 : 0.85
	f_{sp}가 주어진 경량 콘크리트	$f_{sp}/(0.56\sqrt{f_{ck}}) \leq 1.0$
	일반 콘크리트	1.0
기타	$\alpha\beta$의 곱	1.7 이하

1) f_{sp} : 콘크리트의 쪼갬인장강도, MPa

① 철근 배치 위치에 따른 보정(상부철근은 1.3배 길게)

타설 직후의 콘크리트는 굳지 않은 상태(gel 상태)이기 때문에 구성물질의 비중 차이로 인해 재료분리가 일어난다. 이때 비중이 상대적으로 작은 잉여수분 및 이물질이 떠오르는데 이를 블리딩(bleeding: 콘크리트의 재료분리 현상의 일종)이라고 한다. 콘크리트 저면에서 300mm 이상 위에 묻히게 되는 철근은 블리딩 현상 때문에 철근 하부에 공극이 발생하여 부착력이 감소할 수 있다. 따라서 보 등의 상부 철근은 부착력의 감소를 보정하기 위해 하부철근보다 1.3배 길게 정착한다.

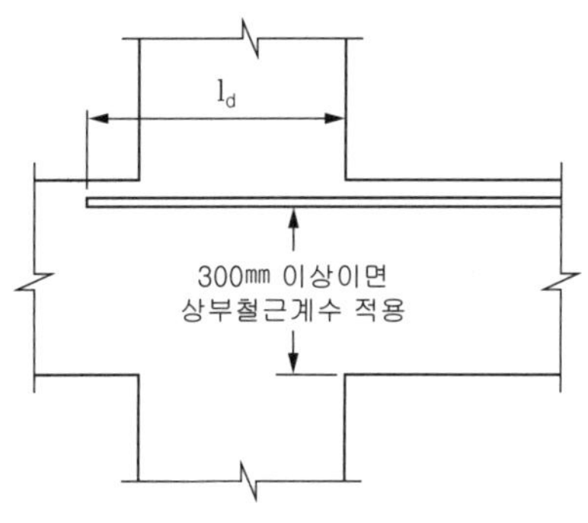

[그림 4-5] 보 상부근의 인장정착

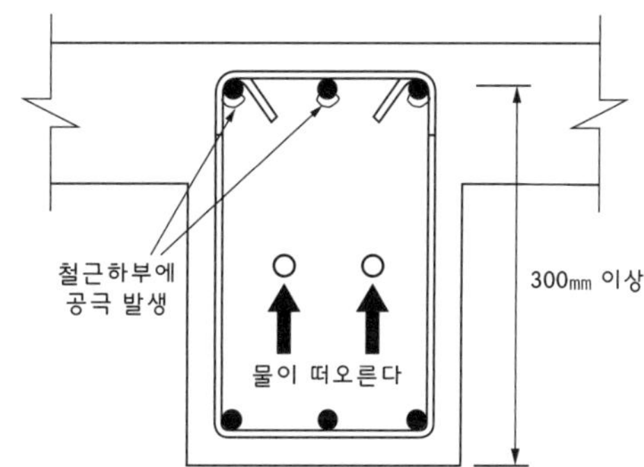

[그림 4-6] 상부철근의 블리딩 현상

(2) 기준식 4.1-2를 이용한 방법

〈콘크리트구조 정착 및 이음 설계기준식 4.1-2〉는 다음과 같다.

$$l_d = \frac{0.90 d_b f_y}{\lambda \sqrt{f_{ck}}} \frac{\alpha \beta \gamma}{\left(\dfrac{c+K_{tr}}{d_b}\right)}, \ (\text{단}, \frac{c+K_{tr}}{d_b} \le 2.5)$$

이 식은 정착길이에 영향을 미치는 모든 요소를 나타낸 식이다. 앞의 식〈4.1-1〉은 $(c+K_{tr})/d_b$ 항을 1.0 또는 1.5로 가정하여 구한 식이다. $(c+K_{tr})/d_b$는 최대 2.5까지 크게 할 수 있는데 철근 간격과 피복두께가 크고 횡방향 철근이 충분히 배열된다면 최대 1/2.5 = 40%까지 정착길이를 줄일 수 있다.

동일 기준에서는 설계를 간편하게 하기 위해 K_{tr}= 0으로 사용할 수 있다고 규정하고 있다. 따라서 $(c+K_{tr})/d_b$는 c/d_b가 된다. 여기서 c는 철근 중심으로부터 가장 작은 피복두께 또는 철근의 중심간 거리의 1/2 중 작은 값(mm)을 적용한다. 보통 슬래브에서는 보처럼 철근을 촘촘하게 배열하지 않고 피복두께가 20이므로 D10 철근이라고 하면 $c/d_b = (20+5)/10 = 2.5$로 놓고 풀 수 있다. 따라서 정착길이는 다음과 같다.

$$l_d = \frac{0.90 d_b f_y}{\lambda\sqrt{f_{ck}}} \frac{\alpha\beta\gamma}{2.5} = \frac{0.36 d_b f_y}{\lambda\sqrt{f_{ck}}} \cdot \alpha\beta\gamma$$

이처럼 슬래브 철근에서는 정착길이를 줄일 수 있다.

[표 4-3] 식 4.1-2의 보정계수

계수	구분	적용계수
γ (철근 크기 계수)	D19 이하	0.8
	D22 이상	1.0
c (철근 간격 또는 피복두께 관련 치수)	철근 또는 철선의 중심으로부터 콘크리트 표면까지의 최단거리 또는 정착되는 철근 또는 철선의 중심간 거리의 1/2 중 작은 값	해당 mm 값
K_{cr} (횡방향철근 지수)	쪼개질 가능성이 있는 평면을 따라 평면을 가로지르는 횡구속철근의 영향 설계를 간편하게 하기 위해 K_{cr}=0을 적용할 수 있다. (횡방향철근은 정착하는 철근에 직각으로 배열된 철근이 아니라 쪼개질 가능성이 있는 평면을 가로지르는 보통 수직 형태의 철근)	$\frac{40A_{tr}}{sn}$ A_{tr} : 횡방향철근의 단면적 s : 횡방향철근의 중심최대 간격 n : 횡방향철근의 수
과다철근	배열된 철근량이 소요 철근량을 초과하는 경우	$\frac{\text{소요 As}}{\text{배근 As}}$

① 철근 지름에 따른 보정(D22 이상은 D19 이하의 철근보다 1.25배 길게)

철근의 단면적이 일정할 경우 굵은 철근을 사용하는 것보다는 가는 철근을 여러 가닥 사용하는 것이 콘크리트와 접하는 표면적을 크게 할 수 있다. 정착은 철근 표면적에 의한 부착응력으로 지지되므로 가는 철근을 여러 가닥 사용하는 편이 부착력이 높다. 실험 결과 D19 이하의 철근을 사용하면 정착길이를 20% 정도 줄일 수 있다고 한다. 따라서 D19 이하와 D22 이상으로 구분하고 D19 이하 철근을 사용할 경우 0.8을 곱하여 정착길이를 줄일 수 있도록 규정하고 있다.

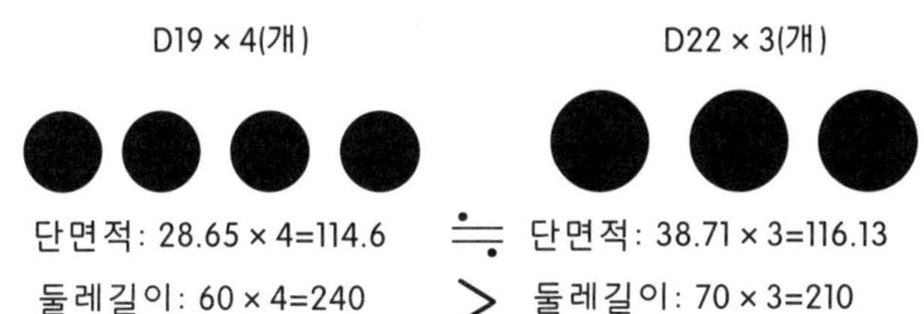

[그림 4-7] 철근 지름에 따른 단면적과 둘레길이 변화

인장철근의 기본 정착길이는 〈기준식 4.1-1〉을 통해 콘크리트와 철근의 부착 특성을 판단할 수 있다.

① 강도가 높은 콘크리트일수록 부착력이 크기 때문에 정착길이가 짧아진다.
② 고장력 철근을 사용할수록 많은 힘을 부담하기 때문에 정착길이가 길어진다.
③ 지름이 굵은 철근일수록 많은 힘을 부담하기 때문에 정착길이가 길어진다.

이와 같이 정착길이는 사용하는 콘크리트 종류(f_{ck}), 철근의 종류(f_y), 철근의 굵기(d_b)에 따라 달라지며, 일반적으로 구조도면의 일반주기사항(structural general notes)에 명시되어 있으므로 실무에서는 구조도면에 제시되어 있는 표를 바탕으로 정착길이를 적용한다.

다음에 제시한 정착길이 값은 대한건축학회에서 발간한 『콘크리트 구조설계기준 건축구조물 설계예제집』(2008 개정판)에 기재된 값이다. 표에서 제시하는 값은 구조도면에 따라 달라질 수 있으므로 구조도면의 일반주기사항을 확인하여 적

[표 4-4] 슬래브 인장 이형철근의 정착길이(f_y=400MPa)

f_{ck}(MPa) / 철근 굵기	21	24	27	30	35	40
D10	300	300	300	300	300	300
D13	410	380	360	340	310	300
D16	580	540	510	490	450	420
D19	770	730	680	650	600	560

용하도록 한다. f_y=500MPa인 경우 표의 값에 1.25배를 적용할 수 있다.

[표 4-4]의 슬래브 인장 이형철근의 정착길이는 〈기준식 4.1-2〉를 적용한 것이다. 앞에서 기술한 것처럼 슬래브에서는 정착길이를 최대 40% 정도 줄일 수 있으므로 별도로 표를 제시했다. 슬래브에서는 콘크리트 저면에서 300mm 이상 위에 설치하는 상부철근이 드물기 때문에 일반철근의 정착길이만을 나타내었다.

[표 4-5] 슬래브 이외 부재에서 인장 이형철근의 정착길이(f_y=400MPa, 일반철근 α=1) (D19 이하 보정계수 λ=0.8, D22 이상 보정계수 λ=1)

f_{ck}(MPa) / 철근 굵기	21	24	27	30	35	40
D10	420	400	370	360	330	310
D13	550	510	480	460	430	400
D16	670	630	600	570	520	490
D19	800	750	710	670	620	580
D22	1160	1080	1020	970	900	840
D25	1310	1230	1160	1100	1020	950
D29	1520	1430	1340	1280	1180	1110
D32	1680	1570	1480	1410	1300	1220
D35	1840	1720	1620	1540	1420	1330

f_{ck}(MPa) 철근 굵기	21	24	27	30	35	40
D10	550	510	480	460	430	400
D13	710	670	630	600	550	520
D16	880	820	770	730	680	640
D19	1040	970	920	870	810	750
D22	1500	1410	1330	1260	1160	1090
D25	1710	1600	1510	1430	1320	1240
D29	1980	1850	1750	1660	1530	1440
D32	2180	2040	1930	1830	1690	1580
D35	2390	2230	2110	2000	1850	1730

[표 4-6] 슬래브 이외 부재에서 인장 이형철근의 정착길이(f_y=400MPa, 상부철근 α=1.3) (D19 이하 보정계수 λ=0.8, D22 이상 보정계수 λ=1)

3. 표준갈고리가 있는 이형철근의 정착길이

〈기준식 4.1-1〉과 〈기준식 4.1-2〉는 인장을 받는 철근을 직선으로 정착할 때 묻히는 부분의 길이를 계산하기 위한 것이다. 그러나 보 상부근을 외부에 면한 기둥에 정착할 때 직선 정착으로 구하면 일반적으로 기둥의 폭보다 길게 계산된다. 따라서 이 경우에는 표준갈고리를 만들어서 기계적 정착력을 추가시킴으로써 정착하는 길이를 줄일 수 있다.

여기서 주의할 점은 표준갈고리가 있는 이형철근의 정착길이가 갈고리 부분을 포함하지 않고 위험단면에서 갈고리 외단까지의 직선거리를 나타낸다는 점이다. 즉 표준갈고리 길이를 정착길이에 포함하지 않고 별도로 취급한다. 또한 표준갈고리도 90°표준갈고리와 180°표준갈고리, 이 두 가지만 규정하고 그 외 형태는 인정하지 않고 있다. 표준갈고리 가공 상세는 3장 '철근의 가공'편을 참조하기 바란다. [그림 4-8]은 보 상부철근에 표준갈고리를 만들어 정착할 때 정착길이를 나타

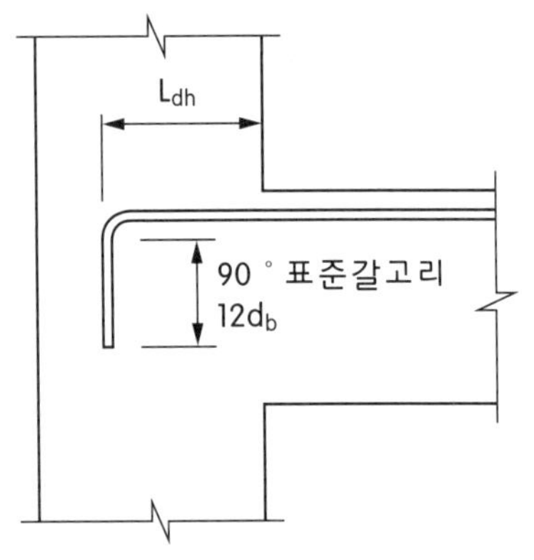

[그림 4-8] 보 상부철근의 정착(표준갈고리)

낸 것이다. 여기서 90°표준갈고리의 $12d_b$는 곡률반지름을 제외한 길이이며, 정착길이는 위험단면에서 갈고리의 외단측까지의 직선길이로 규정하고 있다.

표준갈고리 철근의 정착길이는 기본정착길이(l_{hd})에 보정계수를 곱한 값으로 계산한다. 표준갈고리를 갖는 이형철근의 정착길이(l_{dh})는 최소 $8l_{db}$혹은 150mm 이상이 되도록 규정하고 있는데, 이는 갈고리 안쪽의 콘크리트 파괴를 방지하기 위한 것이다.

$$l_{dh} = l_{hb} \times (\text{보정계수}) \Rightarrow l_{hb} = \frac{0.24\beta d_b f_y}{\lambda\sqrt{f_{ck}}}$$

① **콘크리트 피복두께에 따른 보정계수**

표준갈고리가 있는 인장철근의 정착길이는 다음 [그림 4-10]과 같이 갈고리의 연장 끝에서 넘어선 부분의 피복두께가 50mm 이상이고 갈고리 평면에 수직방향인 측면의 피복두께가 70mm 이상이면, 보정계수 0.7을 곱하여 정착길이를 줄일 수 있도록 규정하고 있다. 보의 주근은 기둥 주근의 안쪽에 배열되기 때문에 대부분 이 경우에 해당한다고 볼 수 있다.

그런데 보나 슬래브 철근을 정착할 때 기둥이나 벽체의 두께가 얇은 경우 표준갈고리가 있는 이형철근의 정착길이를 확보하지 못할 수도 있다. 즉 벽체나 기둥의 두께가 필요한 정착길이보다 얇은 경우가 문제가 되는데, 이 경우 갈고리를 포함한 철근 전체의 묻힘길이가 인장 이형철근의 정착길이가 되도록 배치할 수밖에 없다. 이 경우에는 구부러진 부분을 갈고리로 보지 않고 묻힘부분의 전체 길이를 인장 이형철근의 정착길이로 보고 배치해야 한다.

[그림 4-9] 보철근의 정착

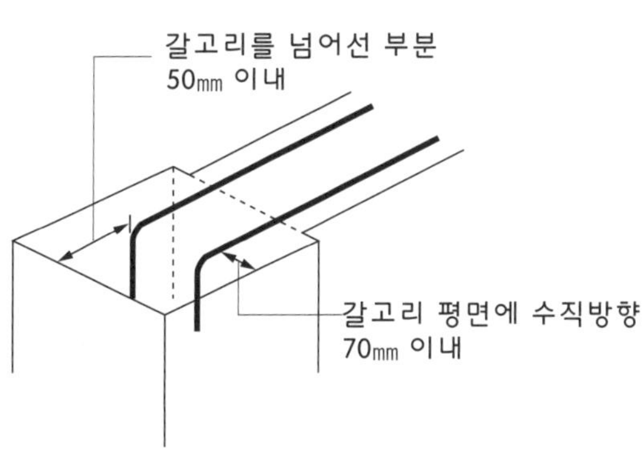

[그림 4-10] 표준갈고리 인장철근 정착길이 보정

[표 4-7] 표준갈고리가 있는 인장철근의 정착길이 보정계수

구 분		보정계수
콘크리트 피복두께	D35 이하 철근에서 갈고리 평면에 수직방향인 측면 피복두께가 70mm 이상이며, 90° 갈고리에 대해서는 갈고리를 넘어선 부분의 철근 피복두께가 50mm 이상인 경우	0.7
띠철근 또는 스터럽	D35 이하 90° 갈고리 철근에서 정착길이 l_{dh}구간을 $3d_b$ 이하 간격으로 띠철근 또는 스터럽이 정착되는 철근을 수직으로 둘러싼 경우 또는 갈고리 끝 연장부와 구부림부의 전 구간을 $3d_b$ 이하 간격으로 띠철근 또는 스터럽이 정착되는 철근을 평행하게 둘러싼 경우	0.8
	D35 이하 180° 갈고리 철근에서 정착길이 l_{dh}구간을 $3d_b$ 이하 간격으로 띠철근 또는 스터럽이 정착되는 철근을 수직으로 둘러싼 경우	0.8
과다철근	전체 f_y를 발휘하도록 정착을 특별히 요구하지 않는 단면에서 휨철근이 소요철근량 이상 배치된 경우	$\frac{\text{소요 As}}{\text{배근 As}}$

[표 4-8] 표준갈고리가 있는 인장 이형철근의 정착길이(f_y=400MPa, 보정계수가 0.7일 때, l_{dh}=0.7×l_{hd})

철근 굵기 \ f_{ck}(MPa)	21	24	27	30	35	40
D10	160	150	150	150	150	150
D13	200	190	180	170	160	150
D16	250	230	220	210	190	180
D19	290	280	260	250	230	210
D22	340	320	300	290	260	250
D25	390	360	340	320	280	270
D29	450	420	400	380	350	330
D32	490	460	440	410	380	360
D35	540	500	480	450	420	390

4. 압축 이형철근의 정착길이

압축을 받는 철근은 콘크리트에 대한 철근 단부의 지압효과 때문에 정착에 유리하며, 표준갈고리는 효과적으로 작용하지 못하므로 표준갈고리를 설치하지 않도록 규정하고 있다. 압축을 받는 철근은 단부 지압효과 때문에 인장철근보다 정착길이가 짧다.

압축 이형철근의 정착길이 l_d는 기본정착길이 l_{db}에 보정계수를 곱하여 산출한다.(단, 200mm 이상)

$$l_d = l_{db} \times (\text{보정계수}) \geq 200\text{mm}$$

$$\Rightarrow l_{db} = \frac{0.25 d_b f_y}{\lambda\sqrt{f_{ck}}} \geq 0.043 d_b f_y$$

[그림 4-11] 보 하부 압축철근의 정착

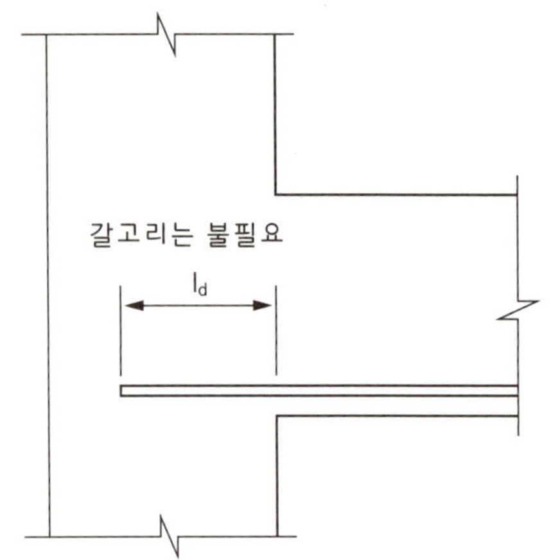

[표 4-9] 압축 이형철근의 정착길이 보정계수

구 분		보정계수
과다철근	해석 결과 요구되는 철근량을 초과하여 배근한 경우	$\frac{\text{소요 As}}{\text{배근 As}}$
나선철근	지름이 6mm 이상이고 나선 간격이 100mm 이하인 나선 철근	0.75
띠철근	중심 간격이 10mm 이하이고 KDS 14 20 50 4.4.2(3)의 요구조건에 따라 배치된 D13 띠철근으로 둘러싸인 압축 이형철근	

[표 4-10] 압축 이형철근의 정착길이(f_y=400MPa)

철근 굵기 \ f_{ck}(MPa)	21	24	27	30	35	40
D10	220	210	200	200	200	200
D13	290	270	250	240	220	210
D16	350	330	310	300	270	260
D19	420	390	370	350	330	310
D22	480	450	430	410	380	360
D25	550	510	490	460	430	400
D29	640	600	560	530	490	470
D32	700	660	620	590	550	520
D35	770	720	680	640	600	560

5 철근의 이음

만약 제강사에서 철근을 최대한 길게 생산하고 현장에서는 필요한 길이로 절단하여 사용한다면, 이음 없이 철근을 배열할 수 있다. 그러나 철근은 운반, 가공, 시공 등의 필요에 따라 일정한 표준길이로 생산되므로 구조물에 시공하는 과정에서 각 철근 간의 이음이 필연적으로 발생한다. 이음은 제강사에서 표준길이로 생산되는 철근을 연속된 형태의 철근으로 사용하기 위한 것이다. 철근의 이음 방법에는 **겹침이음**(lap splice), **기계적 이음**(mechanical connection), **용접이음**(weld splice) 등이 있으며 일반적으로 겹침이음을 가장 많이 사용한다.

1. 이음 위치

[그림 5-1] 철근의 이음

철근은 가능한 한 최소응력점에서 철근을 잇도록 하고, 이음으로 인해 나타날 수 있는 위험한 거동을 보완하기 위해 이음위치가 서로 엇갈리도록 배치해야 한다. 철근의 이음은 균열 방지를 위해 한 곳에 집중되지 않도록 해야 한다. 그림에서와 같이 겹침이음 길이의 1/2만큼 떨어지게 하거나 1.5배만큼 떨어지게 하는 것이 좋으며, 이음이 동일 위치에 집중되는 경우에는 균열이 발생하기 쉽다.

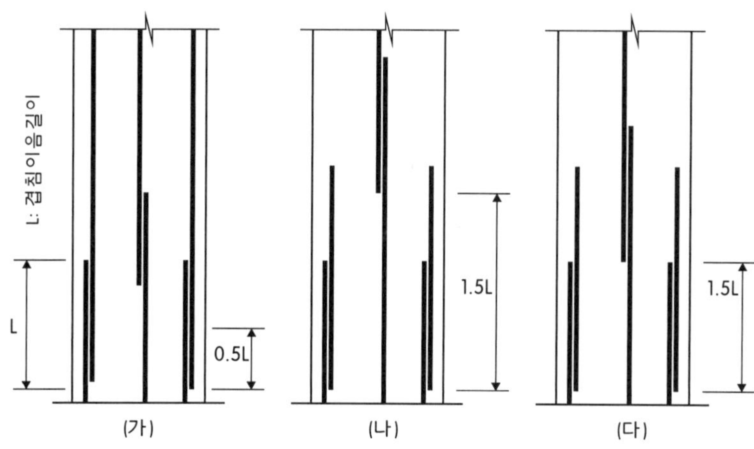

[그림 5-2] 이음 위치를 정하는 방법

이음 위치를 결정하는 원칙은 다음과 같다.

① 철근의 이음부는 구조상 취약한 부분이기 때문에 인장응력이 최대로 작용하는 곳에서는 이음을 하지 않는 것이 좋다.

② 이음의 위치는 되도록 응력이 큰 곳을 피하고, 동일한 개소에 철근 수의 반 이상을 이어서는 안 된다.

③ 주근의 이음은 구조부재 중 인장력이 가장 작은 부분에 둔다.

(1) 기초

철근의 이음 위치는 응력이 작은 부분에 두는 것이 좋고, 이것은 부재에 따라 달라진다. 독립기초와 같이 지반으로부터의 하중이 지중보에 직접 작용하는 경우(정배근인 경우)를 제외하고 경간 중앙에서 휨모멘트가 가장 작으므로 중앙부에서 이음한다.

[그림 5-3] 지중보에서의 이음 위치

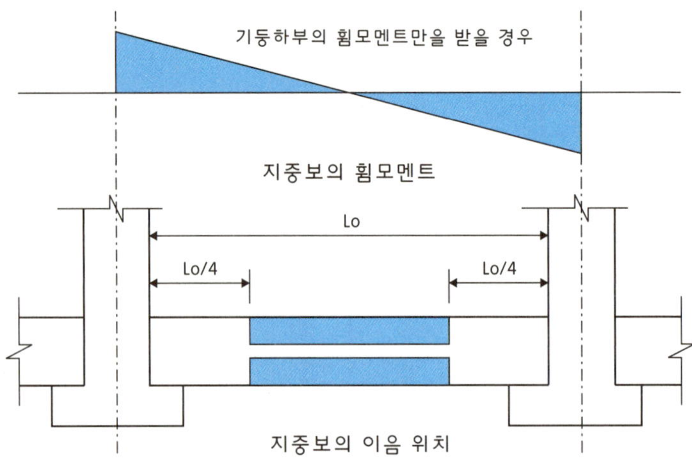

지중보에 토압, 수압에 의한 하중이 작용하는 경우에는 휨모멘트가 일반보와 달리 역전되는 역배근이 된다. 따라서 경간 중앙부에서는 하단에, 단부에서는 상단에서 이음한다.

[그림 5-4] 내압슬래브가 연결된 지중보의 이음 위치

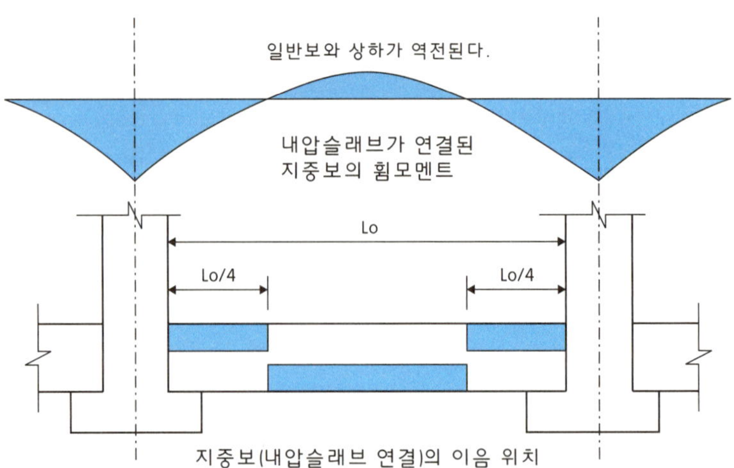

(2) 기둥

기둥에서 휨응력이 가장 작은 곳은 기둥의 중앙부이므로 기둥에서의 이음 위치는 슬래브 윗면에서 500mm인 곳에서부터 상부 보 밑으로 기둥 층간 높이(안목높이)의 1/4 지점까지가 해당된다.

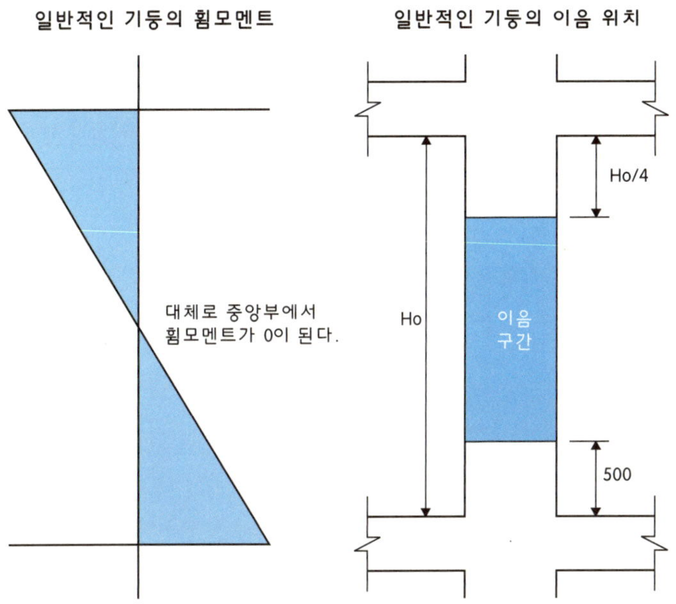

[그림 5-5] 기둥에서의 이음위치

(3) 보

큰보에서 인장력이 작용하는 곳은 경간 중앙부에서는 하단이며, 양단부에서는 상단이 된다. 따라서 상부 주근은 보 경간의 중앙부에서, 하부 주근은 보 경간의 양단부에서 이음한다. 캔틸레버보는 상단 전체에 인장응력이 작용하기 때문에 전체 경간에 걸쳐 하단에서 이음하는 것이 좋다.

[그림 5-6] 큰보에서의 이음 위치

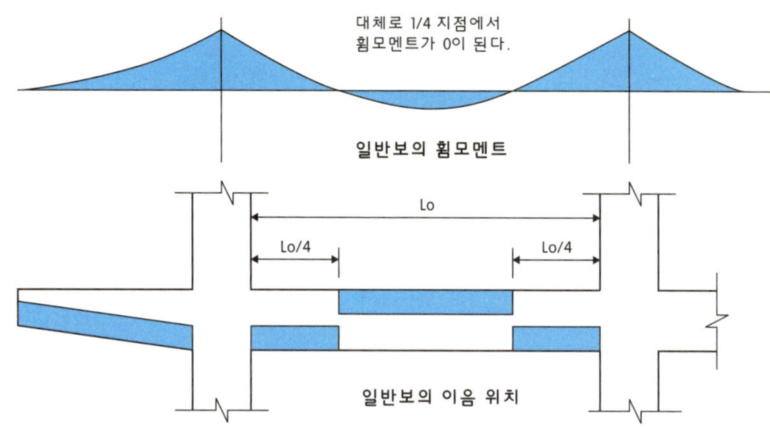

작은보가 건물 내부에서 연속일 때는 큰보와 이음 위치가 동일하지만, 건물 외곽부에서는 약간 달라진다. 건물 최외단부와 연결되는 보에서 휨모멘트 값이 0이 되는 곳은 보 안목치수의 1/4 지점이 아니라 바깥쪽으로 더 치우치기 때문에 1/6 지점까지 하단부에서 이음하는 것이 좋다.

[그림 5-7] 작은보에서의 이음 위치

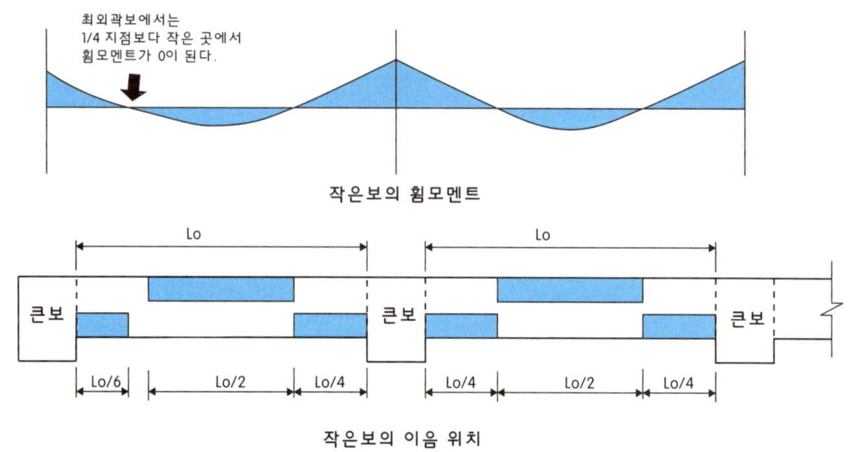

(4) 슬래브

슬래브는 보가 있는 단부의 상단면에서 응력이 크게 집중된다. 원칙적으로 보와 동일하게 상부근은 중앙부에서, 하부근은 외단부에서 이음을 해야 한다.

[그림 5-8] 슬래브철근의 이음 위치

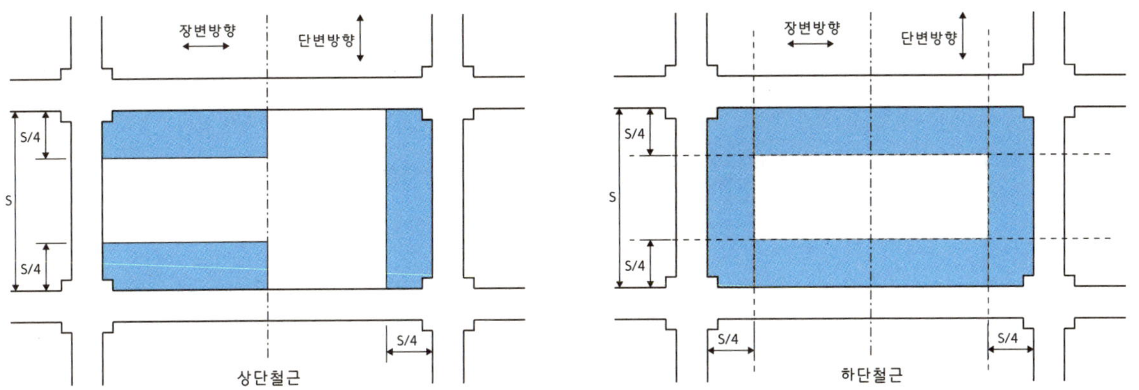

(5) 벽체

일반 벽체의 경우 이음 위치는 어느 곳이라도 상관없다. 단, 지하벽체와 같이 큰 토압이 작용하는 경우에는 흙에 면하는 벽체 쪽에서 기둥, 보에 가까운 부분의 이음길이를 길게 할 필요가 있다.

2. 이음 방법

(1) 겹침이음

겹침이음은 필요한 길이만큼 철근을 겹쳐서 연결하는 가장 간단한 이음 방법이다. 콘크리트 없이 철근만으로 연결되어 있다면 두 철근을 단단히 묶어야만 인장

[그림 5-9] 비접촉 이음

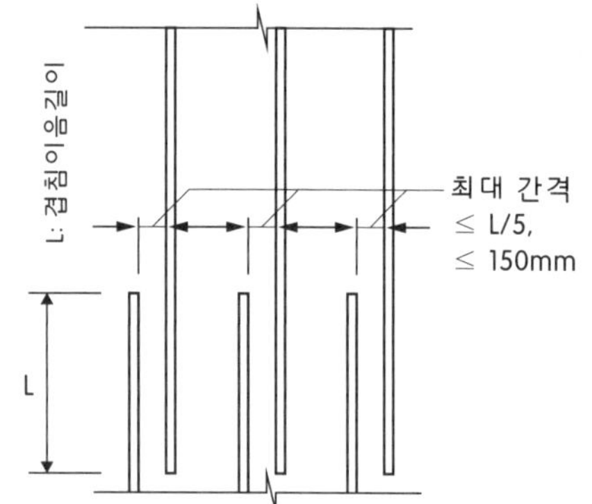

[그림 5-10] 비접촉 이음의 한계

력을 견딜 수 있다. 그러나 겹침이음한 철근은 콘크리트 속에 묻히게 되므로, 철근에 작용하는 인장력이 콘크리트의 압축응력과 전단응력을 매개로 서로 연결된다. 따라서 시공상의 문제점이 없다면 연결하는 철근이 어느 정도 떨어져 있더라도 상관없으며, 오히려 철근 주변에 있는 콘크리트로 응력이 쉽게 전달될 수도 있다. 따라서 〈KDS 14 20 52 4.5.1(2)③〉에서는 휨 부재에서 서로 직접 접촉되지 않게 겹침이음된 철근은 횡방향으로 소요 겹침이음길이의 1/5 또는 150mm 중 작은 값 이상 떨어지지 않으면 문제가 없는 것으로 규정하고 있다.

〈KDS 14 20 52 4.5.1(2)〉에서는 D35를 초과하는 철근은 겹침이음에 대한 실험 자료가 불충분하기 때문에 겹침이음을 하지 않도록 규정하고 있다. 실제 현장에서 D29 이상의 철근을 겹침이음하면 너무 두꺼워져 철근 순간격을 확보하기 어렵다. 또 겹침이음의 길이도 매우 길어져 손실량이 많아진다. D29 철근의 무게는 단위길이(1m)당 5.04kg이기 때문에 겹침이음 한 개소당 사용하는 여분의 철근량도 무시할 수 없다.

또 다발철근의 겹침이음은 다발 내 각각의 철근에 대한 겹침이음길이를 기본으로 하여 결정해야 한다.

(가) 인장 이형철근의 이음길이

인장을 받는 이형철근의 겹침이음길이는 A급과 B급으로 구분하고, 인장 이형철근의 정착길이에 보정계수를 곱하여 적용한다.

① A급 이음 : $1.0l_d$, l_d는 인장 이형철근의 정착길이

배치된 철근량이 이음부 전체 구간에서 해석결과 요구되는 소요 철근량의 두 배 이상이고, 소요 겹침이음길이 내 겹침이음한 철근량이 전체 철근량의 1/2 이하인 경우

② B급 이음 : $1.3l_d$

· A급 이음에 해당되지 않는 경우

A급, B급 이음의 분류가 이음 위치에서 이미 초과철근에 대한 효과를 반영하였으므로 이음길이를 산정할 때는 인장 이형철근의 정착길이에서 반영한 초과철근에 대한 보정계수를 적용하지 않는다. 그러나 실제 배근 현황을 보면 A급 이음에 해당되는 경우는 매우 드물며, 일반적으로 대부분 B급 이음이 적용된다고 볼 수 있다.

[표 5-1] 인장이음의 분류

$\frac{\text{실제 배치된 철근량}}{\text{소요 철근량}}$	겹침이음길이 내에서 최대이음비율	
	≤50%	>50%
≥2	A급 이음	B급 이음
<2	B급 이음	B급 이음

[표 5-2] 슬래브 인장 이형철근의 이음길이(B급 이음, f_y=400MPa)

철근 굵기 \ f_{ck}(MPa)	21	24	27	30	35	40
D10	390	390	390	390	390	390
D13	530	490	460	440	410	390
D16	750	700	660	630	580	550
D19	1010	940	890	840	780	730

서로 다른 크기의 철근을 인장 겹침이음하는 경우, 이음길이는 크기가 큰 철근의 정착길이와 크기가 작은 철근의 겹침이음 길이 중 큰 값 이상으로 해야 한다.

[표 5-3] 슬래브 이외 부재에서 인장 이형철근의 이음길이(f_y=400MPa, 일반철근 α =1) (D19 이하 보정계수 λ =0.8, D22 이상 보정계수 λ =1)

철근 굵기 \ f_{ck}(MPa)	21	24	27	30	35	40
D10	550	510	480	460	430	400
D13	710	660	630	600	550	520
D16	880	810	770	730	680	640
D19	1040	960	920	870	810	750
D22	1500	1410	1330	1260	1160	1090
D25	1710	1600	1510	1430	1320	1240
D29	1980	1850	1750	1660	1530	1440
D32	2180	2040	1930	1830	1690	1580
D35	2390	2230	2110	2000	1850	1730

[표 5-4] 슬래브 이외 부재에서 인장 이형철근의 이음길이(f_y=400MPa, 상부철근 α =1.3) (D19 이하 보정계수 λ =0.8, D22 이상 보정계수 λ =1)

철근 굵기 \ f_{ck}(MPa)	21	24	27	30	35	40
D10	710	660	630	600	550	520
D13	930	860	820	770	720	670
D16	1140	1050	1000	950	880	830
D19	1350	1250	1190	1130	1050	980
D22	1950	1830	1720	1630	1510	1420
D25	2220	2070	1960	1860	1720	1610
D29	2570	2410	2270	2150	1990	1860
D32	2840	2650	2500	2370	2200	2060
D35	3100	2900	2740	2600	2400	2250

(나) 압축 이형철근의 이음길이

압축철근의 이음은 인장철근과 달리 단부지압에 의해 힘을 콘크리트에 전달시킬 수 있는 장점이 있다. 또 부착거동이 복잡하지 않기 때문에 특별한 보정계수를 곱하지 않고 다음 식을 적용하도록 규정하고 있다.

① $l_d = \left(\frac{1.4f_y}{\lambda\sqrt{f_{ck}}} - 52\right)d_b$, $f_y \le 400$MPa일 때는 $l_d = 0.0072f_y d_b$ 보다 길 필요가 없다.

② $f_y > 400$MPa일 때는 $l_d = (0.13f_y - 24)d_b$ 보다 길 필요가 없다.

이때 겹침이음길이는 300mm 이상이어야 하며, 콘크리트의 설계기준강도가 21MPa 미만인 경우는 겹침이음길이를 1/3 증가시켜야 한다.

크기가 서로 다른 철근을 압축부에서 겹침이음하는 경우의 이음길이는 크기가 큰 철근의 정착길이와 크기가 작은 철근의 겹침이음길이 중 큰 값 이상이 되도록 〈KDS 14 20 52 4.5.3(2)〉에 규정하고 있다. 즉, 지름이 작은 철근의 압축이음길이 또는 지름이 큰 철근의 압축정착길이 중 큰 값으로 선택한다. 이때 압축측에서만은 D35 이하의 철근과 이보다 큰 철근과의 겹침이음을 허용하고 있다.

[표 5-5] 압축 이형철근의 이음길이(f_y=400MPa)

f_{ck}(MPa) / 철근 굵기	21	24	27	30	35	40
D10			300			
D13			380			
D16			470			
D19			550			
D22			640			
D25			720			
D29			840			
D32			930			
D35			1010			

(2) 그 밖의 이음

겹침이음은 시공 측면에서 특별한 기능이나 별도의 가공 없이 적용이 가능한 이음법이지만, D35 이상의 굵은 철근의 경우 콘크리트 구조설계기준에 의해 사용을 제한하고 있기 때문에 특별한 이음 공법이 필요하게 된다. 이 경우에 기계적 이음과 용접이음이 적용될 수 있으며, 성능기준은 〈콘크리트구조 설계기준〉에 따라 정적 인장시험 후 이음 시험체 각각에 대한 인장강도가 모재 공칭 항복강도의 125% 이상이어야 한다.

용접이음과 기계적 이음은 〈KDS 14 20 52 4.5.1(3)〉 규정을 만족시켜야 한다.

① 용접이음은 용접용 철근을 사용해야 하며 철근의 설계기준항복강도 f_y의 125% 이상을 발휘할 수 있는 완전 용접이어야 한다.
② 기계적 이음은 철근의 설계기준항복강도 f_y의 125% 이상을 발휘할 수 있는 완전 기계적 이음이어야 한다.

① 또는 ②의 요구조건을 만족시키지 않는 용접이음이나 기계적 이음에 예외 규정을 두고 있으나 D16 이하의 철근으로 한정하고 있기 때문에 실효성이 없다고 할 수 있다. 일반적으로 용접이음이나 기계적 이음은 D19 이상의 철근에 사용한다.

(가) 기계적 이음

기계적 이음은 나사식 이음, 충전식 이음, 압착식 이음으로 구별한다. 나사식 이음은 철근 표면을 절삭하거나 스웨이징(누름)으로 철근 단부에 나사를 형성하여 기계적 이음장치(커플러)를 체결하는 방식을 말한다. 충전식 이음은 이음부에 배치한 슬리브(sleeve)와 이형철근 사이에 용융금속이나 그라우트 등을 충전하여 그 부착력으로 철근을 이음하는 방식이다.

압착식 이음은 슬리브 내에 철근을 삽입하고 슬리브를 냉간에서 압착가공하여 이형철근의 마디와 맞물리게 함으로써 이음하는 방법이다. 압착 방법에는 슬리브 축에 평행하게 힘을 가하는 연속압착과 축에 직각 방향으로 힘을 가하는 단속압착이 있다.

기둥철근에서 겹침이음을 할 경우에는 철근 순간격을 확보하기 어렵고, 고강도 철근을 사용하면 겹침길이가 길어지기 때문에 상대적으로 철근 손실이 커진다. 다음 그림은 SD400, D25철근을 사용할 때, 겹침이음으로 손실되는 철근의 가격을 비용으로 나타낸 것이다. 콘크리트 강도가 높아질수록 겹침이음길이가 줄어들지만 철근 가격이 높아지면 손실폭이 점점 커지는 것을 볼 수 있다. 따라서 커플러의 개당 가격이 겹침이음에 따른 손실비용보다 싸다면 겹침이음보다 커플러를 적용하는 것이 경제적이라고 할 수 있다.

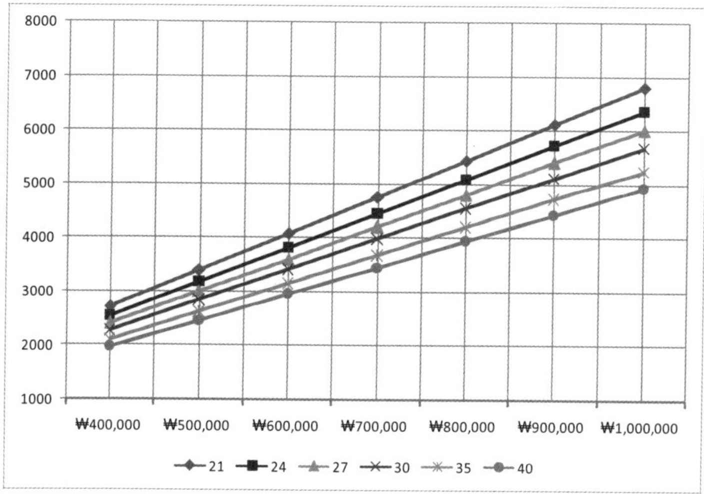

[그림 5-11] 콘크리트 강도와 철근 가격에 따른 겹침이음의 비용손실(D25, SD400일 때)

기계적 이음 중 나사식 이음은 공장에서 철근을 가공한 후 반입하면 현장에서 체결하기가 쉬우므로 최근에 비교적 많이 사용하고 있다.

[그림 5-12] 커플러 이음 시공 사례

[그림 5-13] 나사식 이음(왼쪽 : 암나사, 오른쪽 : 수나사 가공)

커플러 이음으로는 철근에 나사가공을 하지 않는 방식도 사용되고 있으며, 다음 그림처럼 편체와 쐐기를 이용하여 고정하는 사례도 적용되고 있다.

[그림 5-14] 웨지커플러 시공(왼쪽 : 슬리브 준비, 중 : 편체와 쐐기 삽입, 오른쪽 : 망치 타격)

(나) 용접이음

용접이음으로는 주로 가스압접이음이 사용된다. 가스압접은 이음할 철근의 양단면을 가열하여 용착하는 방법이다. 우선 압접할 철근의 양면을 그라인더 등으로 면처리한 후, 가열하기 전에 면처리한 두 철근을 맞대고 적당한 압력을 가한다. 이후 산소–아세틸렌 불꽃 등으로 가열함과 동시에 가압하는 과정을 3차에 걸쳐 진행하며, 압접 돌출부가 부풀어오르게 하여 기준을 만족시키는 모양이 되도록 한다.

[그림 5-15] 가스압접의 시공 순서

[그림 5-16] 가스압접의 시공(왼쪽 : 그라인더 면처리, 중앙 : 가열 및 가압, 오른쪽 : 압접 후 돌출부)

가스압접의 이음 위치는 다음과 같다.

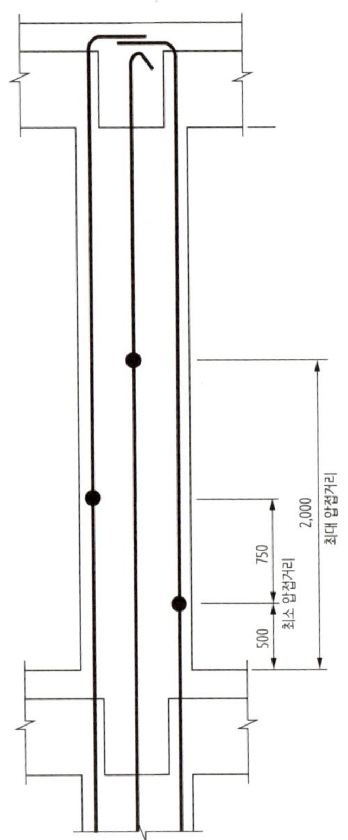

[그림 5-17] 가스압접의 이음 위치

[표 5-6] 가스압접이음의 검사(콘크리트공사 표준시방서)

항목	시험·검사방법	시기·횟수	판정기준
위치	외관 관찰, 필요에 따라 스케일, 버니어캘리퍼스에 의한 측정	전체 개소	철근상세도와 일치할 것
외관검사			사용 목적을 달성하기 위해 정한 별도의 것
초음파탐사 검사	KS B 0839	1검사 로트마다 30개소 발취	
인장시험	KS D 0554	1검사 로트마다 세 개	설계기준 항복강도의 125%

주) 1검사 로트는 원칙적으로 동일 작업반이 동일한 날에 시공한 압접개소로써 그 크기는 200개소 정도를 표준으로 함.

가스압접은 두 철근이 확실히 접합되었는지 외관상으로는 정확하게 알 수 없기 때문에 품질관리가 매우 중요하다. 가스압접의 검사는 외관검사(전수검사)를 실시하여 압접 돌출부의 지름, 길이, 편심량, 엇갈림 등이 규준에 적합한지 검사한다.

이때 압접부의 기준은 다음과 같다.

① 압접 돌출부의 지름은 철근 지름의 1.4배 이상

② 철근 중심축의 편심량은 철근 지름의 1/5 이하

③ 압접부는 심한 테모양, 처짐이나 굽음 등이 없어야 한다.

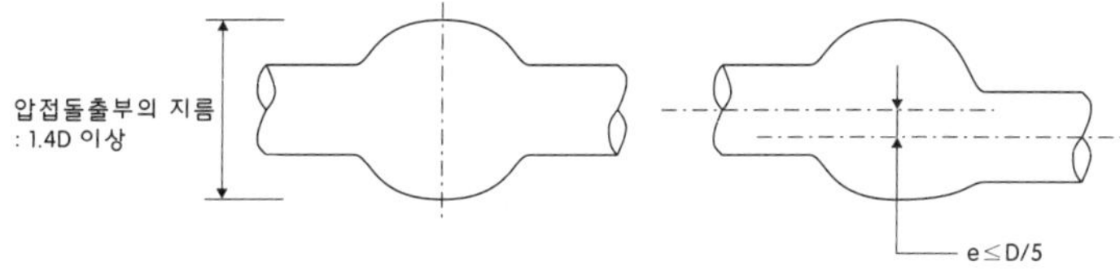

[그림 5-18] 가스압접의 외관기준

외관검사 결과 불합격된 압접부는 다음과 같이 조치한다.

① 철근 중심축의 편심량이 규정값을 초과했을 때는 압접부를 떼어내고 재압접한다.

② 압접 돌출부의 지름 또는 길이가 규정값에 미치지 못하였을 경우는 재가열하고 압력을 가하여 소정의 압접 돌출부로 만든다.

③ 형태가 심하게 불량하거나 또는 압접부에 유해하다고 인정되는 결함이 생긴 경우 압접부를 잘라내고 재압접한다.

④ 심하게 구부러졌을 때는 재가열하여 수정한다.

⑤ 압접면의 엇갈림이 규정값을 초과했을 때는 압접부를 잘라내고 재압접한다.

샘플링 검사로는 비파괴검사법인 **초음파탐상법**(KS B 0839: 철근 콘크리트용 이형봉강 가스압접부의 초음파 탐상시험방법 및 판정기준)과 파괴검사법인 인장시험에 의한 검사(KS D 0244)가 있다. 인장시험을 하기 위해서는 압접 부분을 절단해야 하므로 전체를 시험할 수는 없다. 검사방법은 동일 작업반이 동일한 날에 시공한 압접개소(그 크기는 200개소 정도를 표준으로 함)를 1로트로 하여 세 개를 시험하고 모두 기준을 만족시켜야 한다. 인장시험 후에는 동일 철근을 새로 배열하고 가스압접으로 이음한다. 인장시험은 검사 후에 다시 시공해야 하기 때문에 두 차례의 시공이 필요하며, 합격 여부를 곧바로 알 수 없고 소요기간이 길어질 수도 있다. 통상 현장에서는 다음 공정이 진행되기도 하며 콘크리트를 타설하기도 한다. 이 경우 나중에 불합격 판정이 나도 보강하기가 매우 어렵다.

초음파탐상법은 시험편을 절단할 필요가 없으며 시험 결과도 곧바로 알 수 있기 때문에 현실적인 방법이다. 통상 검사 로트 한 개당 30개소를 검사하고 모두 기준을 만족시켜야 한다.

6 배근 기준

1. 철근의 간격

철근은 콘크리트에 완전히 부착되어야만 응력을 발휘할 수 있다. 이를 위해 〈KDS 14 20 50 4.2.2〉에서는 ① 콘크리트의 충전성을 확보하고, ② 철근과 콘크리트와의 부착력을 확보하기 위하여 철근의 순간격 기준을 정하고 있다. 철근 순간격을 정하는 기준은 [그림 6-1], [그림 6-2]와 같다.

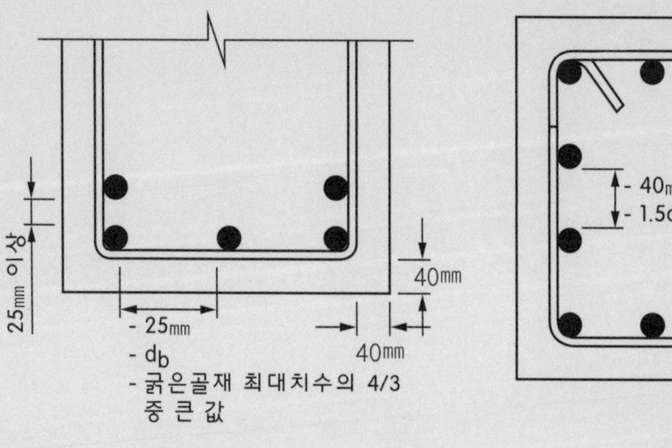

[그림 6-1] 동일 평면에서 평행하는 철근의 순간격 (보 등)

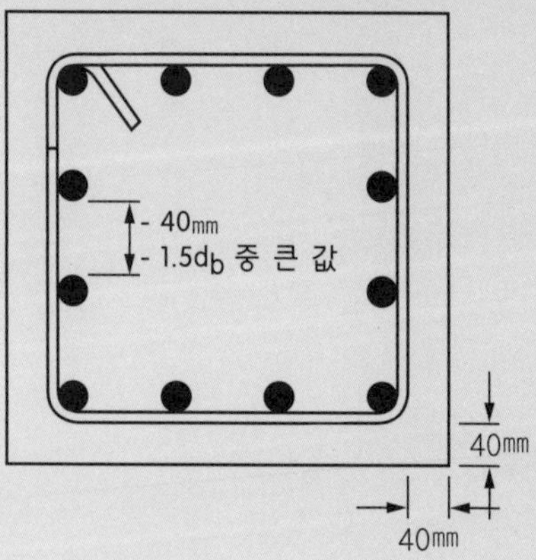

[그림 6-2] 기둥에서 종방향 철근의 순간격

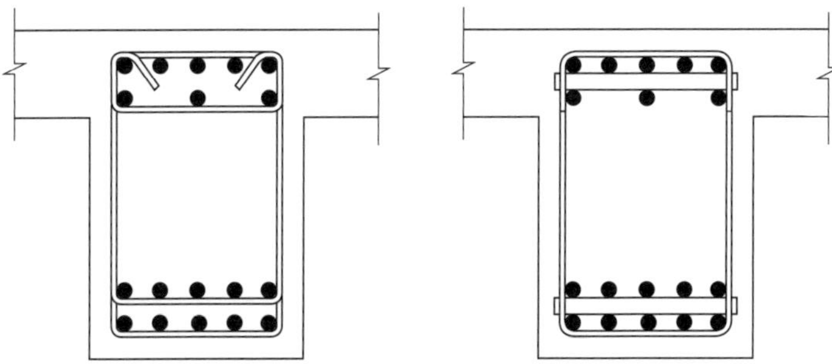

[그림 6-3] 보 상하부 2단근 배근 상세

[그림 6-3]은 보 상·하부 2단근의 간격을 유지하기 위해서 보조철근을 사용한 사례를 나타낸 것이다. 보에서 2단으로 배근되는 경우 2단근이 내려가지 않도록 주의해야 한다. 2단근의 위치가 내려가면 내려간 만큼 내력이 저하된다. 그림 왼쪽은 상부 2단근의 개수가 많을 때 보조스터럽을 사용한 경우이며, 하부 2단근을 배근할 때에도 동일한 방식을 적용할 수 있다. 그림 오른쪽은 구조기준 25mm를 확보하기 위해 D25철근을 사용한 경우이다.

철근 순간격이 확보되지 않으면 콘크리트, 특히 굵은 골재가 철근 사이를 통과하기 어려워 공극이나 곰보가 발생하기 쉽다. 건물 외곽부에서 기둥과 보가 서로 일직선으로 연결되면 보 철근의 순간격을 확보할 수 없을 때가 많다. 보 철근은 피복두께 40mm와 스터럽 두께만큼 안쪽에 배근하도록 규정하고 있지만 만약 기둥과 교차하면 기둥 주근보다 안쪽에 배근되어야 하기 때문에 기둥 주근의 두께만큼 안으로 밀리게 된다. 일반적으로 보 폭방향으로는 휨모멘트가 작용하지 않지만 비틀림을 받는 경우 구조내력이 저하될 수 있다. 또 보 철근의 폭이 좁아져 순간격이 확보되지 않는다면 설계자가 사전에 체크하여 보를 약간 크게 하거나, 2단 배근으로 변경하는 것이 바람직하다.

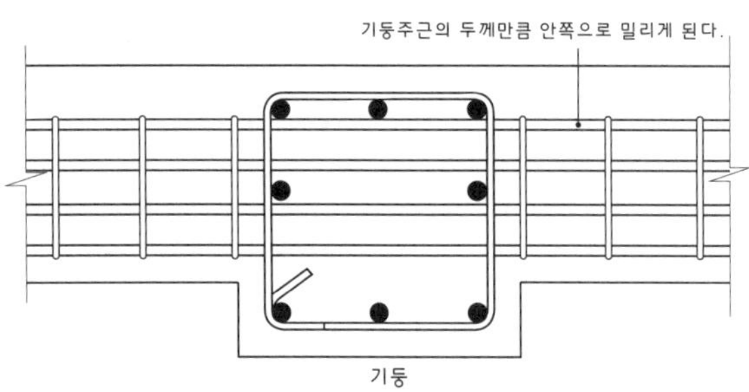

[그림 6-4] 건물 외곽 기둥과 보가 교차하는 부위(보 철근의 간격이 좁아질 경우)

2. 철근의 피복두께

철근은 공기 중에 방치되면 부식되어 녹이 발생하지만, 강알칼리성인 콘크리트 속에서는 녹이 더 이상 진행되지 않는다. 그러나 콘크리트가 공기 중의 이산화탄소(CO_2)나 산성가스 등의 영향을 받으면, 콘크리트의 표면에서부터 알칼리성을 천천히 상실하여 탄산화가 진행된다. 철근의 피복두께가 얇으면 탄산화가 진행되는 시간이 짧아지고, 탄산화된 부분으로 물과 공기가 침투하여 조기에 녹슬게 된다. 따라서 건물의 표준적인 수명 동안 기능을 다할 수 있도록 피복두께를 규정하고 있다. 여기서 철근의 피복두께는 주근에서 측정하지 않도록 주의한다. 띠철근 또는 스터럽이 있으면 반드시 그 부분부터 콘크리트 외단면까지의 거리를 측정해야 한다.

[표 6-1] 최소 피복두께

구분			최소 피복두께
수중에서 치는 콘크리트			100mm
흙에 접하여 콘크리트를 친 후 영구히 흙에 묻혀 있는 콘크리트			75mm
흙에 접하거나 옥외의 공기에 직접 노출되는 콘크리트		D19 이상 철근	50mm
		D16 이하 철근	40mm
옥외의 공기나 흙에 직접 접하지 않는 콘크리트	슬래브, 벽체, 장선	D35 초과 철근	40mm
		D35 이하 철근	20mm
	보, 기둥	$f_{ck} \geq 40MPa$	30mm
		$f_{ck} < 40MPa$	40mm
	셸, 절판부재		20mm

[그림 6-5] 콘크리트의 탄산화와 철근의 부식 과정

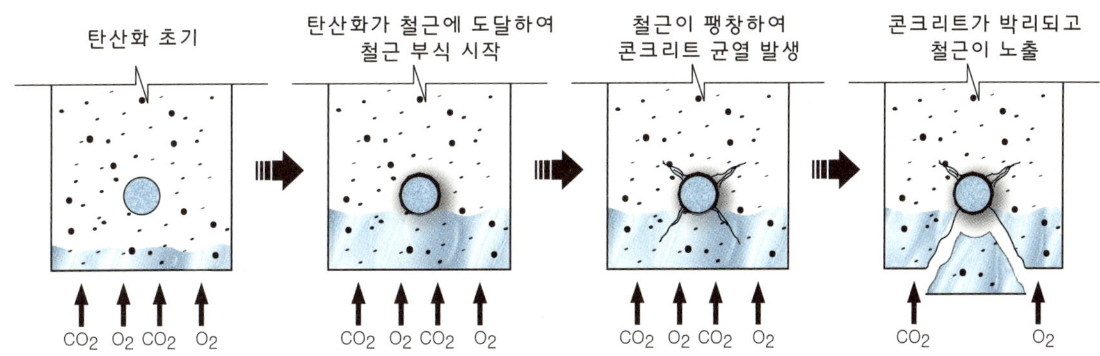

탄산화 속도는 건물 내부와 외부 중 어느 쪽이 더 빠를까? 〈콘크리트구조 설계기준〉에서는 옥외의 피복두께를 더 두껍게 규정하고 있는데, 외벽이 비바람 등 외부환경에 직접 노출되어 있기 때문에 탄산화가 더 빨리 진행될 것으로 보고 적용한 것이다. 그러나 실제는 내부의 탄산화 속도가 더 빠르다. 이는 실외보다 실내가 이산화탄소 농도가 높기 때문이다.

또 탄산화가 진행되면 콘크리트의 강도가 저하될 것이라고 생각하기 쉽다. 탄산화는 수산화칼슘이 탄산칼슘으로 변하는 화학반응이며, 이 탄산칼슘은 강도가 높은 물질이다. 다시 말해 탄산화가 진행되면 콘크리트는 더욱 치밀하고 단단해진다. 다만 탄산화가 철근 주변까지 진행되면 철근이 녹슬게 되고 녹이 발생된 부분의 부피가 팽창하면서 콘크리트에 균열이 생기므로 건물의 수명이 다했다고 보는 것이다.

철근의 피복두께는 탄산화가 일으키는 내구성 저하를 줄이기 위해 필요하지만 구조체의 내력을 확보하려면 정해진 위치에 철근을 고정하는 것이 중요하다. 피복두께가 얇으면 콘크리트의 탄산화가 빨리 진행되어 내구성이 떨어지고, 너무 두꺼우면 좌우 또는 상하 철근이 서로 근접해 구조내력이 저하된다.

[그림 6-6] 상부근의 처짐 (내력 감소)

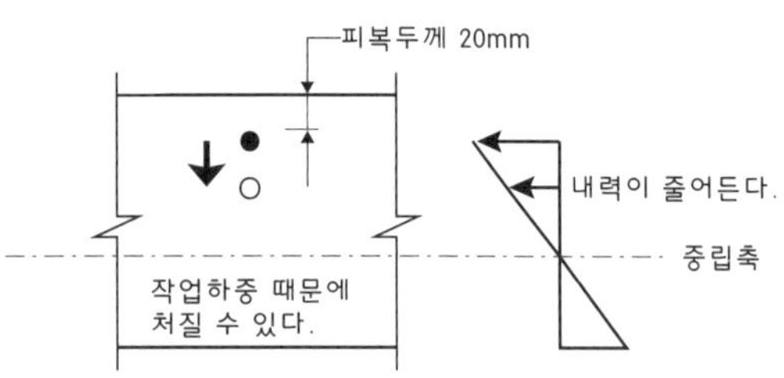

특히 슬래브 상부근이 아래로 처질 때가 많은데, 콘크리트를 타설하는 동안 작업자가 이동하면서 밟거나 작업하중에 의해 철근고임재가 전도되거나 이탈되기 쉽기 때문이다. 슬래브 상부근이 아래로 처지게 되면 내력이 저하되고 보와 슬래브의 경계면을 따라 균열이 발생하기 쉽다. 특히 캔틸레버 슬래브에서 상부근이 아래로 처지면 내력이 크게 저하된다. 따라서 상부근을 받치는 고임재는 가급적 넘어지지 않는 구조로 된 것이 바람직하다.

[그림 6-7] 전기박스 설치 부위(슬래브 하부근과 전기박스와 간섭 발생)

또 슬래브철근은 상부근이 처지는 문제도 있지만 하부근이 전기박스와 겹칠 때 전기박스 위쪽으로 철근이 놓이면 피복두께가 두꺼워지고 구조내력이 저하되는 문제도 있다. 통상적으로 철근 작업자는 작업이 끝나면 배근을 수정하지 않으려는 경향이 있다. 따라서 철근작업 전이나 철근작업 중에 전기설비배관이 완료되어야 하며 철근과 간섭이 발생하지 않도록 주의해야 한다. 간섭이 발생하면 전기박스와 간섭이 발생하지 않는 위치로 주근을 이동하고 주근과 동일한 철근으로 전기박스 반대편에 보강근을 추가한다. 또

전기박스 주위에 주근과 직각 방향으로 보강근을 설치한다. 최근에는 철근의 위치에 영향을 주지 않는 전기박스 제품이 사용되기도 한다.

철근의 피복두께를 확보하기 위해서는 **철근고임재**(chair)와 **간격재**(spacer)가 필요하다. 철근고임재는 보나 슬래브에서 수평철근의 높이를 확보하기 위해 사용하고, 원형 간격재는 벽체나 기둥에서 수직철근의 피복두께를 확보하기 위해 사용한다. 주로 철재, 모르타르, 플라스틱 등의 제품이 사용되며, 철근고임재는 콘크리트를 타설하는 동안 철근의 무게와 시공 하중을 견딜 수 있는 견고한 제품이어야 한다.

[그림 6-8] 벽체 철근 간격재

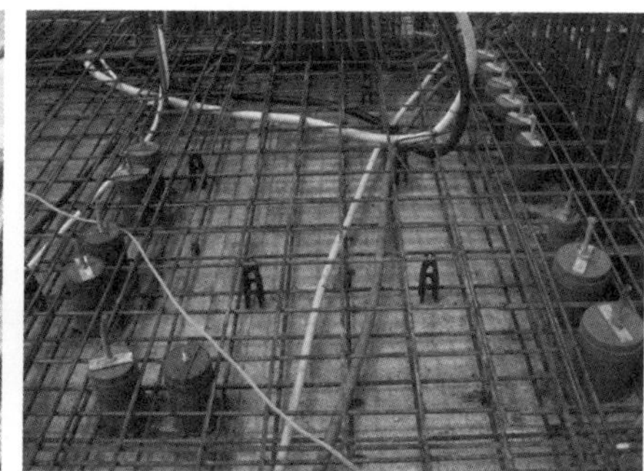

[그림 6-9] 슬래브 상부근 고임재

[그림 6-10] 각종 고임재 상세

[표 6-2] 철근고임재 및 간격재의 종류, 수량, 배치의 표준(콘크리트 표준시방서)

부위	종류	수량 또는 배치
기초	강재, 콘크리트재	- 8개/4㎡, 20개/16㎡
지중보	강재, 콘크리트재	- 간격은 1.5m 표준 - 단부는 1.5m 이내
벽체, 지하외벽	강재, 콘크리트재	- 상단 보 밑에서 0.5m - 중단은 상단에서 1.5m 이내 - 횡간격은 1.5m - 단부는 1.5m 이내
기둥	강재, 콘크리트재	- 상단은 보 밑에서 0.5m 이내 - 중단은 주각과 상단의 중간 - 기둥 폭방향은 1m 미만 두 개,1m 이상은 세 개
보	강재, 콘크리트재	- 간격은 1.5m, - 단부는 1.5m 이내
슬래브	강재, 콘크리트재	- 간격은 상 · 하부 철근 가로 세로 각각 1m

[표 6-3] 철근고임재 및 간격재의 종류, 수량, 배치의 표준(한국토지주택공사 전문시방서)

부위	철근고임재 및 간격재의 수량 및 배치 간격	비고
기초	- 8개/4㎡, 1.2m 이내의 간격으로	- 기둥, 벽철근의 하부를 고임
기초보	- 1.5m 이내의 간격으로	- 하단과 측면에 설치
벽체	- 상단은 제1단 횡철근에, 중단은 상단에서 1.5m 이내 - 횡간격은 1.5m 이내 - 단부는 첫 번째 수직근에	- 개구부 주위는 각 변에 두 개소, 변 길이가 15m 이상일 경우는 세 개소
기둥	- 상단은 제1단 횡철근에, 중단은 상단에서 1.5m 이내 - 기둥 폭 1m까지 두 개,1m 이상은 세 개	
보	- 1.5m 이내의 간격으로 - 단부는 0.9m 이내에	- 측보 이외의 보는 상단 또는 하단에 설치 - 측보는 측면에 설치
슬래브	- 상 · 하단근 각각 가로세로 1m 이내에 - 각 단부는 첫 번째 철근에 - 레벨러 겸용 철근고임재인 경우 옹벽 인접 슬래브 부위는 고임재 측면부가 펌프에 면하도록 설치	
돌출부	- 내민 슬래브 상단 인장철근은 지점에서 첫 번째 교차근, 자유단에서 첫 번째	- 상단 및 하단에 공통 적용 - 상단철근 간격재는 철재 등

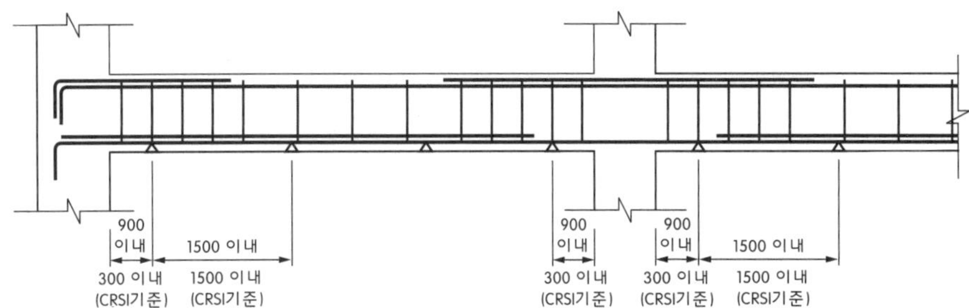

[그림 6-11] 보 하부 철근 고임재 배치 간격

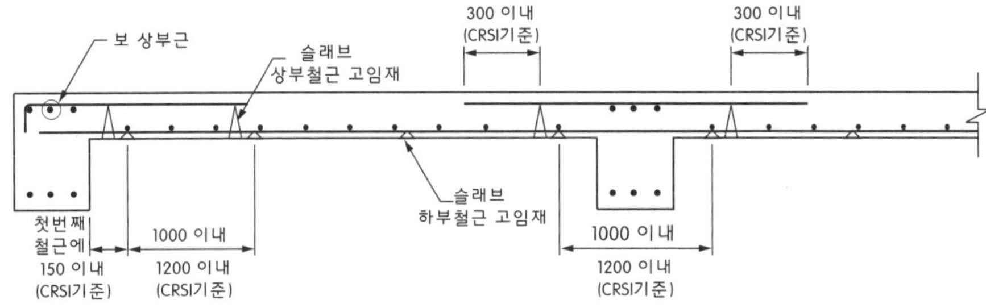

[그림 6-12] 슬래브 상하부 철근고임재 배치 간격

[그림 6-13] 아파트 벽체에서 간격재의 간격(간격재가 상하 1.5m 이내에 설치)

2부에서는 구조설계기준에 따른 기초, 기둥, 벽체, 보, 슬래브 부재별 배근방법을 다루었다. 각 부재별 일반사항에서는 부재별로 발생하는 응력을 서술하고, 각각의 응력에 대응하기 위해 필요한 철근의 종류를 서술하여 기본원리에 대한 이해를 돕고자 하였다. 각 장의 마지막에는 실제 현장에서 어떤 순서로 배근하는지 부재별 배근 순서를 알기 쉽게 나타냈다.

제2부

부재별 배근

7. 기초 배근

8. 기둥 배근

9. 벽체 배근

10. 보 배근

11. 슬래브 배근

12. 배근검사 : 배근의 허용오차

13. 철근 물량 절감

7 기초 배근

1. 기초 배근 일반

(1) 기초의 종류

기초의 종류는 기초가 지지할 상부구조와 하중의 크기에 따라 독립기초, 줄기초, 말뚝기초, 복합기초, 전면기초(온통기초, 매트기초), 파일기초로 구분된다.

[그림 7-1] 기초의 종류

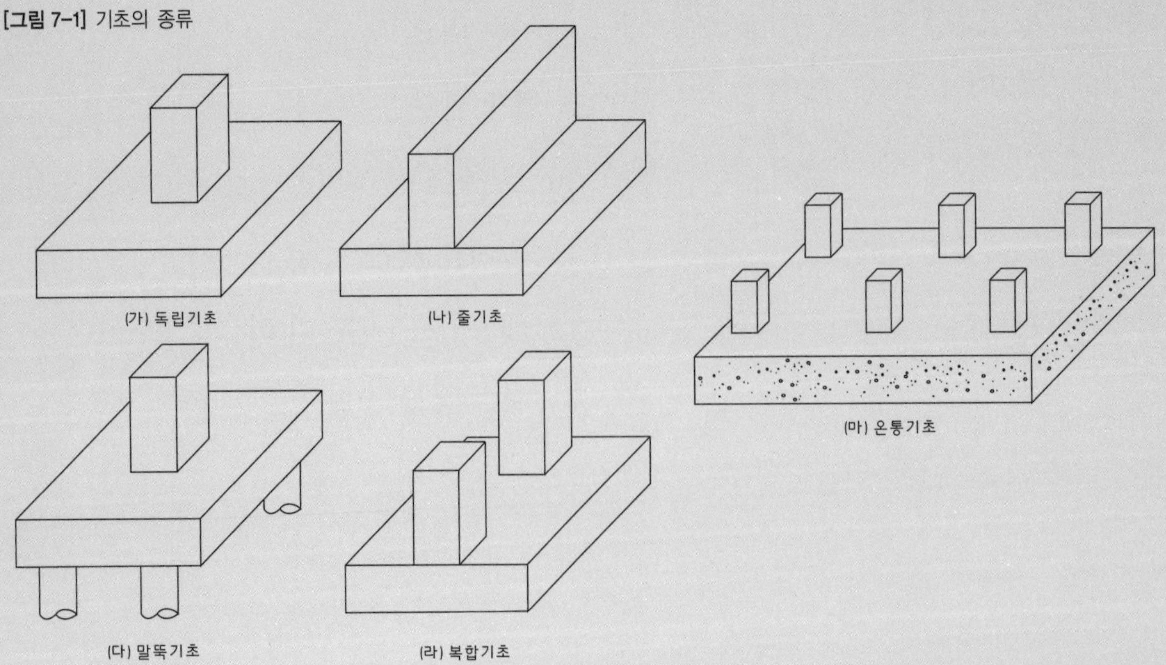

원형이나 각형 기둥 하부에는 통상 사각형의 독립기초를 설치한다. 이때 기초의 크기는 기둥에서 전달되는 하중을 지지 지반에 넓게 분산시킬 수 있을 정도의 크기로 만든다.

복합기초는 건물 외곽에 있는 기둥을 지지하는 독립기초가 대지 경계선을 넘을 때 주로 사용한다. 이 경우 기초 외곽 쪽은 기둥과 기초의 한 면이 일치하게 되고 반대쪽은 내부 기초와 연결된다. 이렇게 하면 두 기둥의 하중을 지지 지반에 균일하게 전달할 수 있다.

[그림 7-2] 전면기초

말뚝기초는 기초가 설치되는 지반의 지내력이 충분하지 못할 때 사용한다. 말뚝은 견고한 지반에 도달할 수 있도록 충분히 깊게 설치해야 하여, 견고한 지반의 지지력뿐만 아니라 말뚝과 주변 흙의 마찰력으로도 하중의 일부가 지지된다. 말뚝기초를 시공한 후에는 머리 부분을 일정한 높이로 정리하는데(두부 정리), 말뚝 머리는 통상 기초 안쪽으로 150mm 정도 삽입한다.

전면기초(매트기초; mat foundation)는 복합기초와 유사하지만 여러 기둥이나 벽체를 지지하며 바닥판 전체가 연결되어 기초를 이룬다. 전면기초는 기둥이나 벽체 하중을 지지 지반에 균일하게 전달한다.

(2) 기초 배근 일반

독립기초는 지반의 반력 때문에 휨모멘트가 발생하고 위쪽으로 휘게 된다. 휨모멘트는 기둥과 접하는 위험단면에서 최대가 된다. 이 휨모멘트에 저항하기 위해 기초 하부에 휨 철근을 배근하며, 기초단면에 대한 철근량으로 산정한다. 따라서 구조도면에는 배근할 철근의 간격으로 표시되며, 실제로 배근할 때에는 배근 간격을 작거나 같게 하여 철근의 총 개수를 지키는 것이 중요하다.

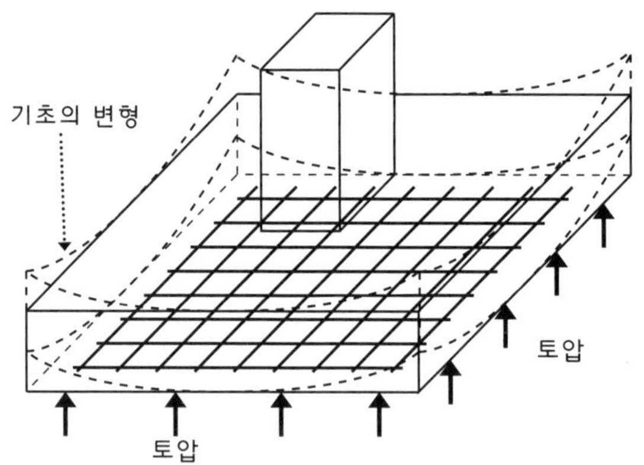

[그림 7-3] 독립기초의 거동

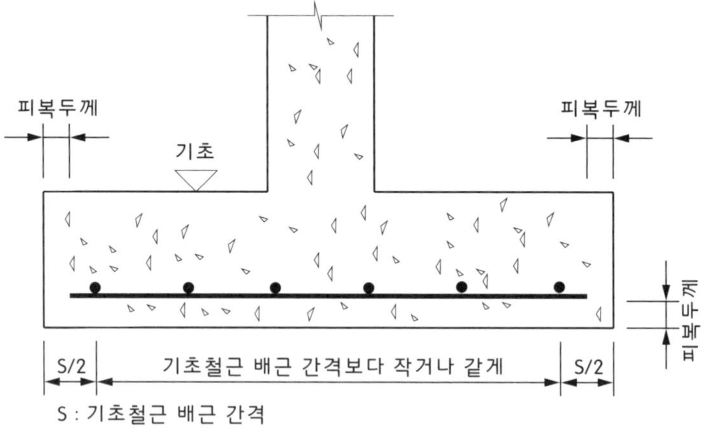

[그림 7-4] 독립기초 철근 배근

기초를 배근할 때에는 기둥이나 벽체의 축방향 철근이 정착될 수 있도록 **다우얼(dowel) 철근**을 배근해야 한다. 다우얼 철근의 하부에는 정착을 위해 90°표준갈고리를 설치하는데, 시공상 기초 하부근 위에서 자립할 수 있도록 하부근 배근 간격보다는 길게 만들고, 기초 하부근 직상부에 배근하는 것이 일반적이다.

2. 상하부근

기초의 철근 배근은 서로 교차하는 격자형 배근이 일반적이며, 기초의 평면상 긴 방향으로 하중이 많이 전달되는데 이것이 주근 방향이 된다. 슬래브에서는 평면상 짧은 방향으로 하중이 많이 전달되므로 단변 방향이 주근 방향이 되지만 기초에서는 반대가 된다. 따라서 주근 방향의 철근은 더 많은 힘을 부담할 수 있도록 부근보다 아래쪽에 배근해야 한다.

기초 상하부근은 기초 콘크리트 외면에서 피복두께 80mm만큼 떨어진 위치에서 처음 배치하고, 반대편 동일한 위치까지 배근해 간다. 앞에서도 기술한 바와 같이 기초 철근은 배근 간격이 약간 어긋나더라도 계산된 개수만큼 배근하는 것이 중요하다.

기초 단부에서 철근을 정착할 때 위험단면에서 인장 정착길이(l_d)를 확보할 수 없을 때에는 90°표준갈고리로 가공한 후, 표준갈고리 정착길이(l_{dh})만큼 정착해야 한다.

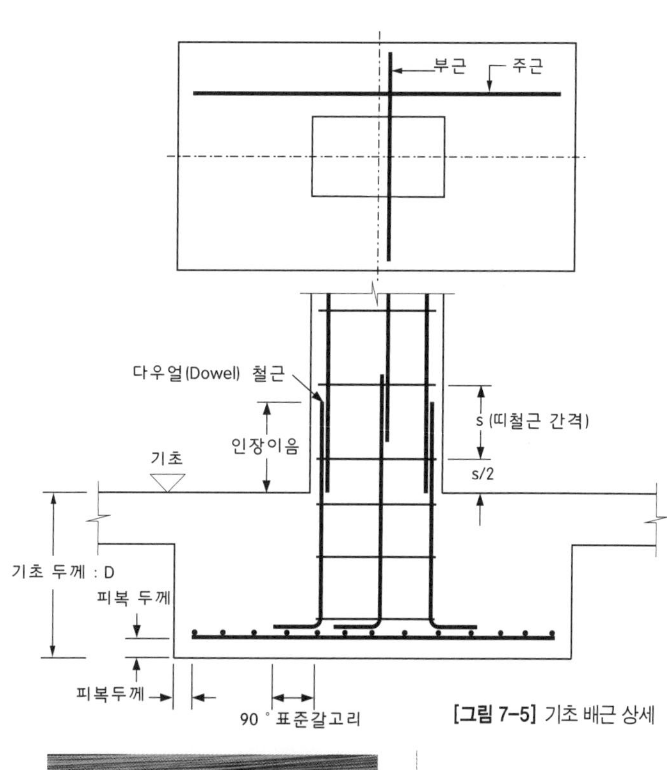

[그림 7-5] 기초 배근 상세

[그림 7-6] 독립기초 배근 사례

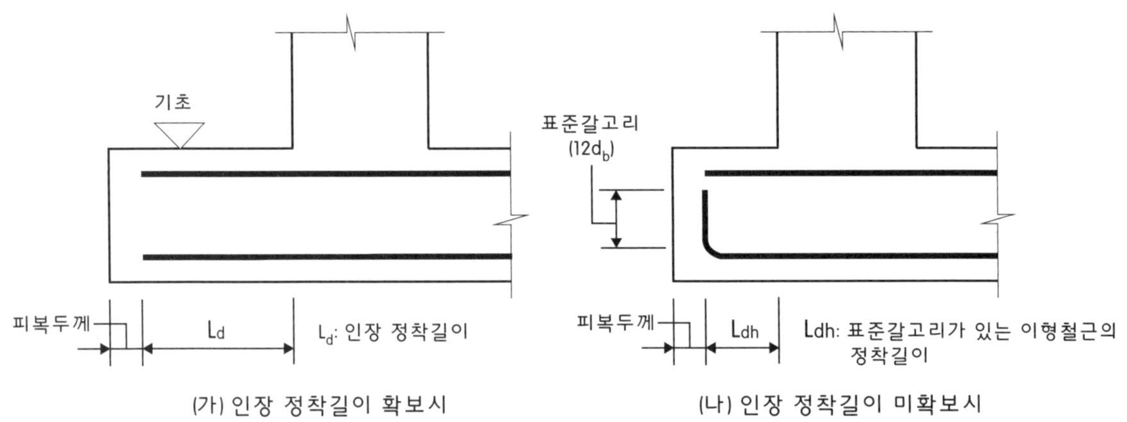

[그림 7-7] 내민 기초 단부에서의 정착

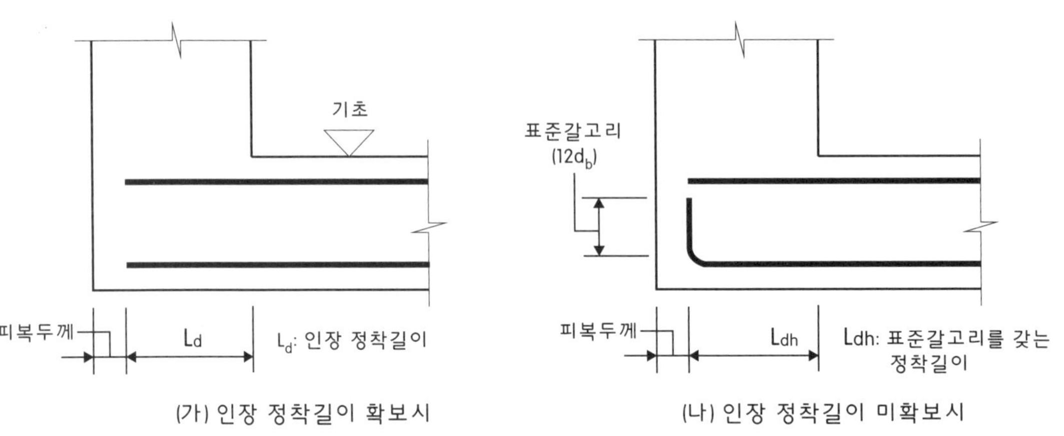

[그림 7-8] 기초 단부에서의 정착

3. 조립용 철근

전면기초와 같이 기초의 두께가 두꺼우면 기초 상부철근을 지지하기 위해 기성제 철근 고임재를 사용하기가 어렵다. 이때는 철근을 자립할 수 있는 형태로 가공하여 고임철근으로 사용하는데, 이를 '우마근'이라고 부르기도 한다.

고임철근을 산출하는 적산기준은 각 회사별로 다양하며 현장에서도 실무자의 경험과 현장 상황에 따라 달라진다. 따라서 고임철근의 형태와 고임방법은 지반의 지지력, 상부철근의 굵기(지름), 길이, 간격 등에 따라 협의해 결정해야 한다.

고임철근은 일반적으로 HD16 이상의 철근을 사용하며, 상부철근의 하중이 무거우면 HD19 철근을 사용한다. 고임철근은 자립할 수 있도록 양쪽에 다리가 엇갈린 모양으로 가공한다. 상부 폭은 200mm가 주로 쓰이며 다리 길이는 전면기초 하부근 위에 설치하는 것을 감안하여 하부근 두 개에 고정할 수 있도록 하부근 간격의 두 배 이상으로 하는 것이 좋으며, 400mm 이상을 주로 사용한다. 고임철근의 높이는 기초 상하부 피복두께와 상하부 주근의 두께에 따라 달라지는데, 하부의 피복두께는 일반적으로 80mm, 말뚝 지정일 때 150mm로 더 크게 계산한다. 기

[그림 7-9] 고임철근의 설치

[그림 7-10] 고임철근의 높이 산정

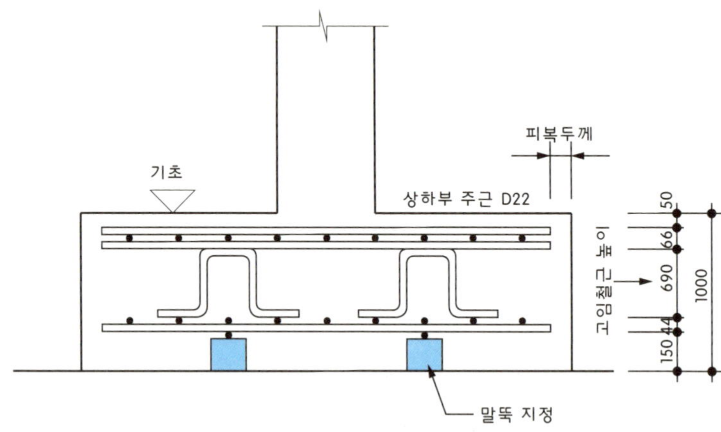

초 철근은 버림콘크리트 위에 배근되기 때문에 바닥 레벨이 일정하지 않고 요철이 심한 경우가 많다. 이렇게 높이가 일정하지 않기 때문에 고임철근의 높이를 산정할 때 약간 여유를 두기도 한다.

고임철근의 배치 간격은 상부철근의 무게에 따라 900~1,500mm 정도가 일반적이다. 이처럼 전면기초에 사용하는 고임철근은 통상 많은 물량이 소요되기 때문에 철근 물량 산출 시 반드시 고려하여 수량이 부족하지 않도록 해야 한다.

[그림 7-11] 고임철근의 간격

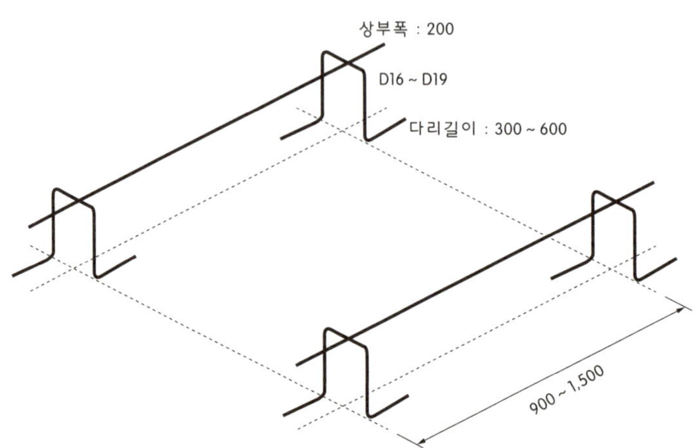

4. 집수정

집수정은 기초벽이나 바닥에서 발생하는 결로 수분이나 누수된 물을 모으기 위해 매트기초보다 낮게 만들어진다. 최근에는 기성제 강재 집수정이 사용되기도 하는데, 크기는 가로세로 1,000×1,000mm 내외이며 높이는 600mm 정도가 보통이다. 집수정은 매트기초의 한 부분을 일정한 크기만큼 도장을 찍듯이 밑으로 눌러서 만든 형태처럼 보인다. 따라서 집수정 바닥과 단차옹벽(세로벽) 부분을 보강하기 위해 철근을 배근한다.

집수정은 상·하부에 각각 가로근과 세로근을 배근하고, 단차옹벽에는 안쪽과 바깥쪽에 복배근 형태로 수직근을 배근하고 이것을 감싸는 수평근을 배근한다. 집수정 하부근은 끝 부분에 90°표준갈고리를 설치하여 세우기 때문에 수평방향으로 조립용 철근을 조립하여 자립할 수 있도록 한다. 집수정 상부근은 전면기초의 상부근과 마찬가지로 고임철근을 세우고 그 위에 고정한다.

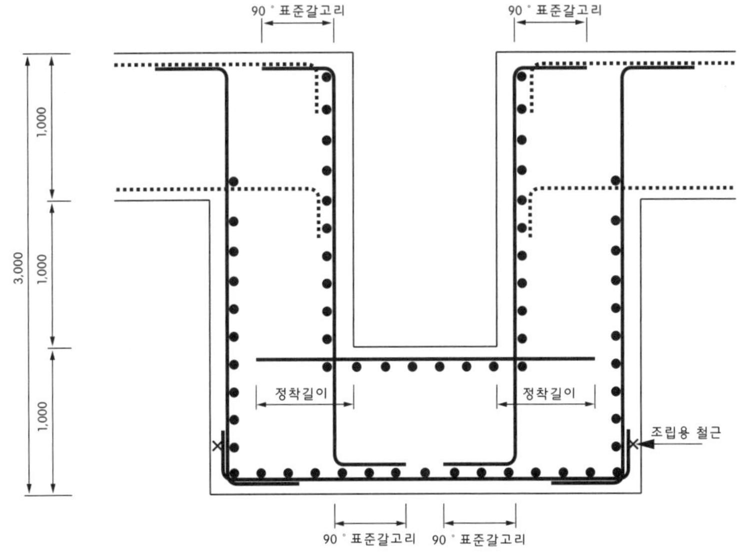

[그림 7-12] 집수정 배근 단면도

8 기둥 배근

1. 기둥 배근 일반

기둥에 배근하는 철근은 축방향 주근과 띠철근(tie-bar)으로 구성된다. 축방향 주근은 상부에서 전달되는 압축력을 콘크리트와 함께 분담하며 보에서 전달되는 휨력에도 저항한다. 철근콘크리트 구조에서 철근은 주로 인장력을 부담하지만 기둥에서 축방향 주근은 압축력에 저항한다. 콘크리트만으로 압축력을 부담할 경우 기둥의 단면이 지나치게 커져 실용성이 떨어진다. 콘크리트에 비해 강도가 매우 큰

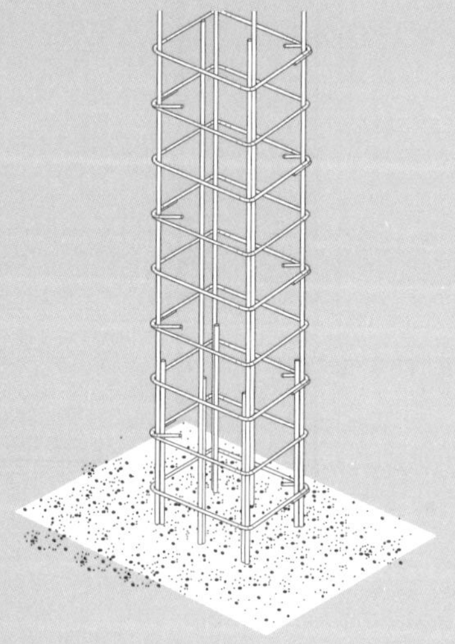

[그림 8-1] 기둥 철근(왼쪽)

[그림 8-2] 기둥 배근 사례(오른쪽)

철근을 활용하면 기둥 단면적을 줄일 수 있다. 두께에 비해 길이가 긴 철근은 압축력을 받으면 좌굴될 수 있으나 콘크리트가 철근을 감싸고 있기 때문에 그것을 막아준다.

띠철근은 축방향 주근을 고정시키는 역할과 함께 전단력에 저항함으로써 기둥의 횡방향 변형을 억제하는 역할을 한다. 기둥이 하중을 받으면 축방향으로 길이가 줄어들고 횡방향으로 늘어난다. 이때, 축방향의 변형에 대한 횡방향의 변형의 비를 **푸와송비**(poisson's ratio)라고 하며 콘크리트의 푸와송비는 대략 0.15~0.2(약 1/6) 정도를 나타낸다. 횡방향 변형이 발생하면 기둥 주근이 좌굴되기 때문에 기둥 주근이 압축력에 저항하지 못하고 쉽게 파괴될 수 있다. 이런 환경에서 띠철근은 기둥을 감싸는 테두리로 작용하여, 횡방향 변형을 억제하고 콘크리트가 더 큰 압축력을 부담할 수 있게 만든다.

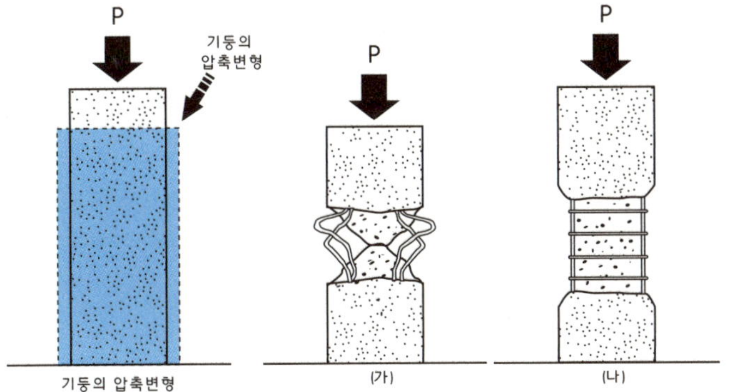

[그림 8-3] 띠철근 배근에 의한 효과

기둥 철근을 조립할 때 만약 주근을 먼저 배근한 후 띠철근을 나중에 끼우면 조립하기가 매우 힘들다. 따라서 띠철근을 하부 다우얼 철근에 미리 끼워 두고 상부 주근을 이음한 후 띠철근을 차례로 끌어올려 정해진 위치에 조립하는 방식을 많이 사용한다. 그러나 기둥 높이가 높거나 폭이 두꺼우면 띠철근을 위쪽에서부터 끼우기도 한다.

2. 기둥 다우얼 철근

기초에 정착하는 기둥 다우얼 철근은 길이가 3~4m 정도로 짧고 이것을 기초 하부근 위에 걸쳐서 세우기 때문에 확실하게 고정하지 않으면 콘크리트를 부어넣을 때 그 충격으로 위치가 어긋나기 쉽다. 기초에는 수직으로 잡아줄 거푸집이 없기 때문에 수직도를 확보하는 데 어려움이 있다. 따라서 다우얼 철근 배근 때 다림추로 수직도를 확인한 후 단단히 고정함으로써 차후 철근의 위치를 수정하는 일이 없도록 하는 것이 중요하다.

[그림 8-4] 기둥 다우얼 철근의 배근 상세

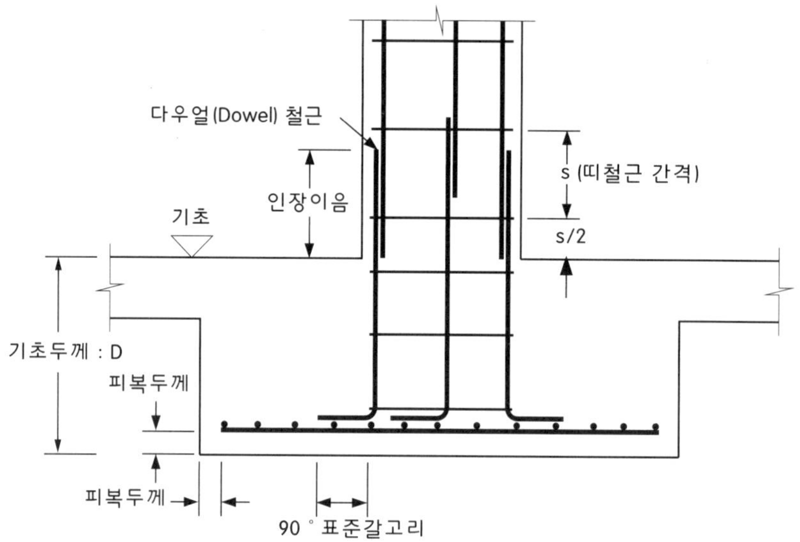

다우얼 철근은 정착길이만큼만 기초 안으로 매입하면 된다. 하지만 콘크리트를 부어넣는 동안 휘거나 위치가 이동하지 않도록 단단히 잡아줄 필요가 있다. 따라서 기초에 묻히는 기둥 다우얼 철근을 배근하기 위해서는 조립용 보조철근이 필요하다.

기둥 다우얼 철근에 사용하는 조립용 철근에는 띠철근과 경사 방향으로 지지하는 가새근(일명 기리바리)이 있다. 기초에 정착하는 부분에는 띠철근을 배근할 필요가 없지만, 띠철근을 설치하면 콘크리트를 타설하는 동안 다우얼 철근을 단단히 고정할 수 있다. 조립용으로 사용하는 띠철근은 기초 하부근 위에 한 개, 기초 상부 콘크리트면 아래에 한 개, 기초 위에 한 개가 필수적으로 설치된다.

[그림 8-5] 조립용 철근의 시공 사례

가새근은 기둥 다우얼 철근을 세우기 위해 조립용으로 쓰이는 것으로, 두 개를 이용할 경우 견고하게 고정할 수 있도록 삼각형의 형태로 세운다. 개수는 기초의 높이, 다우얼 철근의 개수 등 현장 상황에 따라 달라질 수 있다. 4면 모두 고정할 경우 최대 네 개까지 사용하지만, 조립용 철근은 구조적으로 필요한 것이 아니기 때문에 철근 사용 물량을 줄이기 위해 두세 개로 줄여서 쓰기도 한다. 경사 방향으로 지지하는 가새근은 HD13을 주로 쓴다.

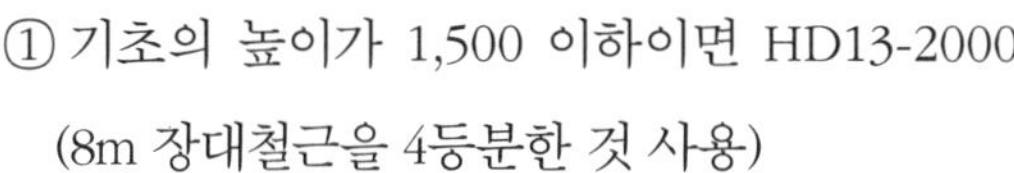

① 기초의 높이가 1,500 이하이면 HD13-2000
(8m 장대철근을 4등분한 것 사용)

② 기초의 높이가 1,500 이상이면 HD13-2670
(8m 장대철근을 3등분한 것 사용)

[그림 8-6] 기둥 다우얼 철근의 배근

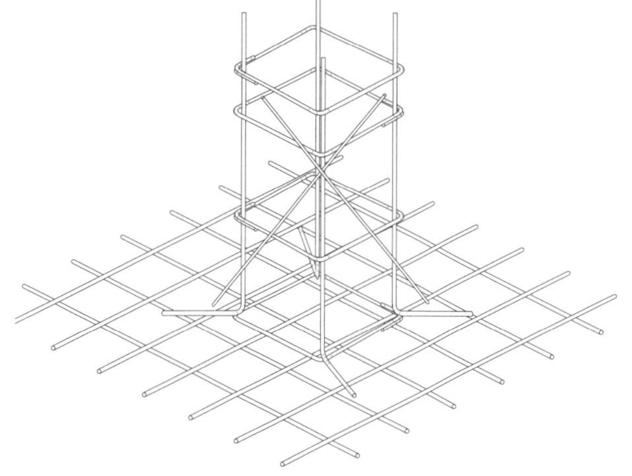

3. 주근

(1) 주근의 이음

축방향 주근은 구조도면의 기둥 일람표에 명기된 개수만큼 배근한다. 건축물 시공은 통상 층 단위로 이루어지기 때문에 주근은 매층에서 이음해야 한다. 기둥 주근의 겹침이음길이는, 지상층과 연결되지 않고 지하층만 있는 아파트 지하주차장 내부 기둥처럼 압축력만 전달되는 경우를 제외하고 B급 인장철근 겹침이음을 적용한다.

기초 콘크리트를 타설한 후 기초 위로 나온 기둥 다우얼 철근의 위치가 어긋난 경우가 종종 있다. 독립기초와 같이 군데군데 흙을 파서 기초를 설치할 경우, 파낸 흙을 옆에 쌓아두면 측량에 장애가 되어 먹매김 위치가 틀려질 수 있기 때문이다.

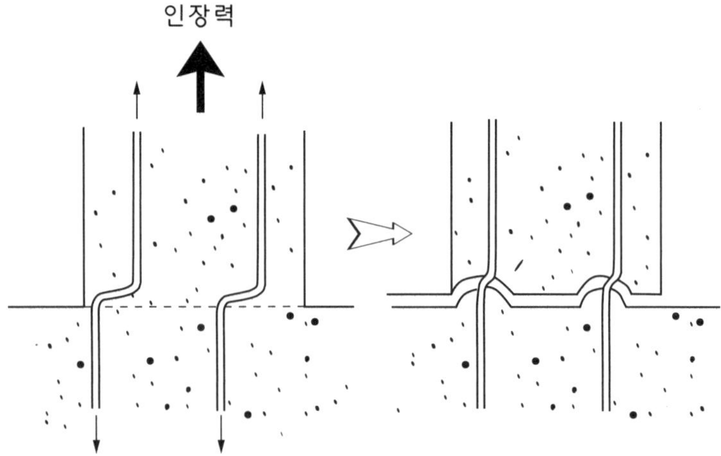

[그림 8-7] 급하게 구부리면 복원력이 작용

조립에 앞서 주근 위치가 먹매김 위치로부터 벗어나 있을 때는 완만한 각도로 수정해야 한다. 만약 급격한 각도로 수정하면 철근의 항복점 강도를 초과할 수 있기 때문에, 완만한 각도로 구부릴 수 없을 때에는 하부 콘크리트를 파취한 후 철근을 구부린다. 또 급하게 구부리면 추후 인장력이 작용했을 때 구부린 부분이 펴지게 되고 콘크리트가 파괴되어 타설 이음면이 박리될 수 있다. 이와 같은 현상을 방지하기 위해서는 수정하는 각도를 완만하게 하는 것이 좋다. 따라서 구부러진 부분의 구배가 1/5~1/6보다 작으면 주근을 구부려 이음해도 관계가 없으나 이보다 클 경우에는 압축 측에 있는 철근을 기초에 정착한 후 보강할 필요가 있다. 수정한 부위에는 굵은 띠철근을 사용하거나 띠철근 간격을 좁게 배근한다.

(2) 옵셋 굽힘철근

하부기둥과 상부기둥의 단면치수가 다를 때에는 그 차이에 따라 옵셋 굽힘철근(offset bent bar)으로 가공하거나 정착시켜야 한다. 이때 하부기둥의 주근은 상부기둥 주근의 안쪽에 오도록 배근한다. 그러나 만일 단면치수가 75mm 이상 차이가 나면 옵셋 굽힘철근으로 가공해서는 안 된다. 이때에는 하부기둥의 주근을 정착시키고 상부기둥의 주근은 다우얼 철근을 미리 배치하여 겹침이음해야 한다.

옵셋 굽힘철근으로 가공할 때에는 굽힘부 기울기를 1/6 이하로 가공해야 하며 굽힘부는 띠철근, 나선철근 또는 바닥 구조에 의해 수평지지가 이루어져야 한다. 띠철근을 이용하여 수평지지할 때에는 굽힘점에서 150mm 이내에 띠철근을 배치해야 한다 〈KDS 14 20 50 4.5.1〉.

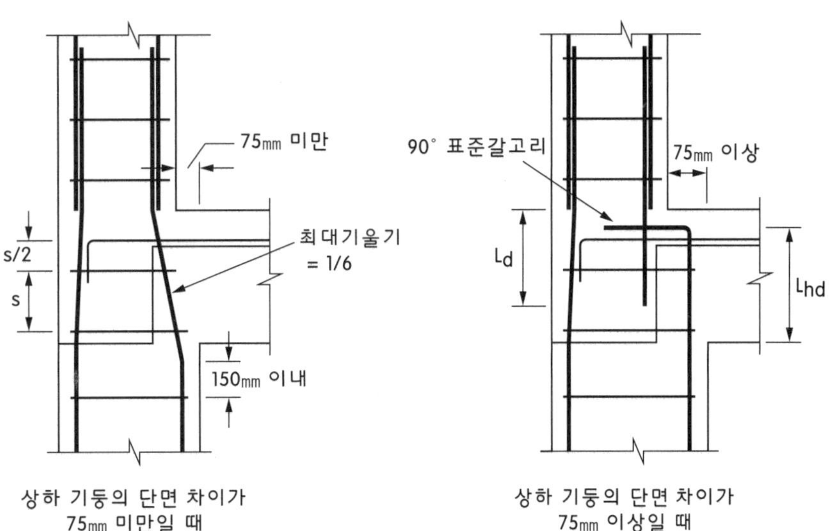

[그림 8-8] 상하 기둥의 단면치수가 다를 때의 배근 상세

(3) 최상층 기둥

다음 그림은 최상층 기둥의 사례를 나타낸 것이다. 최상층 기둥의 주근을 배치할 때 보 하단의 위험단면에서부터 보 안쪽으로 기둥 주근을 정착하는 것으로 생각하기 쉬운데, 하중의 전달 개념에서 볼 때 보의 하중이 기둥으로 전달되는 것이므로 기둥 주근을 단면 전체에 우선 배치해야 한다. 따라서 주근을 최상부까지 배치한 후 단부에 표준갈고리를 만들어 최상층 보나 슬래브에 고정하는 것이 일반적이다.

[그림 8-9] 최상층 기둥 상세

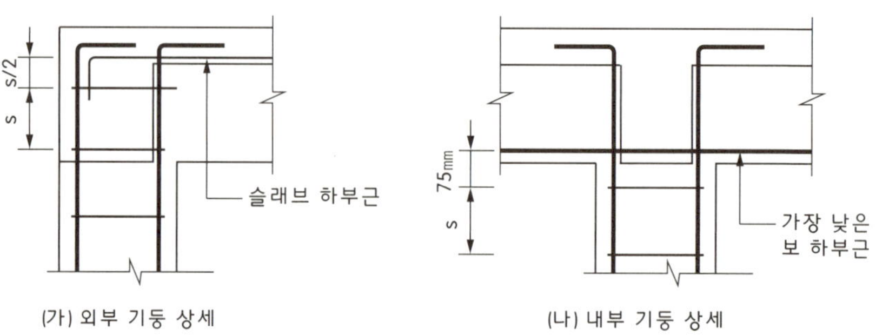

[그림 8-10] 최상층 기둥의 배근 사례

4. 띠철근

(1) 일반 상세

기둥에 사용하는 폐쇄띠철근과 보에 사용하는 폐쇄스터럽은 〈KDS 14 20 50 4.4.1〉에 적합하게 가공해야 하며, 기둥에 작용하는 전단력이 클수록 배근 간격이 촘촘하고 지름이 굵다.

[그림 8-11] 띠철근 가공 사례

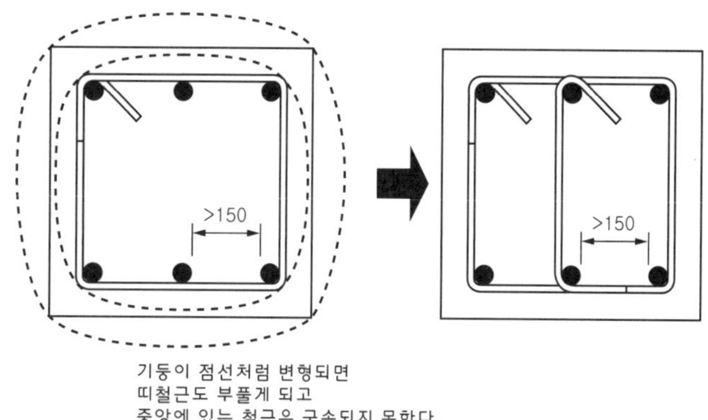

[그림 8-12] 보조띠철근을 설치하는 이유

기둥 모서리에 있는 축방향 철근 모두와 모서리에서 하나 건너 있는 철근들은 [그림 8-13]의 (가)와 같이 135° 이하로 구부린 띠철근의 모서리로 횡지지해야만 한다. 만일 축방향 철근의 순간격이 150mm를 초과하는 경우에는 (나)와 같이 추가 띠철근을 배치하도록 규정하고 있다〈KDS 14 20 50 4.4.2(3)〉. 순간격이 150mm를 초과하게 되면 기둥이 축력을 받아 횡방향으로 변형될 때 가운데 있는 주근이 구속되지 못하고 구조적으로 취약해진다. 따라서 주근 개수가 늘어나고 주근의 순간격이 150mm를 초과하게 되면 띠철근을 적절하게 추가하여 주근을 구속해야 한다.

[그림 8-13] 띠철근의 횡지지

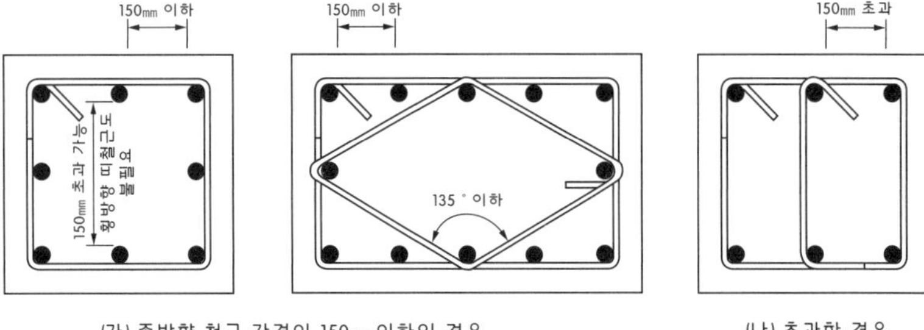

[그림 8-14] 띠철근 배근 기준

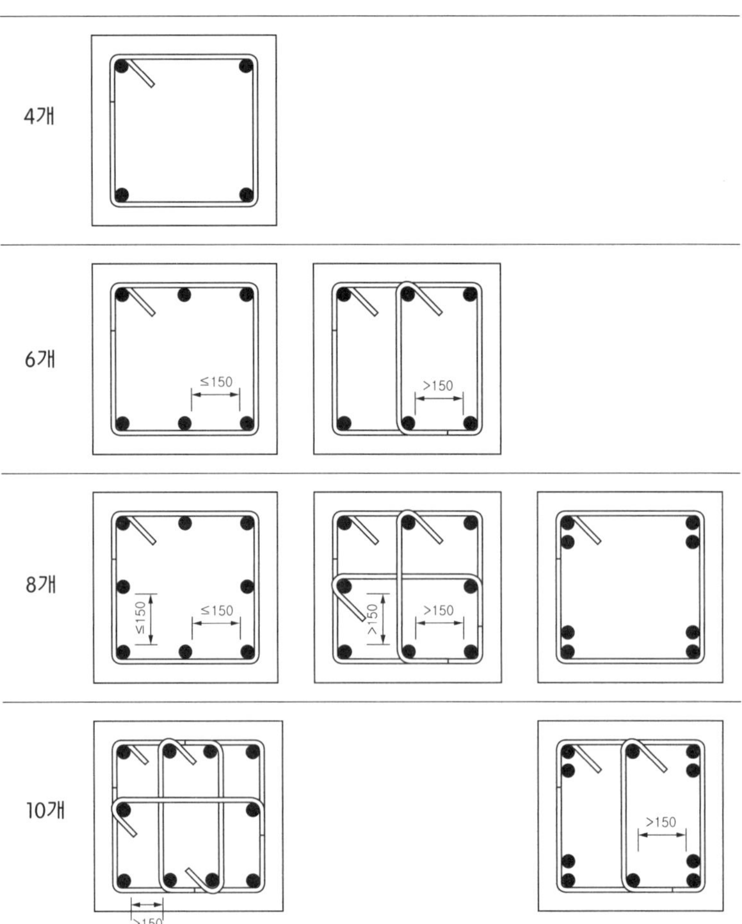

원형기둥에는 띠철근으로 나선철근을 사용하기도 하는데 나선철근에 대한 규정은 다음과 같다〈KDS 14 20 50 4.4.2(2)〉.

- 나선철근의 지름 : 10mm 이상
- 나선철근의 순간격 : 25mm 이상, 75mm 이하
- 나선철근의 이음 : 겹침이음($48d_b$ 이상, 300mm 이상) 또는 용접이음, 기계적 이음

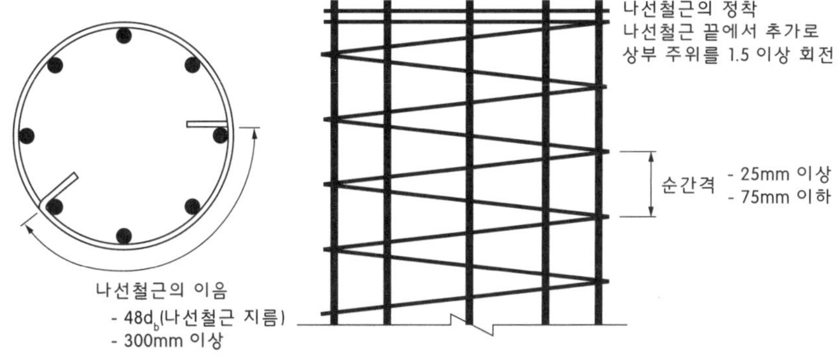

[그림 8-15] 나선철근의 배근

[그림 8-16] 나선철근의 배근 사례(왼쪽)

[그림 8-17] 나선철근의 가공(오른쪽)

- 나선철근의 정착 : 나선철근의 끝에서 심부 주위를 1.5회 이상 회전

띠철근은 구조도면에 지정된 배근 간격에 따라 배근하는데, 맨 아래와 맨 위에 설치하는 띠철근 간격에 주의해야 한다. 기초나 슬래브 윗면에 배치하는 첫 번째 띠철근의 간격은 다른 띠철근 간격의 1/2 이하로 해야 한다〈KDS 14 20 50 4.4.2(3)④〉. 또 최상부 띠철근의 위치는 슬래브 하부 수평근 아래에서부터 다른 띠철근 간격의 1/2 이하로 해야 한다. 다만 기둥의 4면이 모두 보와 연결되어 있을 때에는 보의 최하단 수평근 아래에서 75mm 이내에 띠철근 배근을 끝낼 수 있다.

[그림 8-18] 일반 기둥 배근 기준

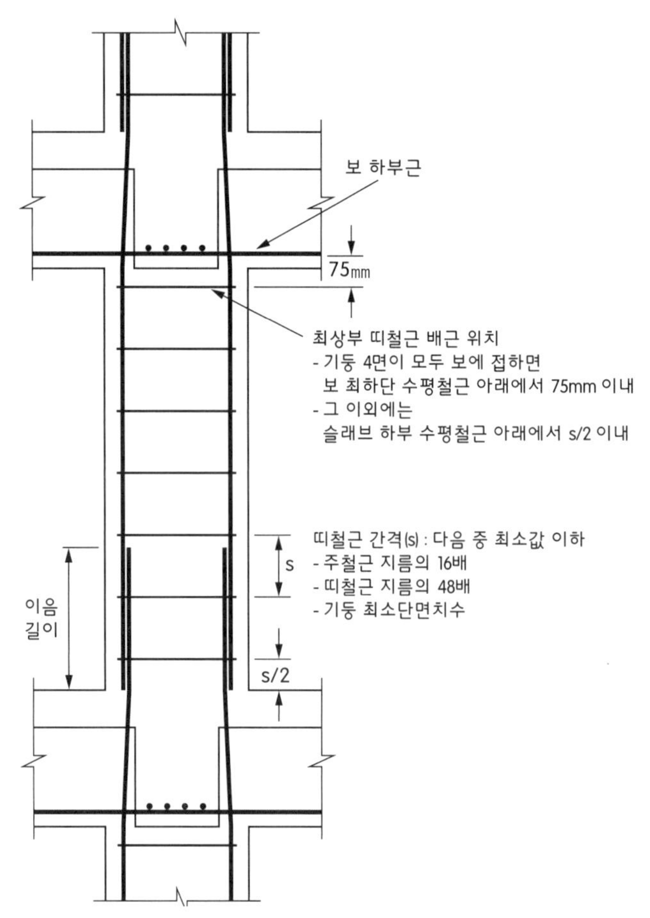

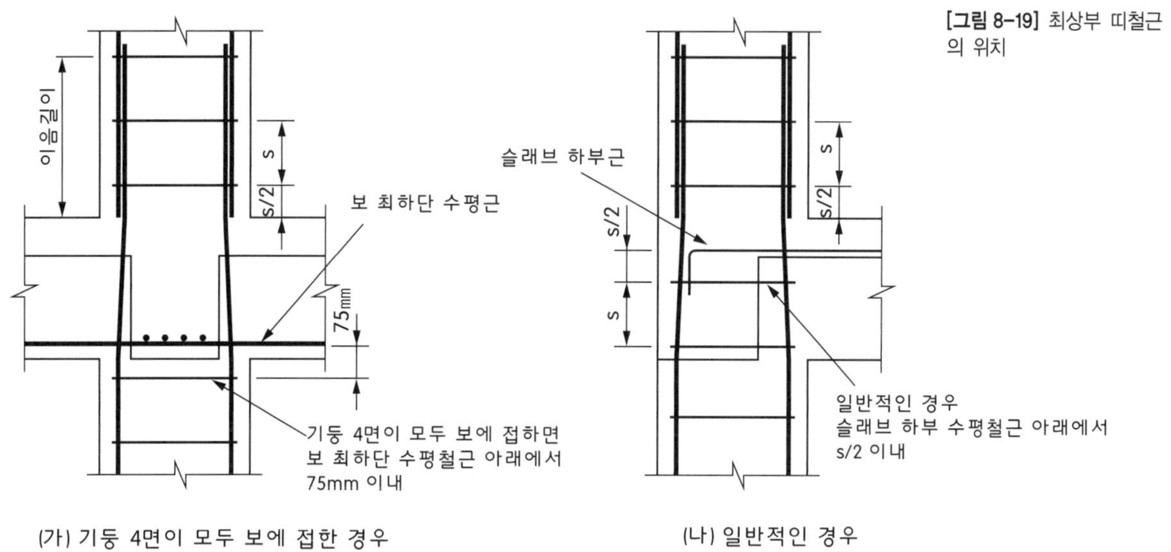

[그림 8-19] 최상부 띠철근의 위치

(2) 내진 상세

〈KDS 14 20 80 : 콘크리트 내진설계기준〉의 〈4.3 중간모멘트골조의 요구사항〉에서 기둥부재의 양단부에는 후프철근(Hoop)을 배치하도록 규정하고 있다. 여기서 후프철근은 폐쇄띠철근 또는 연속적으로 감은 띠철근(나선철근)을 의미한다. 또 폐쇄띠철근은 양단에 내진갈고리를 가진 철근을 말하는데, 내진갈고리는 철근 지름의 6배 이상(또한 75mm 이상)의 연장길이를 가진 최소 135° 갈고리를 의미한다. 즉 기둥에서 사용하는 띠철근를 가공할 때 양쪽 모두 135° 표준갈고리로 가공해서 사용한 것이 후프철근이 된다.

내진설계가 적용되는 기둥은 주근 배근 방식이 일반 상세와 동일하지만 띠철근 배근 방식에 차이가 있다. 일반 상세에서는 배근 구간 전체에 동일한 간격으로 띠철근을 배근하지만, 내진기둥은 [그림 8-20]과 같이 기둥 단부에 후프철근을 촘촘히 배근하여 최소한의 인성(靭性)을 갖도록 하고 있다. 따라서 일반 상세와는 달

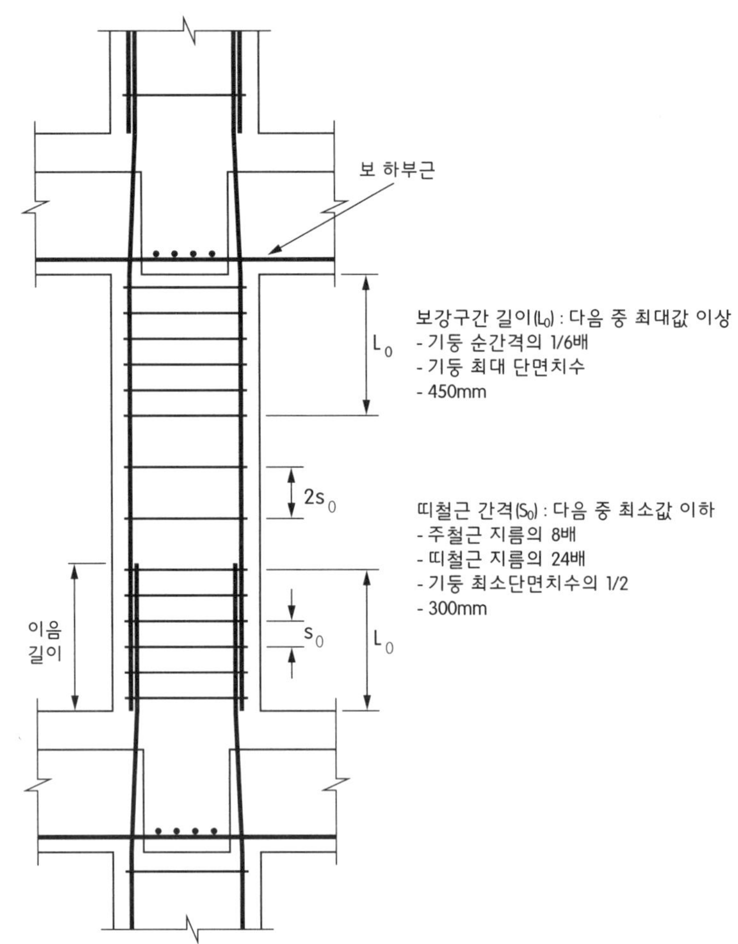

[그림 8-20] 내진 기둥 배근 상세

리 내진 상세에서는 기둥의 중앙부와 단부를 구분하여 후프철근 간격을 정한다. 이때 단부 보강구간의 길이를 보처럼 순경간의 1/4로 적용하면 안된다. 내진 상세에서 단부 보강구간의 길이는 ① 기둥 순경간의 1/6 ② 기둥 단면의 최대 치수 ③ 450mm 중 가장 큰 값 이상으로 해야 한다〈KDS 14 20 80 4.3.5(2)〉.

〈KDS 41 17 00 : 건축물 내진설계기준〉의 〈9.3.2 철근의 이음 및 정착〉에서는 보와 기둥의 소성힌지구간에서 겹침이음과 용접이음을 하지 않도록 규정하고 있

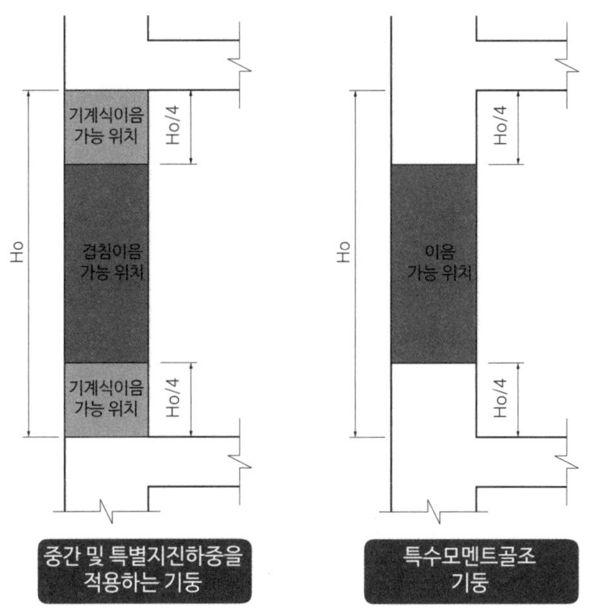

[그림 8-21] 내진설계가 적용된 기둥의 이음 가능 위치

다. 지진력이 작용하면 보와 맞닿아 있는 기둥의 단부는 응력이 연속적으로 반전되면서 반복하중이 작용하게 되고 철근이 압축좌굴을 하게 되면 더 취약해진다. 따라서 이 소성힌지구간에 해당하는 단부에서는 이음을 하지 않도록 규정하고 있다. 내진설계가 적용된 기둥의 이음구간을 나타내면 [그림 8-21]과 같다.

위의 기준에 따르면 지진력 저항시스템으로 설계된 보의 경우에도 상하부 철근 모두 겹침이음이나 용접이음이 금지되어 있다. 따라서 보의 하부철근의 경우에도 중앙부에서만 겹침이음을 해야 한다. 현행의 기준으로는 철근을 추가한다거나 후프철근을 추가로 배치하는 식으로 이음위치를 조정하는 것은 불가능하다. 앞으로 기준이 개정될지도 모르겠지만 지금 시점으로는 중간모멘트골조의 경우에도 단부에서는 상하부 철근 모두 겹침이음이나 용접이음을 해서는 안 된다.

9 벽체 배근

1. 벽체 배근 일반

내진벽은 콘크리트벽의 수평 단면적과 종방향 수직근의 단면적으로 지진 전단력에 저항한다. 내진벽은 철근의 양(수직근, 수평근의 지름과 간격)과 철근의 위치 및 기둥, 보에 대한 정착길이를 주의깊게 고려해야 한다. 일반 벽체는 복배근으로 되어 있으며 원칙적으로 수평근을 외부로 배근한다. 기둥 형틀면 또는 보 형틀면에서 처음 배근하는 벽체 철근의 위치는 벽체 철근 간격의 1/2 이내에 배근한다.

[그림 9-1] 벽체 배근

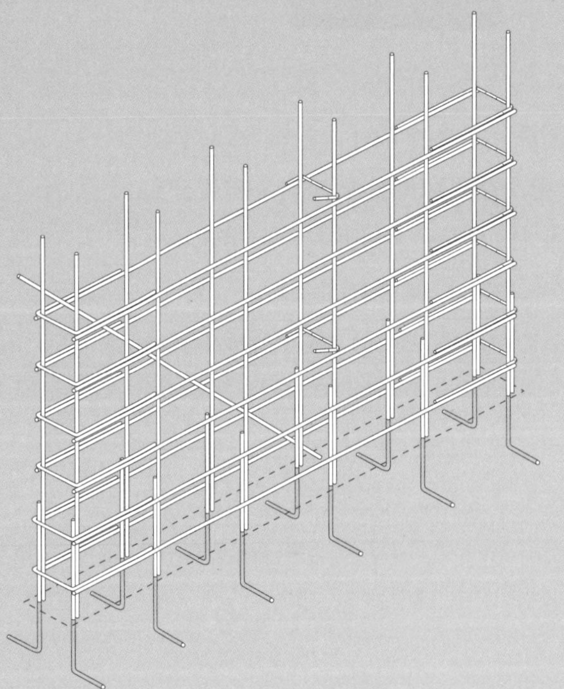

또 일반층의 벽체를 조립할 때 수직근을 먼저 세우게 되는데, 이때 수직근 단독으로 자립할 수 없기 때문에 수직근을 잡아주기 위해서 가새근을 사용한다. 일반적으로 철근상세도상에서는 가새근을 별도로 명기하지 않으며, 벽체 수직근의 개수에 한두 개 정도 여유를 준다. 따라서 가새근은 여유 수직근을 사용하여 배근한다.

[그림 9-2] 토압을 받는 벽체의 내외부 철근의 이음길이 차이

토압을 받는 벽체는 마치 세로로 세워진 슬래브로 생각할 수 있으며, 종방향 수직근이 휨모멘트에 저항한다. 따라서 토압을 받는 지하토벽은 토압을 고려하기 때문에 특수한 주근 방향과 배근 방법이 요구된다. 토압을 받는 벽체는 슬래브에 의해 세로방향으로 휨모멘트에 저항하지만, 벽체의 가로세로 길이 비에 따라서 가로방향근이 주요한 철근이 되기도 한다. 따라서 토압을 받는 지하벽은 주근에 대한 파악이 중요하며, 수직근을 주근으로 보고 바깥쪽에 배근하여야 한다.

2. 벽체 다우얼 철근

기초와 벽체의 접합부에서는 기둥 다우얼 철근과 같이 벽체 다우얼 철근을 배근하는데, 다우얼 철근의 위치를 확보하고 콘크리트를 타설하는 동안 고정시키기 위해 수평근(일명 단도리용)과 폭고정근을 배근한다. 다음 그림은 벽체 다우얼 철근의 시공 사례를 나타낸 것으로, 이때 사용하는 수평근은 HD13의 규격을 사용하여 다우얼 철근의 가로방향으로 벽체를 따라 연속적으로 배근한다. 수평근의 개수는 매트기초의 윗면에 한 개를 설치하고 매트기초 내부에 필요에 따라 두 개 이상을 사용한다. 수평근은 내외부 양쪽면에 모두 배근되기 때문에 벽체의 길이가 길 경우 수평근의 개수가 많아질 수도 있다.

[그림 9-3] 벽체 다우얼 철근의 시공 사례

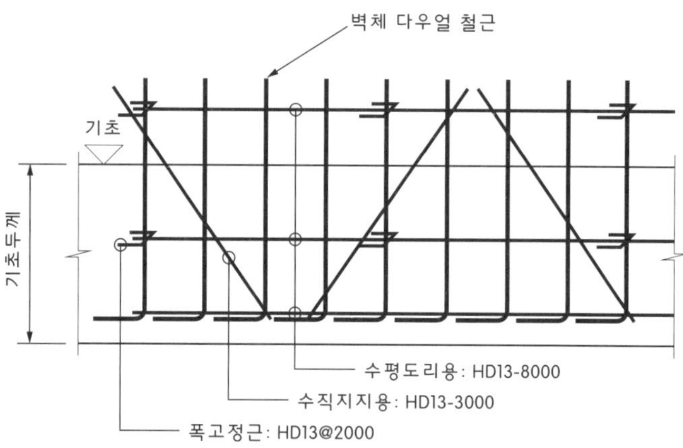

[그림 9-4] 벽 다우얼 철근 상세

또한 다우얼 철근의 상호간의 간격을 확보하기 위하여 폭고정근을 사용하는데, 통상 1,500mm 간격으로 일반층에서 사용하는 동일한 형태로 배근된다.

3. 벽체 철근 일반

(1) 수직근 이음

현장에서 벽체 철근을 배근할 때 하부 다우얼 철근의 위치와 상부 수직근의 위치가 일치하지 않아 하부 다우얼 철근을 구부려 수정하는 경우가 많다. 그러나 〈KDS 14 20 52 4.5.1(2)③〉에서는 휨을 받는 부재의 겹침이음과 관련하여, 부재가 서로 떨어져 있는 거리가 겹침이음길이의 1/5 그리고 150mm보다 작으면 겹침이음으로 볼 수 있다고 규정하고 있다. 따라서 하부의

[그림 9-5] 무리하게 구부린 철근

다우얼 철근과 상부 수직근이 서로 어긋나 있더라도 어긋난 거리가 기준값 이내이면 다우얼 철근을 구부릴 필요가 없다. 다우얼 철근을 구부리면 힘을 받을 때 복원력이 발생하기 때문에 오히려 바람직하지 않다.

(2) 일반 벽체

수직근은 일반적으로 층 단위로 이음하며, B급 인장철근 이음길이를 적용한다. 단, 아파트 지하주차장 내부 벽체와 같이 압축이 우세한 경우에는 압축철근 이음길이를 적용할 수 있다.

일반층에서 슬래브 위에 처음 배근하는 수평근은 수평근의 배근 간격(S)의 1/2에서 시작한다. 맨 위에 배근하는 수평근은 상층 슬래브 바닥면에서 배근 간격의 1/2 이내에 배근해야 한다.

길이가 2m 미만인 벽체는 철근을 길이방향으로 긴 U바(U-bar)의 형태로 가공한 후, 반대편을 U바로 보강하는 방법을 많이 사용한다. 또는 서로 긴 U바의 형태로 가공한 후 인장철근 겹침길이만큼 서로 겹치게 배근하기도 한다.

[그림 9-6] 일반 벽체 상세

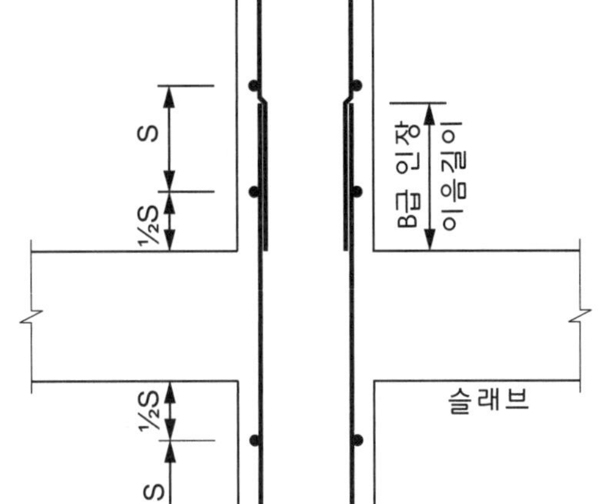

[그림 9-7] 2m 미만 벽체의 배근 상세

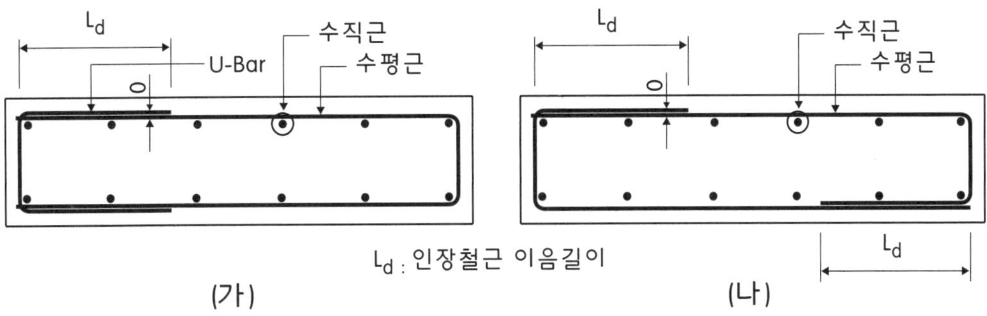

[그림 9-8] 2m 미만 벽체의 배근 사례

(3) 최상층 벽체

최상층 벽체는 슬래브에 정착해야 한다. 따라서 수직근은 90°표준갈고리를 만들어 슬래브에 정착한다. 수평근은 최상층 슬래브 바닥에서 배근 간격(S)의 1/2보다 작은 위치까지 배근한다.

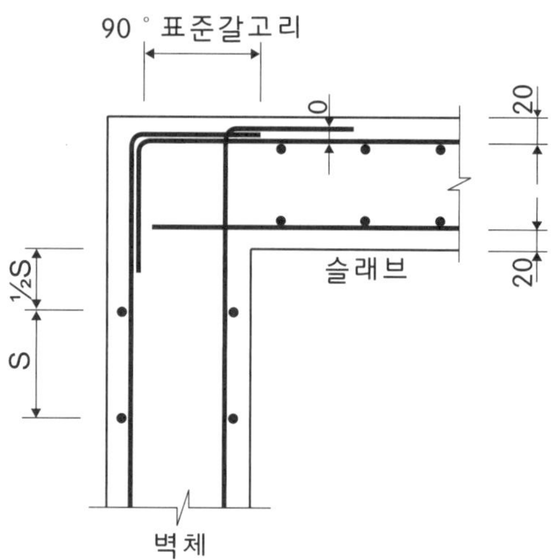

[그림 9-9] 최상층 벽체 상세

4. 단부 보강

벽체의 양쪽 단부는 다른 벽체와 T형 또는 L형으로 교차되거나 다른 벽체와 교차되지 않고 마무리되는 경우가 있는데, 각각의 경우 보강방법은 다음과 같다.

(1) 일자형

벽체가 서로 교차하지 않은 경우에는 단부를 U바의 형태로 하여 수평근을 보강한다. U바의 다리 길이는 인장철근의 이음길이만큼 길게 하고, U바의 폭은 벽체 두께에서 양쪽 피복두께 40mm만큼 뺀 값으로 한다. 그러나 벽체 철근은 주로 가는 것을 사용하기 때문에 쉽게 휘어지고, 간격재를 설치하더라도 위치를 고정하기가 매우 어렵다. 따라서 시공상 피복두께인 20mm을 확보하기가 어려우므로 U바의 폭을 산정할 때는 피복두께를 30mm로 보고 60mm 만큼 뺀 값으로 하여 가공하는 경우가 많다.

[그림 9-10] 일자형 벽체 단부 배근 상세

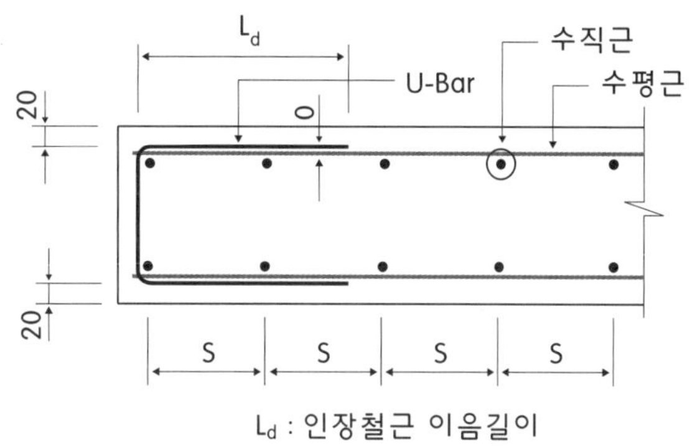

[그림 9-11] 일자형 벽체 단부 배근 사례

(2) L형 교차부

벽체는 서로 T형으로 교차하거나 L형으로 교차하는 경우가 있다. 이렇게 서로 교차하면 구조도면에 보강근이 지정되어 있거나 혹은 지정되지 않은 경우가 있다. 구조도면에 보강근이 지정되어 있다면 구조도면에 따라 배근하면 되지만, 그렇지 않다면 서로 교차하는 벽체의 수직근 중 지름이 굵은 것을 기준으로 교차되는 부분에 수직근 네 개를 배치하고 수평근이 서로 이어질 수 있도록 보강하는 것이 일반적이다.

벽체가 L형으로 교차하면 (가)와 같이 양쪽 벽체에 U바를 끼워 보강하거나 (나)와 같이 인장 이음길이만큼 서로 겹쳐 잇거나 (다)와 같이 90°표준갈고리를 설치하여 정착하는 방법이 있다. 일반적으로 (나), (다)와 같이 철근을 구부린 후 끼우는 방법은 구부린 부분을 철근 사이로 끼우기가 어려우므로 (가)와 같이 U바로 보강하는 방법이 널리 쓰인다.

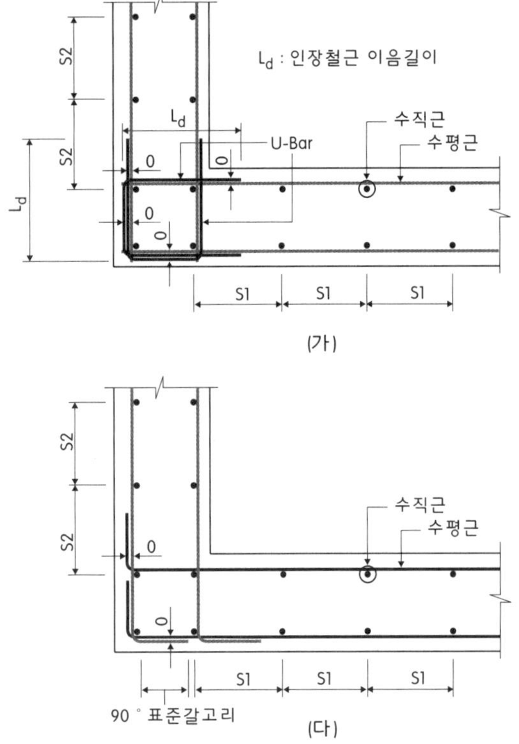

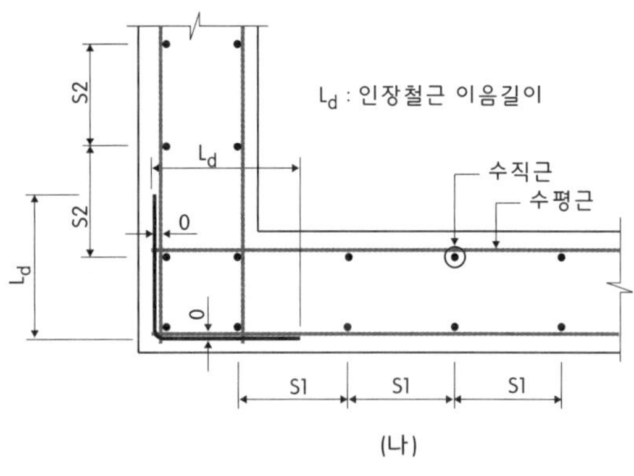

[그림 9-12] L형 교차부의 배근 상세((가), (나), (다))

[그림 9-13] L형 교차부 시공

(3) T형 교차부

벽체가 T형으로 교차하면 (가)와 같이 U바를 끼워 보강하거나 (나)와 같이 90°표준갈고리를 만들어 벽체에 정착하거나 (다)와 같이 인장 이음길이만큼 길게 가공하여 철근을 잇는 방법을 사용할 수 있다. 앞에서 설명한 것처럼 (나), (다)와 같이 철근 단부를 구부려서 보강하는 방법은 시공하기가 어렵기 때문에 (가)와 같이 U바를 끼워 보강하는 방법을 많이 사용한다.

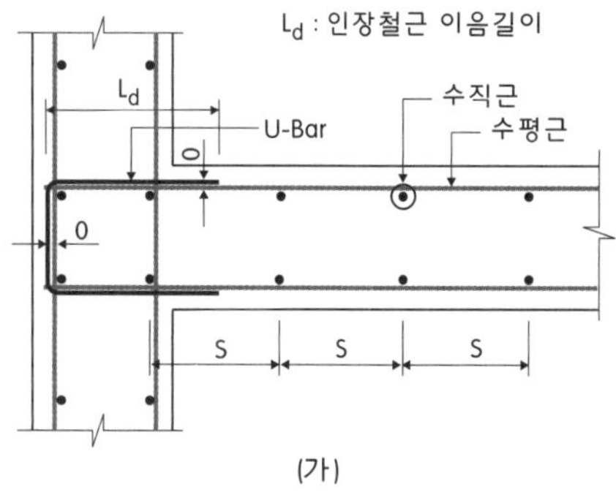

(가)

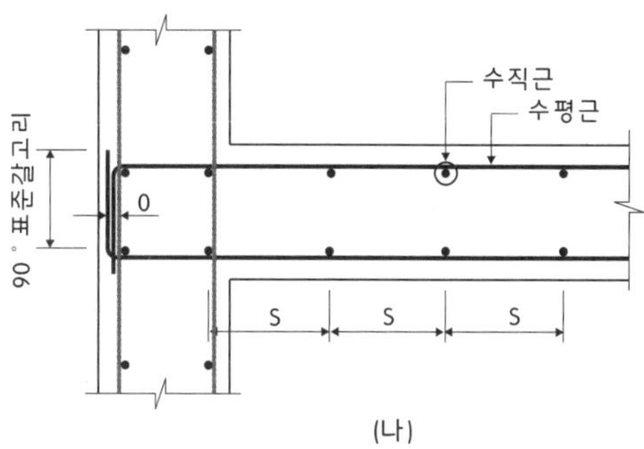

(나)

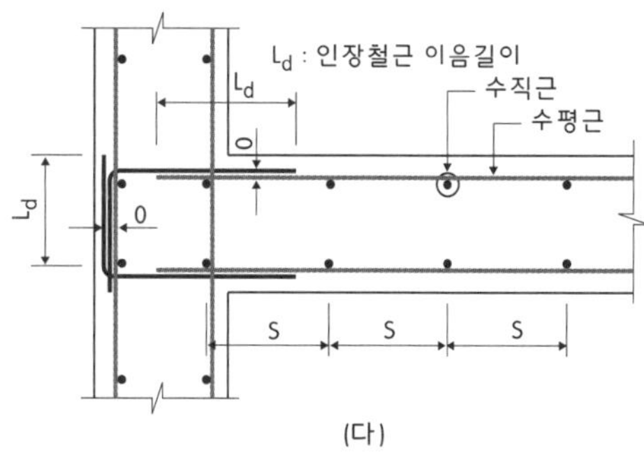

(다)

[그림 9-14] T형 교차부의 배근 상세

[그림 9-15] T형 교차부 시공

5. 벽체 개구부 보강

벽체는 기둥이나 보에 의해 구속되기 때문에 개구부가 있으면 다음과 같은 이유로 균열이 발생할 수 있다.

① 콘크리트가 경화되면서 수분이 증발하면 개구부 주변은 수축하게 되고 개구부 모서리 주변에서 경사방향으로 수축균열이 발생한다.
② 가로방향으로 긴 건물을 하나의 구조체로 본다면, 지붕 혹은 상층부와 지면에 가까운 하층부는 팽창 길이가 다르기 때문에 개구부 모서리에 수축균열이 발생한다.
③ 부동침하에 의해 벽체에 큰 뒤틀림이 생기면 개구부 모서리에 균열이 발생한다.

[그림 9-16] 벽체 개구부 보강 상세

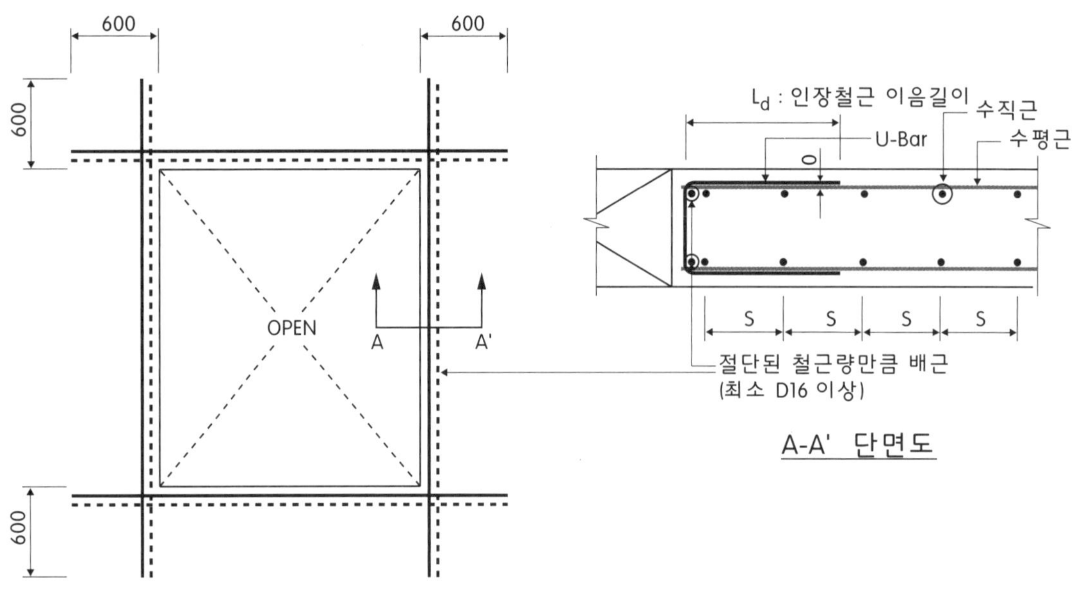

따라서 개구부 주위에는 균열을 방지하기 위해 보강근을 삽입한다. 개구부 보강법은 개구부 때문에 절단된 철근만큼을 양측에 배근하며, 이외에도 HD16 이상의 철근을 안쪽과 바깥쪽에 두 개 이상 배치하도록 규정하고 있다. 이 철근은 개구부의 모서리에서 설계기준 항복강도를 발휘할 수 있도록 정착되어야 하는데, 통상 모서리에서 600mm 이상 연장하여 정착한다.

[그림 9-17] 창문 개구부 보강 사례

[그림 9-18] 문 개구부 보강 사례

6. 미국 ACI 배근 상세

참고로 미국 ACI에서 규정하고 있는 벽체 철근 배근 상세를 제시하였다.

[그림 9-19] ACI Detail - 벽체

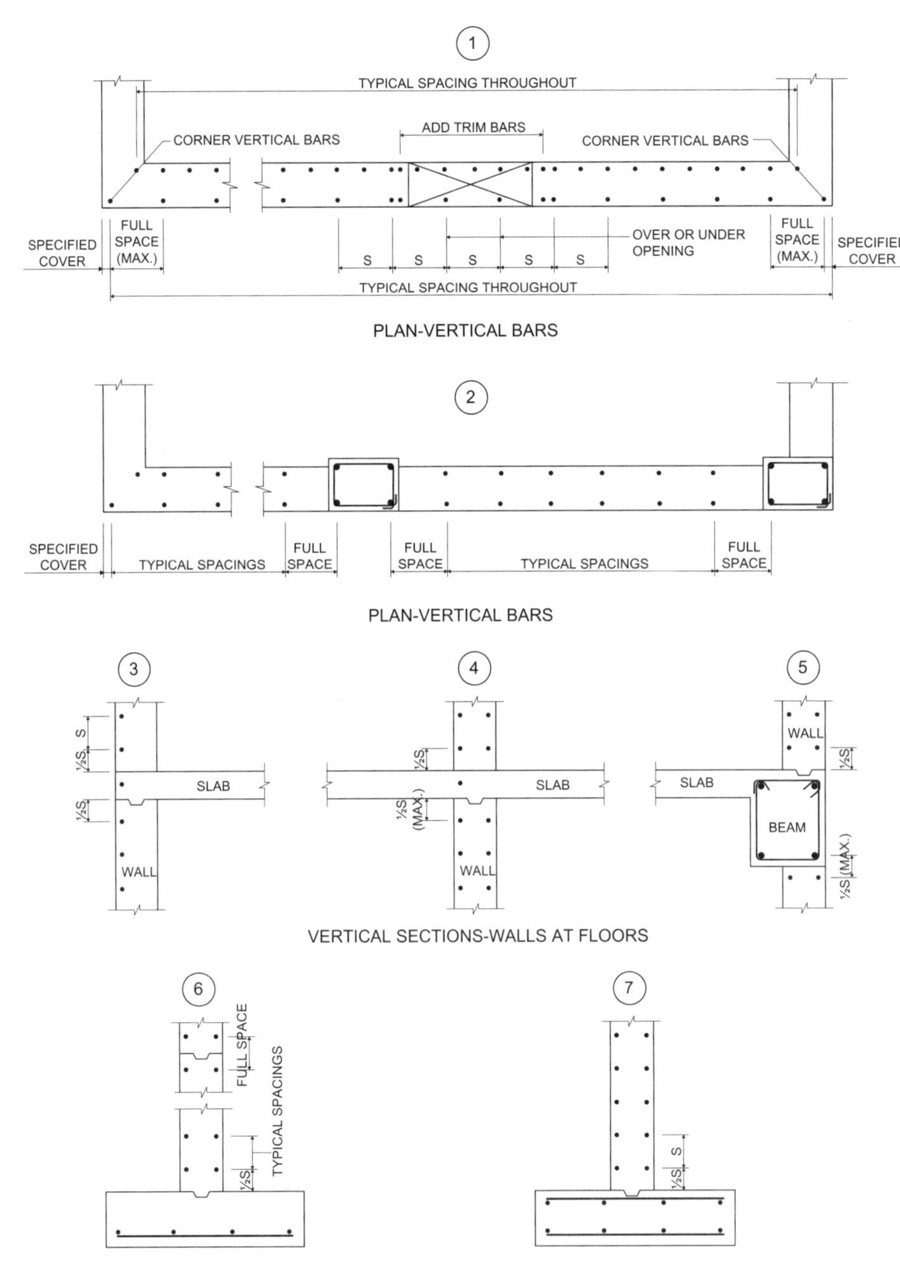

7. 벽체 철근 배근 순서

복배근(내부, 외부)으로 배근하는 벽체 철근의 배근 순서는 일반적으로 다음과 같다.

① 외부 모서리 수직근 세우기

벽체 철근 중 모서리 수직철근을 먼저 세우는데, 벽체 철근은 주로 HD10 정도의 가는 철근을 쓰기 때문에 하부 다우얼 철근에 묶어도 똑바로 세우기 어렵다. 따라서 경사 방향으로 철근을 덧대서 쓰러지지 않도록 한다. 아래층과 이음되는 하부 다우얼 철근은 충분한 이음길이를 확보해야 하며, 앞서 기술한 것처럼 하부 다우얼 철근의 위치가 어긋나더라도 심하게 구부려 위치를 수정하지 않는다.

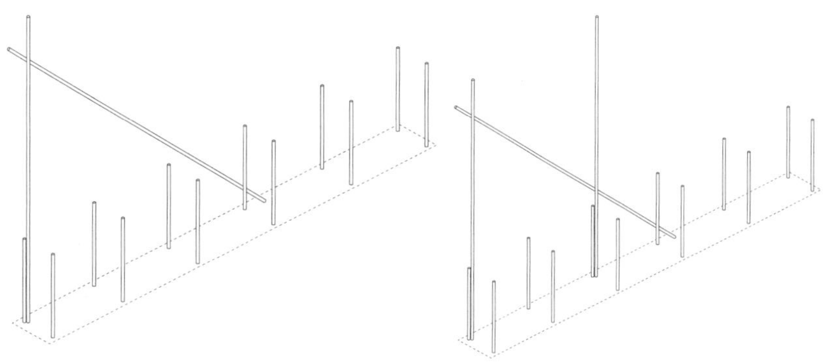

[그림 9-20] Step 1 외부 모서리 수직근 세우기 **[그림 9-21]** Step 2 외부 중간 수직근 세우기

② 외부 중간 수직근 세우기

벽체 모서리에 위치하는 수직근을 세운 후에는 중간에 위치하는 수직근을 경사 방향 조립용 철근에 묶어서 세운다.

③ 외부 맨 위 수평근 조립하기

중앙부 수직근을 세운 후에는 맨 위 수평근을 세우는데, 이때 반대쪽 외부 모서리에 있는 수직근을 세워서 서로 결속한다. 수평근과 수직근을 연결할 때는 전체적인 수직 수평이 맞도록 주의한다.

④ 외부 수평근 세우기

양쪽 외단부와 중앙부 수직근에 수평근을 묶어서 배근한다. 수평근은 통상적으로 수직근 바깥쪽에 배근되지만, 토압을 받거나 휨력이 우세한 벽체는 내외부가 바뀔 수 있으므로 주의한다.

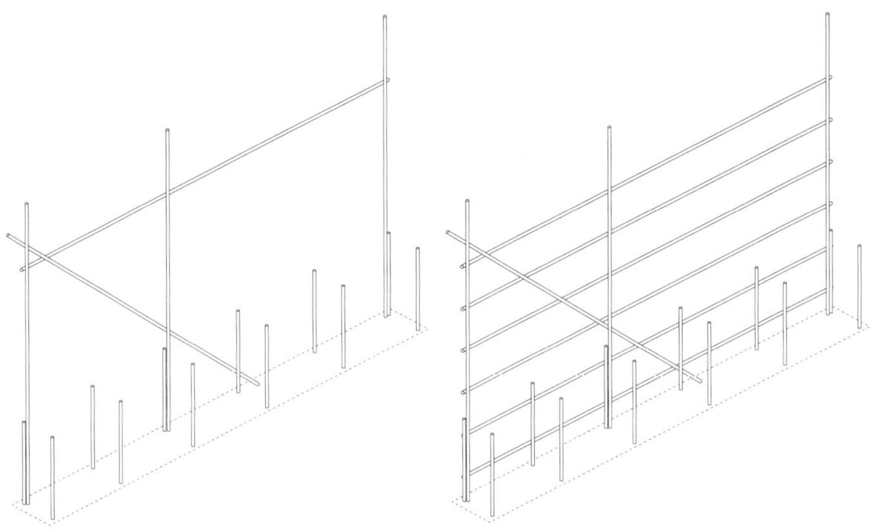

[그림 9-22] Step 3 외부 맨 위 수평근 세우기 **[그림 9-23]** Step 4 외부 수평근 조립

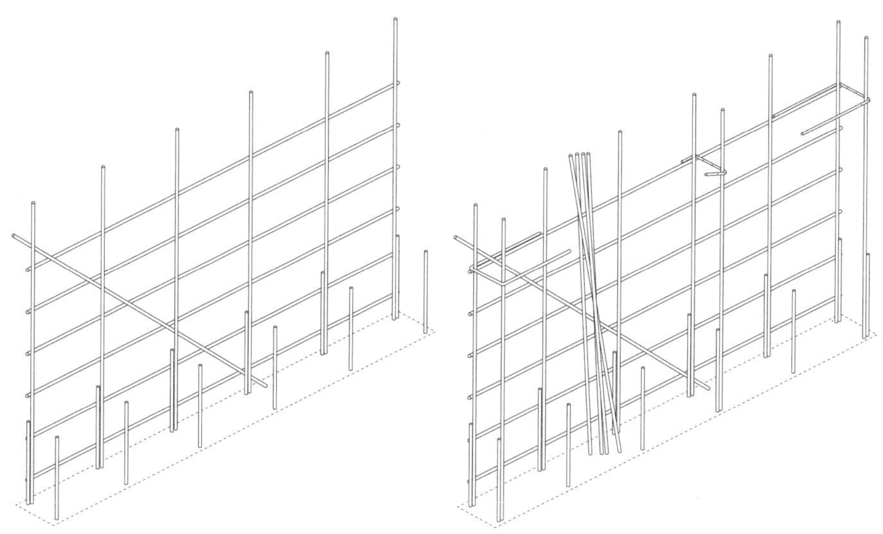

[그림 9-24] Step 5 외부 수직근 조립

[그림 9-25] Step 6 내부 모서리 수직근 세우기

⑤ 외부 수직근 세우기

수평근을 모두 조립하고 나면 수직근을 배근한다. 수직근을 다 조립해서 단단히 고정하더라도 경사방향으로 세운 조립용 철근은 보통 해체하지 않는다.

⑥ 내부 모서리 수직근 세우기

외부 철근을 모두 배근하고 나면 내부 철근을 배근하는데, 수직근이 수평근보다 안쪽에 배근되기 때문에 수직근을 미리 안쪽에 세워둔다. 벽체 모서리에는 U바를 배근해서 수직근을 세우고 가운데 수직근은 C바로 고정하여 세운다.

⑦ 내부 수평근과 수직근 세우기

내부 수직근을 세 개 정도 세워 수평근을 결속하면서 조립한다. 수평근을 모두 조립한 후에는 미리 안쪽에 세워둔 수직근을 수평근에 결속시키면서 세운다.

벽체 철근은 가는 철근을 쓰기 때문에 조립이 완료되더라도 외부 충격에 쉽게 흔들린다. 따라서 간격재를 1.5m 간격으로 배치하여 콘크리트를 부어넣더라도 그 충격으로 위치를 벗어나는 일이 없도록 단단히 고정할 필요가 있다.

[그림 9-26] Step 7 내부 수평근 및 수직근 세우기

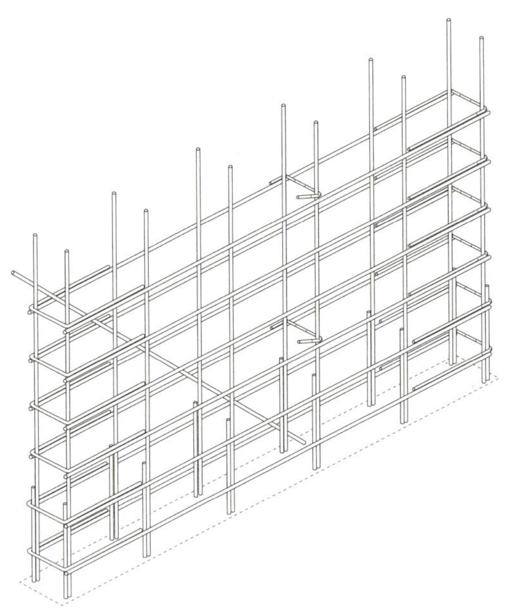

10 보 배근

1. 보 배근 일반

보에 배근하는 철근은 길이방향으로 배근하는 상·하부 주근과 길이방향에 수직인 스터럽으로 구성된다. 상·하부 주근은 보에 발생하는 휨모멘트에 저항하며 스터럽은 전단력에 저항한다.

[그림 10-1] 보에 작용하는 휨모멘트와 보의 변형

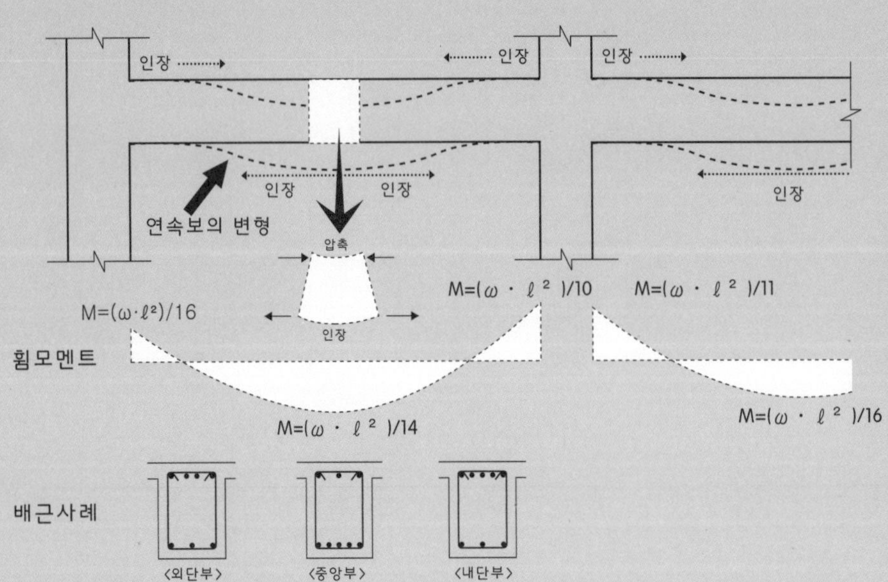

보에 작용하는 휨모멘트는 단부와 중앙부가 다른데, 중앙부에서는 아래로 휘는 힘이 작용하고 단부에서는 위쪽으로 휘는 힘이 작용한다. 따라서 단부에서는 상단에 인장력이 작용하기 때문에 상단에 철근량이 많아지고, 중앙부에서는 하단에 인장력이 작용하기 때문에 하단에 철근량이 많아진다.

또 연속보에서는 내단부와 외단부의 휨모멘트 크기가 다르게 나타난다. 그림에서 볼 수 있는 것처럼 외단부보다는 내단부의 휨모멘트가 크기 때문에, 외단부와 내단부의 상부철근의 철근량이 달라질 수 있고 상부철근의 내민길이도 달라져야 한다.

보에 전단력이 작용하면 미소단면이 마름모꼴처럼 변형되고 대각선 방향으로 각각 압축력과 인장력이 작용하게 된다. 콘크리트는 인장력에 약하기 때문에 전단력에 의해 인장력이 작용하면 콘크리트에 균열이 발생하기 쉽다. 이런 균열을 사인장(斜引張)균열이라고 하며 45° 정도 기울어진 경사 방향으로 발생한다. 사인장 균열을 방지하기 위해 보에서는 스터럽을 배근한다.

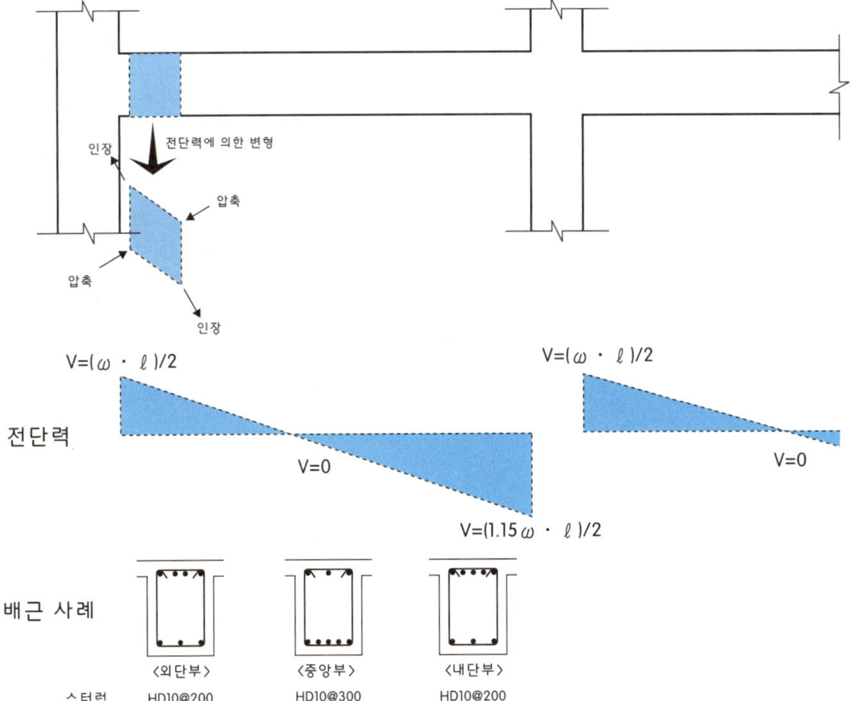

[그림 10-2] 보에 작용하는 전단력과 보의 변형

2. 주근

보 주근은 기둥에 정착해야 하는데 일반적으로 기둥 폭이 넓지 않기 때문에 90° 표준갈고리를 만들어 정착한다. 그러나 표준갈고리를 갖는 철근의 정착길이(l_{dh})에 정확히 맞추어 배근하면 현장 여건상 문제가 발생할 수 있다. 철근을 절단하거나 배근할 때는 시공 오차가 생기게 마련이므로 정착길이를 충분히 확보하지 못할 수가 있고, 연속해서 이음하는 철근의 이음길이가 부족할 수 있다. 따라서 실무적으로는 기둥폭에서 100mm를 뺀 값으로 표준갈고리를 갖는 철근의 정착길이를 계산한다. 이렇게 하면 약간의 시공 오차가 생기더라도 이음길이가 부족하거나 정착길이가 부족해지는 오류를 막을 수 있다.

보 단부에서는 상부에 인장력이 작용하기 때문에 상부의 철근량이 일반적으로 많다. 다음 사례에서 상부근을 보면 외단부에 네 개, 중앙부에 세 개, 내단부에 다섯 개를 배근하도록 되어 있다. 따라서 단부와 중앙부를 모두 지나는 연속 철근이 세 개 있고, 외단부에만 배근되는 철근이 한 개, 내단부에만 배근되는 철근이 두 개 있다. 외단부와 내단부만 배근되고 중앙부에서 잘리는 철근을 **커트바**(cut-bar)라고 하면 커트바의 잘리는 위치는 외단부와 내단부가 다르다. 이것은 [그림 10-1]에서 보는 바와 같이 외단부와 내단부의 상부 휨모멘트 크기가 다르기 때문이며, 내단부의 휨모멘트가 더 크므로 더 길게 배근해야 한다.

〈콘크리트구조 설계기준〉에는 외단부 상부의 경우 보 안쪽으로 경간(span)의 0.25(1/4)만큼 주철근을 내밀고, 내단부 상부에서는 경간의 0.3(3/10)만큼 내밀도록 규정하고 있다. 또 내단부에서 기둥을 중심으로 양쪽 경간의 길이가 다를 경우에는 경간이 큰 값을 기준으로 길이를 산정하는 것에 주의해야 한다. 내부 기둥은 양쪽 모두 보가 연결되어 있고 한쪽의 경간이 길어서 휨모멘트가 크게 발생하면, 이것이 반대편 경간의 상부 휨모멘트에 영향을 미치기 때문이다. 따라서 내부 기둥을 사이에 두고 있는 양쪽 경간의 크기에 항상 주의해야 한다.

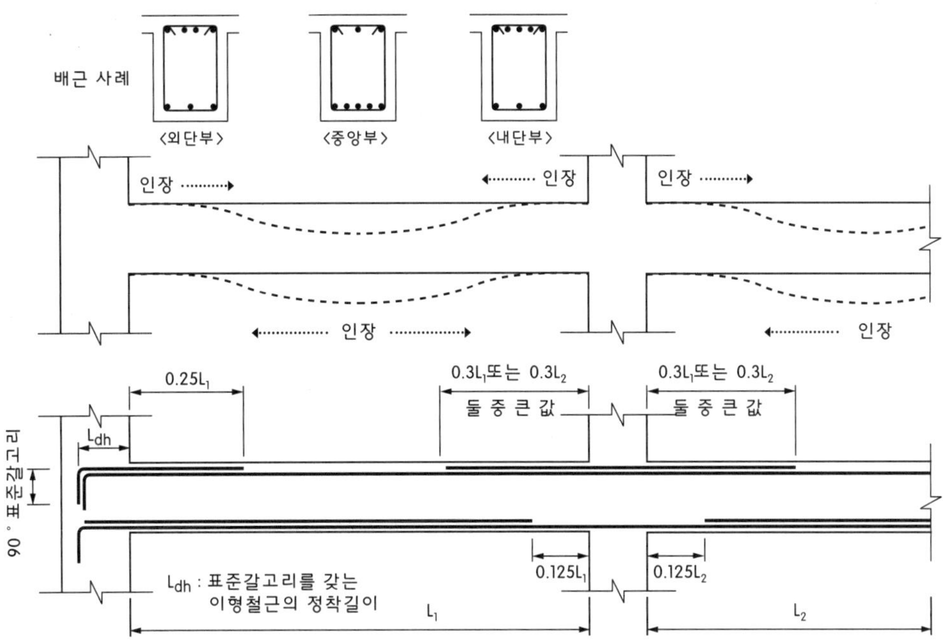

[그림 10-3] 보 주근의 배근 상세

보 중앙부에서는 아래쪽으로 인장력이 발생하기 때문에 단부보다는 중앙부에서 하부의 철근량이 일반적으로 많아 진다. 이 사례에서 하부근을 보면 외단부에 세 개, 중앙부에 다섯 개, 내단부에 세 개를 배근하도록 되어 있다. 철근 세 개를 단부와 중앙부를 가로질러 배근해야 하고, 나머지 두 개의 철근은 중앙부만 배근하고 단부에서는 배근되지 않도록 해야 한다. 〈콘크리트구조 설계기준〉에서는 중앙부 철근을 절단하는 위치를 휨모멘트의 크기를 반영하여 경간의 0.125(1/8)배로 규정하고 있다.

3. 스터럽

보에 전단력이 작용하면 미소단면이 마름모꼴로 변형되고 마름모꼴의 늘어나는 방향으로 인장력이 작용한다. 이렇게 인장력이 작용하면 [그림 10-4]와 같이 경사방향으로 **사인장균열**이 발행한다. 이 균열을 억제하기 위해 **스터럽**을 배근하는데, 보에 작용하는 전단력은 단부에서 최대이고 중앙부로 갈수록 줄어들기 때문에, 스터럽은 일반적으로 단부에서는 촘촘하게, 중앙부에서는 넓은 간격으로 배근한다.

[그림 10-4] 스터럽의 배근 상세

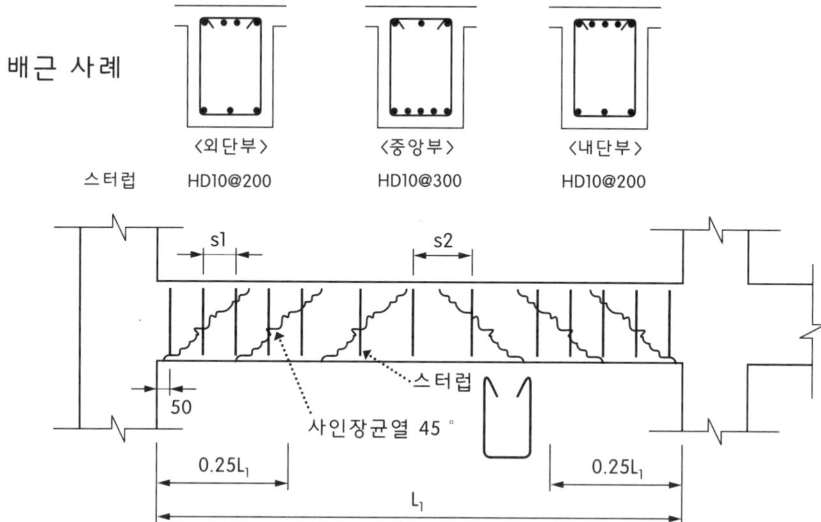

〈KDS 14 20 80〉의 내진설계 기준에서는 기둥과 접하는 위험단면에서부터 처음 배근하는 스터럽의 위치를 50mm로 규정하고 있다. 이 위치에서부터 스터럽의 단부 배근 간격만큼 배근하는데, 경간의 0.25(1/4)배를 넘어설 때까지 단부 배근 간격으로 배근하고 이후에는 중앙부 배근 간격으로 배근한다.

스터럽의 형상은 폐쇄형과 개방형으로 구분할 수 있다. 〈KDS 14 20 50 4.4.1(2)〉에서는 받침부에 응력의 반전 또는 비틀림을 받는 휨골조부재의 횡철근은 휨 주철근 주위를 둘러싸는 폐쇄스터럽을 배근해야 한다고 규정하고 있다.

그러나 폐쇄형스터럽은 보에서 배근하기 어렵기 때문에 일반적으로 135°표준갈

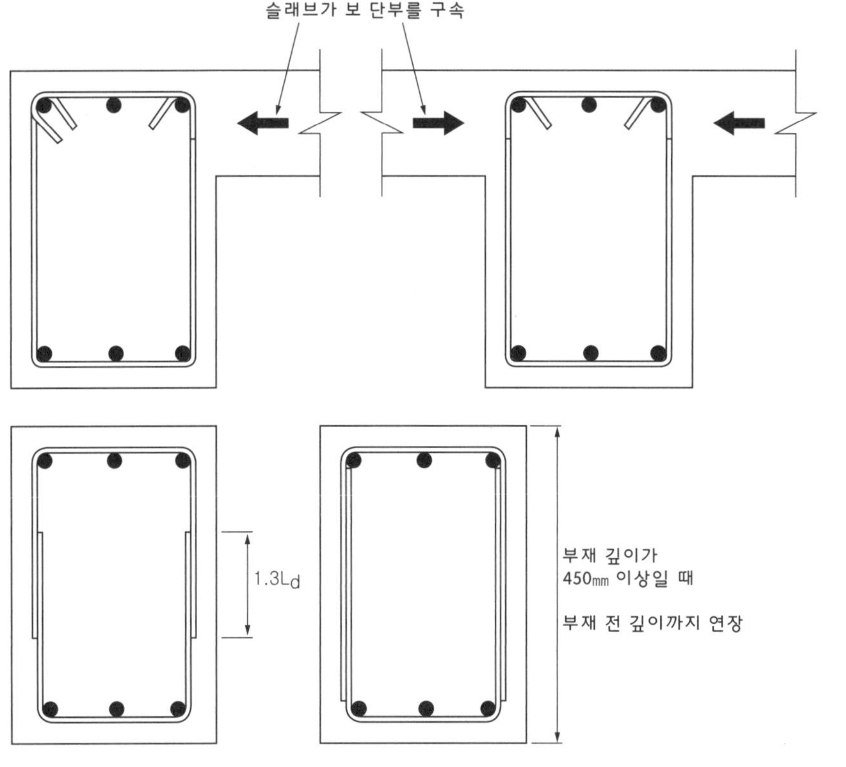

[그림 10-5] 스터럽 배근

[그림 10-6] 스터럽 배근(왼쪽)

[그림 10-7] 상부 덮개철근 시공(오른쪽)

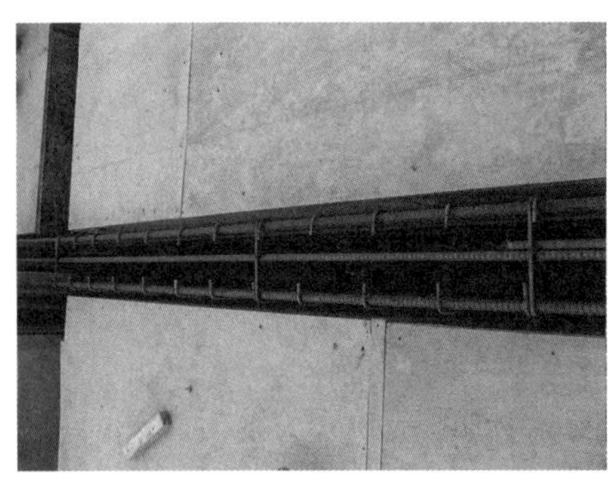

[그림 10-8] 덮개철근 미설치

고리가 있는 U자형 스터럽과 덮개철근(cap-tie)으로 배근한다. 덮개철근의 형상은 슬래브에 의한 구속 효과에 따라 달라지는데, 보와 슬래브가 붙어 있어 슬래브에 의해 보가 구속되면 90°표준갈고리를 설치하고, 슬래브가 없으면 135°표준 갈고리를 설치해야 한다. 슬래브가 붙어 있지 않을 때 90°로 가공하면 뒤틀림을 받을 경우 갈고리 바깥쪽의 콘크리트가 떨어져 나갈 우려가 있기 때문에 135°표준갈고리로 가공해야 한다. 깊은 보에서는 스터럽을 인장겹침이음으로 할 경우 폐쇄형 스터럽으로 볼 수 있다. 그러나 공동주택 지하주차장처럼 내진설계를 적용할 필요가 없는 경우에는 테두리보를 제외한 내부 보(girder/beam)는 덮개철근이 필요없는 개방형 스터럽으로 배근할 수 있다.

4. 보 2단근 지지

보에서 상부 2단근과 하부 2단근의 개수가 세 개 이상일 때는 스터럽에 고정시킬 수 없기 때문에 위치를 확보하기 위하여 보조적인 철근이 필요하다. 〈KDS 14 20 50 4.2.2〉에서는 2단근의 철근 간격을 최소 25mm 이상으로 규정하고 있기 때문에 CRSI(Concrete Reinforcing Steel Institute)의 사례에서는 HD25를 간격재로 사용하는 방식을 제시하고 있다.

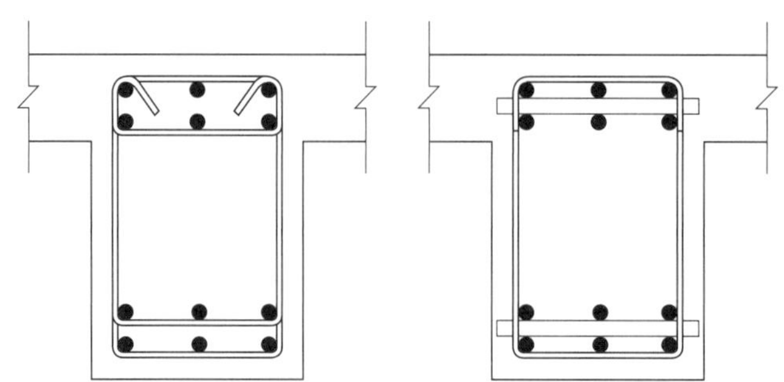

[그림 10-9] 보 상하부 2단근의 배근 상세

보통 하부 2단근을 지지하기 위해 HD25철근을 사용하며, 상부 2단근이 서너 개 정도로 개수가 많지 않은 경우에는 폐쇄형 스터럽 상부에 조립하는 덮개철근을 받침대로 활용하기도 한다.

그러나 상부 2단근의 개수가 많은 경우에는 보조스터럽을 가공하여 고정하며 하부 2단근의 경우에도 동일한 방식으로 가공하여 고정한다. 2단근을 지지하기 위해 설치하는 보조스터럽의 간격은 통상 2m당 한 개씩 설치하며 길이에 따라 개수가 증가된다.

[그림 10-10] 보 2단 배근 사례(위)

[그림 10-11] 상부근 지지용 고임철근(아래)

5. 교차부 배근

다음 그림은 보가 서로 교차하는 부위를 나타낸 것이다. 보는 서로 큰보와 큰보 교차(A), 큰보와 작은보 교차(B), 작은보와 작은보가 교차(C)할 수 있다. 보가 교차하는 부위에는 각각의 보에 발생하는 응력이 다르기 때문에 배근 순서에 유의해야 한다.

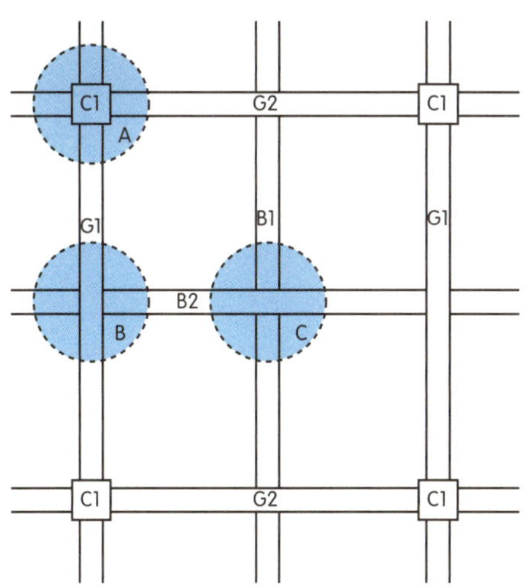

[그림 10-12] 교차하는 보

(1) 큰보와 큰보의 교차

큰보(G1과 G2)가 서로 교차하는 기둥(A부분)에는 철근이 밀집되어 있어 배근하기가 복잡하며 순간격을 확보하기가 매우 어렵기 때문에 주의해야 한다. 상부 주근은 서로 교차할 때 위쪽에 배근되는 철근이 중립축에서 거리가 멀어지므로 충분한 내력을 확보할 수 있다. 따라서 힘을 많이 받는 보의 상부근을 위쪽에 두는 것이 좋은데, 교차하는 보 중 상부근의 개수가 많거나 보 크기가 큰 쪽의 상부근을 위로 가게 한다.

[그림 10-13] 큰보와 큰보의 교차부 배근

(2) 큰보와 작은보의 교차

큰보(G1)와 작은보(B2)가 서로 교차하는 B지점에서는 큰보와 작은보에 발생하는 휨모멘트가 서로 다르다. B지점은 큰보 측면에서 중앙부이기 때문에 하부에 인장력이 발생하며, 작은보 측면에서는 단부이기 때문에 하부에 인장력이 발생하지 않는다. 따라서 B지점의 상부에서는 작은보인 B2의 상부근이 G1보의 상부근보다 위쪽에 배근될 수 있도록 해야 한다.

(3) 작은보와 작은보의 교차

작은보(B1과 B2)가 서로 교차하는 C지점에서는 이 지점을 지지점으로 보고 정착하는 방식으로 배근하기 쉽다. 그러나 이 지점은 작은보의 중앙부이기 때문에 휨모멘트가 크게 작용하는 곳이다. 따라서 이 지점에서 정착하면 안 되고 큰보에 철근이 정착하도록 구조도면을 명확히 분석한 후 철근상세도를 작성하여 배근 실수를 줄여야 한다.

6. 보 배근 순서

보는 건물에 따라 경간의 길이, 보 춤 등이 달라서 배근 순서를 일률적으로 규정하기가 어려우며 현장 상황에 따라 달라진다. 일반적으로 보의 교차부를 배근할 때 먼저 배근한 철근 사이로 철근을 끼워넣기가 매우 어렵기 때문에 가능하면 철근을 끼워넣는 작업이 최소화되도록 배근 순서를 정하는 것이 바람직하다. 예를 들어 큰보와 작은보가 교차할 때는 큰보의 춤이 더 높기 때문에 작은보보다 큰보를 먼저 배근하는 것이 바람직하다.

여기서는 보의 상·하부 주근과 스터럽을 현장에서 어떤 순서로 배근하는지 살펴보자. 보 철근을 배근하기 위해서는 보와 슬래브 거푸집 공사가 먼저 끝나야 한다.

일반적으로 보 철근은 한 층에 있는 모든 보 중 밑면이 가장 낮은 위치에 있는 보부터 배근하고 그다음 높이로 옮겨간다. 이렇게 해야만 먼저 배근한 보 하부 주근 밑으로 철근을 끼워넣는 번거로움을 피할 수 있다. 보 춤이 동일하다면 응력이 큰 보를 먼저 배근하는 것이 좋다. 철근은 보 단면 중심에서 바깥쪽으로 멀리 배근할수록 힘을 많이 받는다. 따라서 보 춤이 동일하다면 하부 주근의 개수가 많은 보를 먼저 배근하는 것이 구조적으로 유리하다.

① 모서리에 있는 상부 주근 배근

먼저 각목 등을 이용하여 보 거푸집을 가로질러 걸친 후 그 위에 상부 주근 중 모서리에 있는 주근 두 개를 걸친다.

② 스터럽 배근

앞서 배치한 상부 모서리 주근 두 개에 걸치는 방식으로 스터럽을 배치하고, 움직이지 않도록 철선으로 단단히 감아 고정한다.

스터럽은 구조도면에 명기된 간격으로 일정하게 배근해야 하기 때문에 사전에 흰색 분필 등을 이용하여 배근 간격을 상부 주근이나 거푸집에 표시한다. 일반적으로 기둥 면에서 맨 처음 배치하는 스터럽은 위험단면(기둥 거푸집 면)에서 50mm 띄워서 배근한다.

보 주근을 모두 배근한 후 스터럽을 기둥의 띠철근처럼 옆에서 밀어넣는 방법도 생각할 수 있으나, 기둥이 가로막고 있기 때문에 넣기가 힘들고 또 옆으로 밀면 이형철근의 마디 때문에 움직이기도 힘들다.

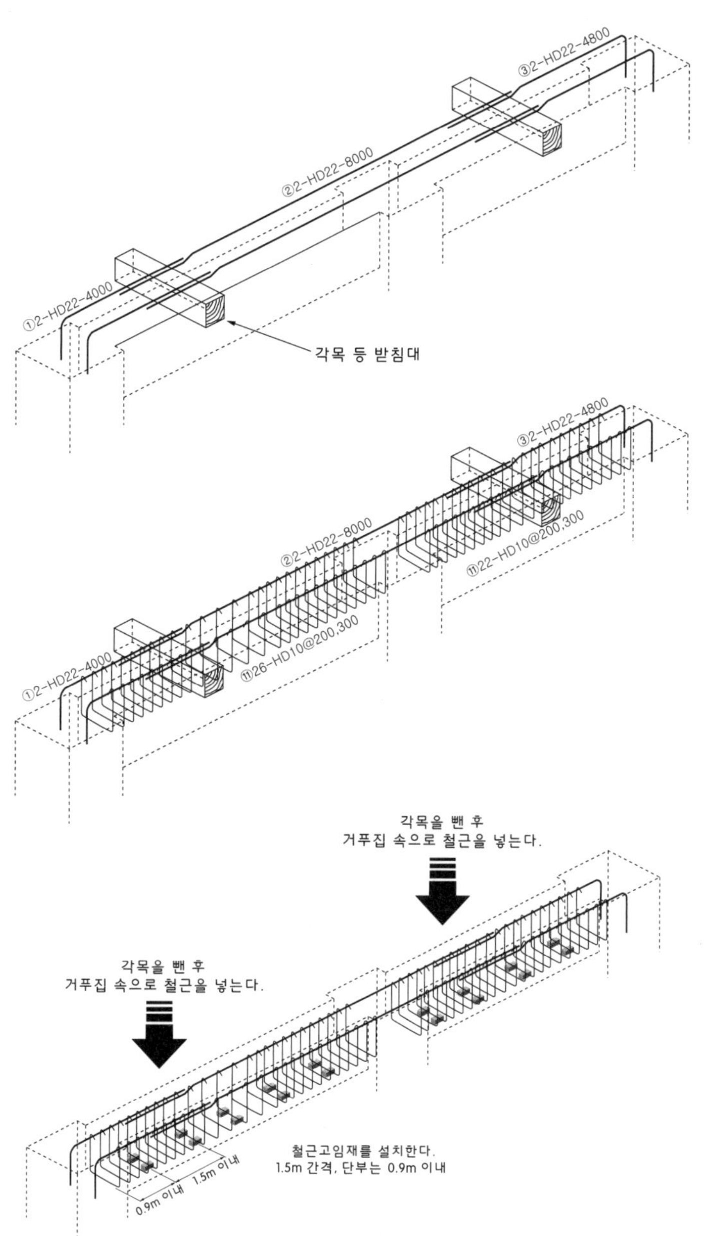

[그림 10-14] step 1
모서리에 있는 상부 주근 두 개를 각목 위에 걸친다.

[그림 10-15] step 2
스터럽을 주근에 걸치고 철선으로 단단히 감아 고정한다.

[그림 10-16] step 3
하부에 철근고임재를 설치하고, 각목을 제거하여 철근을 거푸집 안쪽으로 이동시킨다.

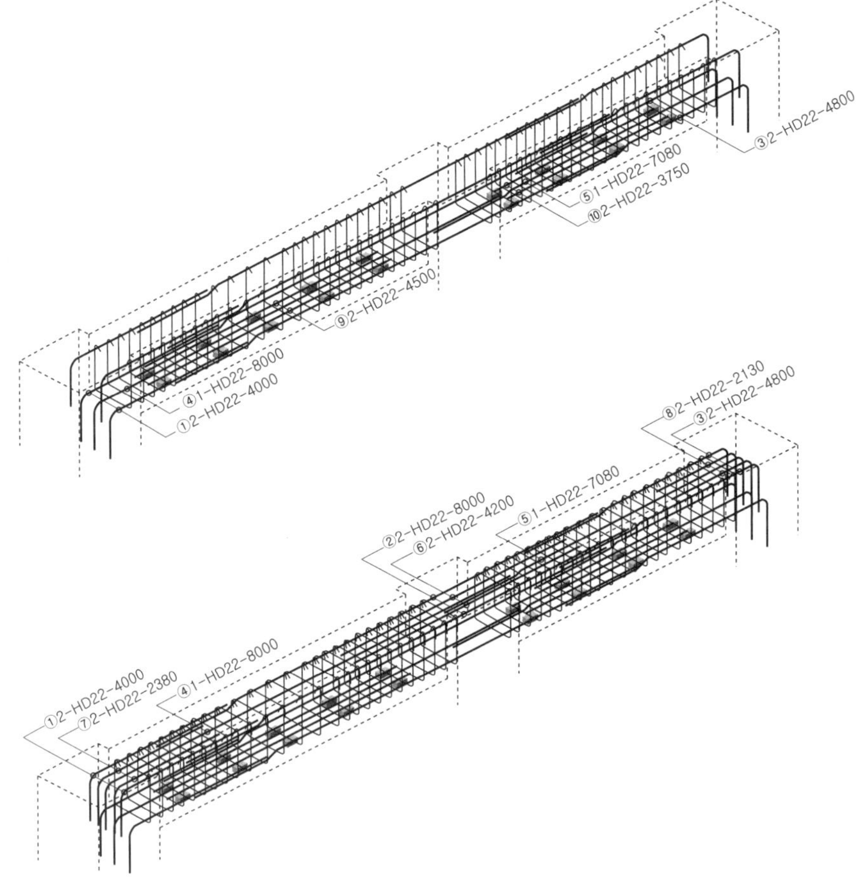

[그림 10-17] Step 4
하부 주근을 스터럽 안쪽에 배근한다.

[그림 10-18] step 5
덮개철근을 배근하고 그 안쪽에 미리 넣어둔 상부 주근을 배근한다.

외국의 경우는 폐쇄스터럽을 조금 벌려서 미리 한쪽에 끼워넣고, 상하부 주근을 먼저 배근한 후에 스터럽을 이동시켜 폐쇄형으로 다시 구부리는 방법을 쓰기도 한다. 하지만 이 방법은 시간도 많이 소요되고 형상이 비틀어지기 쉽다는 단점을 갖고 있다. 따라서 양쪽에 135°표준갈고리가 있는 U자형 스터럽과 덮개철근이 많이 사용되며, 스터럽을 미리 배근해 놓고 그 안쪽에 상하부 주근을 배치하는 방법이 가장 쉽다.

③ 거푸집 내부로 철근 이동

스터럽을 단단히 고정한 후, 보 거푸집 바닥면에 철근고임재를 기준에 적합하게 배치한다. 단부에서는 0.9m 이내(한국토지주택공사 기준, 미국의 기준에서는 0.45m 이내)로 배치하고, 고임재 사이의 간격은 1.5m를 넘지 않도록 배치하여 보 철근의 피복두께를 확보한다.

하부에 철근고임재를 배치하였으면, 철근을 받치고 있던 각목을 제거하여 보 거푸집 내부로 철근을 이동시킨다. 철근을 보 거푸집 내부에 정확하게 배치할 수 있도록 주의한다.

④ 하부 주근 배근

스터럽 안쪽으로 보 하부 주근을 배근한다. 이렇게 하면 하부 주근은 스터럽 위에 놓이게 된다. 또 기둥 안쪽으로 충분히 정착될 수 있도록 정착길이를 확보한다.

만일 하부 주근이 2단으로 배근된다면, 1단과 2단의 간격을 띄울 수 있도록 간격재로 HD25철근을 사용하거나, 상부 주근에 매달아 지지할 수 있는 보조스터럽을 배치하여 그 위에 2단 철근을 고정할 수 있다.

⑤ 상부 덮개철근 및 상부 주근 배근

스터럽 위쪽을 감싸는 덮개철근은 폐쇄형 스터럽을 구성한다. 덮개철근을 씌우기 전에는 상부 주근을 미리 보 내부에 넣어둔다. 덮개철근을 모두 씌운 후에는 그 안쪽으로 상부 주근을 배근할 수 없기 때문에, 상부 주근을 모두 보의 스터럽 안쪽에 미리 넣어두고 덮개철근을 고정해야 한다.

그런 다음 미리 넣어둔 상부 주근을 들어올려 덮개철근에 고정한다. 결과적으로 보 철근 중에는 상부 주근이 맨 마지막에 배근된다.

11 슬래브 배근

1. 슬래브 배근 일반

슬래브는 각 층의 바닥을 형성하는 얇은 판상의 부재로 보, 벽체, 기둥, 지반에 의해 지지된다. 슬래브는 지지하는 방식에 따라 1방향 슬래브(one-way slab), 2방향 슬래브(two-way slab), 플랫 플레이트(flat plate), 플랫 슬래브(flat slab) 등으로 나눈다. 1방향 슬래브와 2방향 슬래브는 각 변을 보나 벽체로 지지하는 점에서 동일하지만, 1방향 슬래브는 두 변만 지지되고 2방향 슬래브는 4변 모두 지지된다는 점에서 다르다. 또 4변 모두 보나 벽체로 지지하더라도 긴 변이 짧은 변의 길이보다 두 배 이상 길면 1방향 슬래브로 구분한다. 플랫 플레이트는 보나 지판(drop panel) 없이 기둥만으로 슬래브를 직접 지지하는 방식이고, 플랫 슬래브는 기둥 위에 지판으로 하중을 지지하는 방식을 말한다.

1방향 슬래브는 마주보는 두 변을 보나 벽체로 지지하는 형태이며 슬래브에 하중이 작용하면 원통형으로 휘어진다. 따라서 하중은 구부러진 쪽을 따라서 한 방향으로만 전달된다. 비슷한 경우로 4변이 모두 보로 지지되더라도 긴 변의 길이가 짧은 변의 길이의 두 배 이상이 되면 슬래브 하중의 대부분이 짧은 쪽으로 전달되기 때문에 1방향 슬래브로 본다. 〈KDS 14 20 70 4.1.1(2)〉에서는 4변에 의해 지지되는 2방향 슬래브 중에서 단변에 대한 장변의 비가 두 배를 넘으면 1방향 슬래브로 해석하도록 규정하고 있다.

2방향 슬래브란 4변이 모두 보나 벽체로 지지되고 긴 변의 길이가 짧은 변 길이의 두 배 이하인 경우를 가리키는데, 건축물에 사용되는 슬래브 중에서 가장 일반적이다. 2방향 슬래브에 하중이 작용하면 슬래브는 양쪽 방향으로 휘어지며 2방향 모두에 힘이 전달된다.

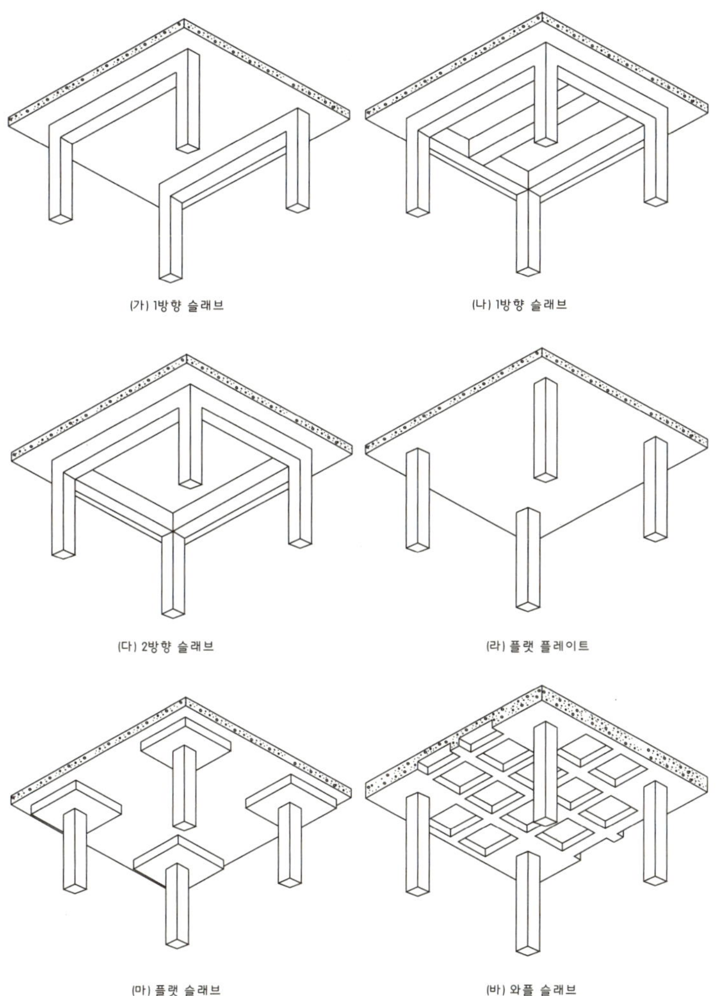

[그림 11-1] 슬래브의 종류

플랫 플레이트는 슬래브 4변을 받쳐주는 보가 없이 기둥이 직접 지지하는 것을 말한다. 플랫 플레이트는 일반적으로 작용 하중이 작고 기둥 사이의 간격이 좁은 경우에 사용된다.

플랫 슬래브는 플랫 플레이트와 같이 슬래브 4변을 받쳐주는 보가 없이 기둥으로 지지되지만 기둥 위쪽에 지판이나 주두(column capital)가 있는 형태를 말한다. 지판이나 주두가 있으면 기둥 주위에 작용하는 전단력과 휨모멘트로 발생되는 응력을 감소시킬 수 있다.

[그림 11-2] 1방향 슬래브와 2방향 슬래브의 거동

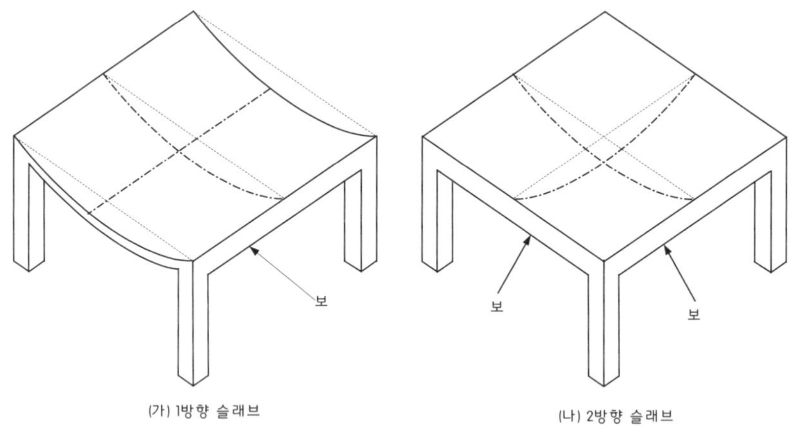

2. 1방향 슬래브 배근

1방향 슬래브는 마주보는 두 변에만 보가 있거나 장변의 길이가 단변보다 두 배 이상 큰 슬래브로 1방향으로만 휨력이 전달된다. 따라서 1방향 슬래브의 철근 배근은 연속보에서의 보 철근 배근과 유사하며 스터럽을 배근하지 않는 것만 다르다. 1방향 슬래브는 보가 횡방향으로 확대된 형태로 생각할 수 있으며, 상부 탑 바(top bar)와 굽힘철근이 연속해서 교대로 반복 배근된다.

[그림 11-3] 1방향 슬래브 철근의 배근

하중 전달의 직각방향으로는 건조수축 또는 온도변화로 콘크리트에 균열이 발생하는 것을 방지하기 위하여 **수축·온도철근**(shrinkage & temperature reinforcement)을 배근한다. 아직 굳지 않은 상태의 콘크리트는 경화하면서 수축한다. 이때 슬래브의 단부가 구속되어 있지 않다면 자유롭게 수축하겠지만, 실제 슬래브는 대부분 보에 의해 구속되어 있기 때문에 수축하지 못하고 내부에 응력이 발생하게 된다. 따라서 수축을 방해하는 인장응력이 콘크리트 내부에 발생하기 때문에 균열이 생길 수 있다. 또 콘크리트를 부어넣은 후 외부에 노출된 상태로 온도가 내려가면 콘크리트가 수축하기 때문에 이 경우에도 인장응력이 유발된다. 이러한 수축응력과 온도응력에 의해 콘크리트에 발생하는 균열을 억제하기 위해서는 철근으로 보강해야 한다. 1방향 슬래브의 주근 방향으로는 휨모멘트를 부담할 수 있도록 철근을 배근하기 때문에 수축응력과 온도응력에 저항할 수 있지만, 직각 방향으로 철근을 배근하지 않으면 균열을 방지할 수 없다. 따라서 〈KDS 14 20 50 4.6〉에서는 주철근의 직각 방향으로 배근하는 수축·온도철근에 대해 최소철근비를 규정하고 있으며, 철근의 간격을 슬래브 두께의 다섯 배 이하 또는 450mm 이하로 규정하고 있다.

[그림 11-4]는 1방향 슬래브 배근 상세를 나타낸 것이다. 1방향 슬래브를 배근하기 위해서는 주열대와 중간대를 구분해야 하는데, 단변 방향에서는 단변 방향 순경간(L_x)의 1/4을 경계로 한다. 장변 방향의 구분선은 구조설계도면에 따라 달라지는 경우가 있는데, 단변 방향 순경간(L_x)의 1/4(0.25)로 표시한 경우와 단변 방향 순경간(L_x)의 1/2(0.5)로 표시한 경우도 있다. 여기서는 단변 방향 순경간(L_x)의 1/4(0.25)로 표시하였다. 실제 배근시에는 구조도면 일반주기사항에 따라 배근한다. 참고로 ACI 1방향 배근 상세도를 표시하였다.

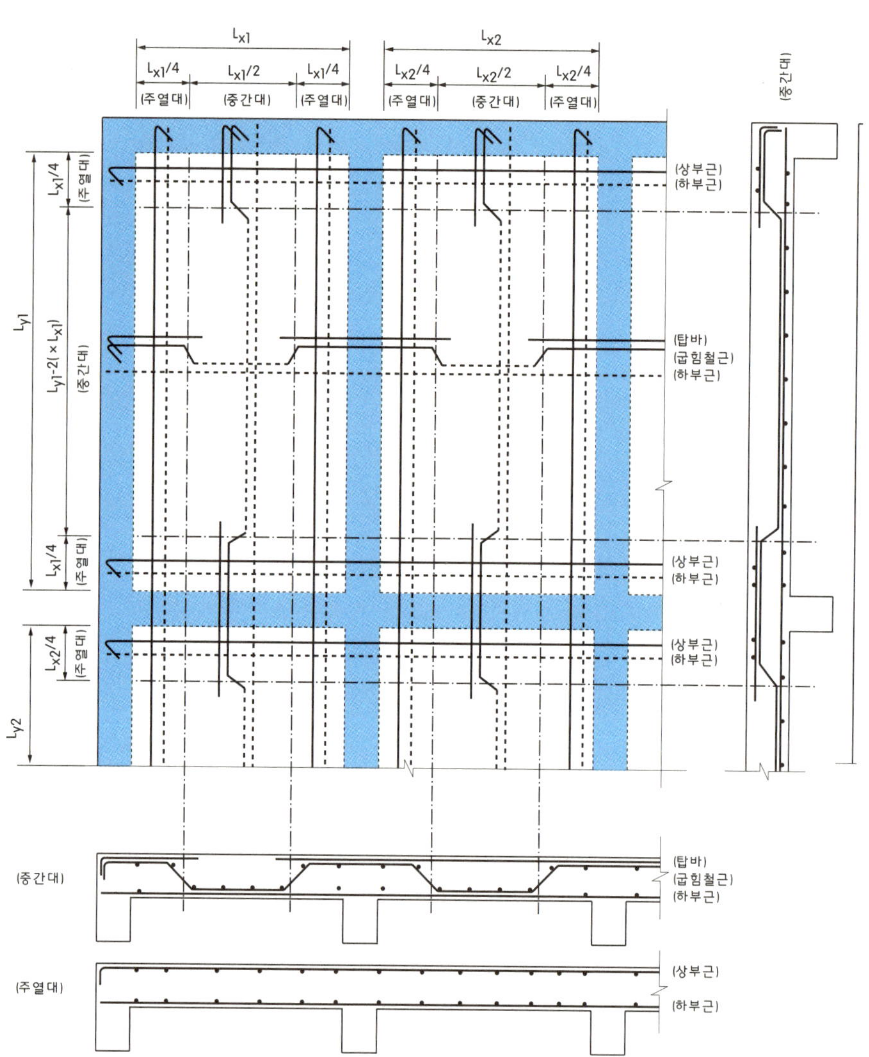

[그림 11-4] 1방향 슬래브 배근 상세

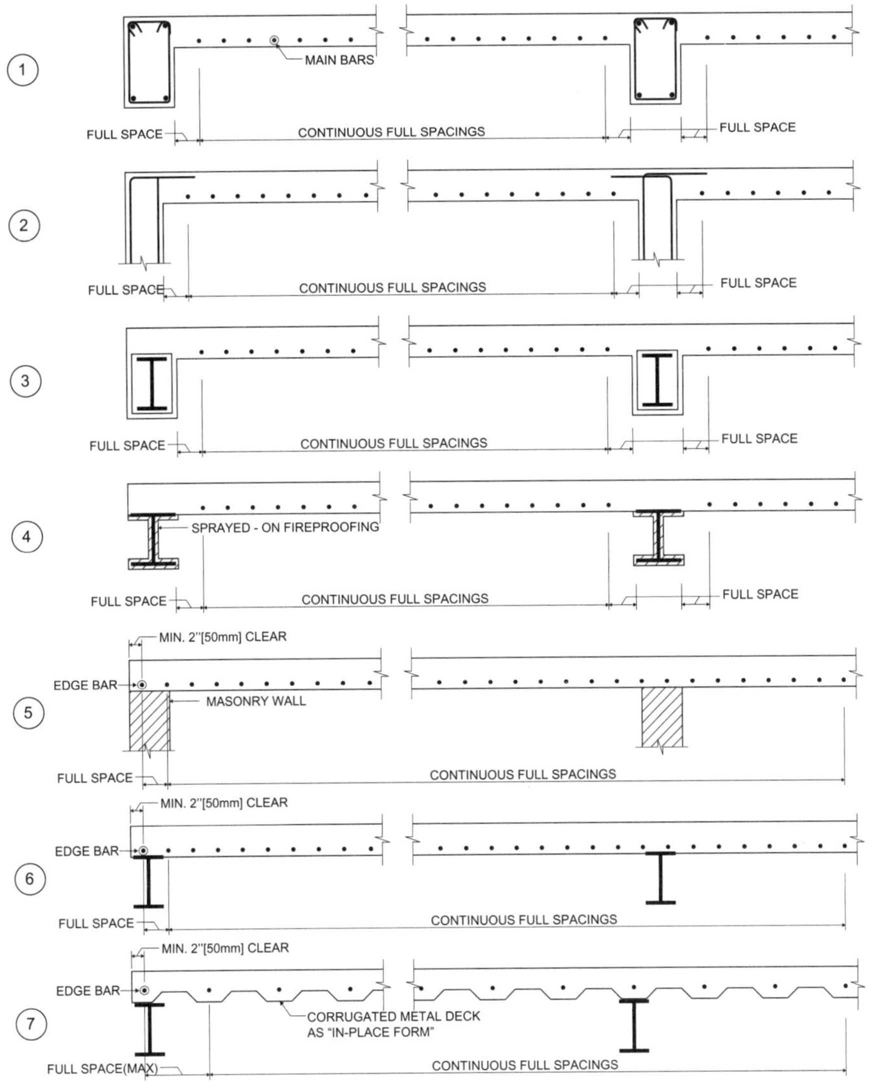

[그림 11-5] 1방향 슬래브 하부 주근 배근 기준(ACI Detailing Manual-2004)

[그림 11-6] 1방향 슬래브 온도·수축철근 배근 기준(ACI Detailing Manual-2004)

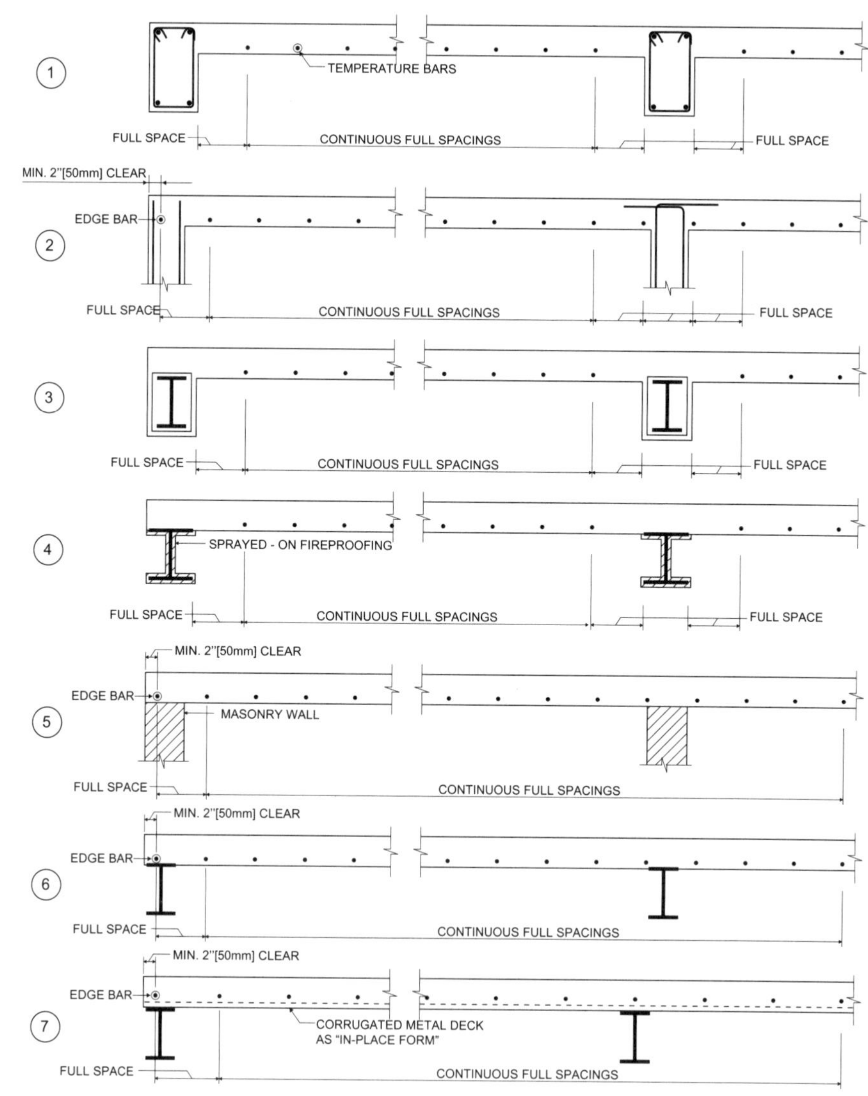

3. 2방향 슬래브 배근

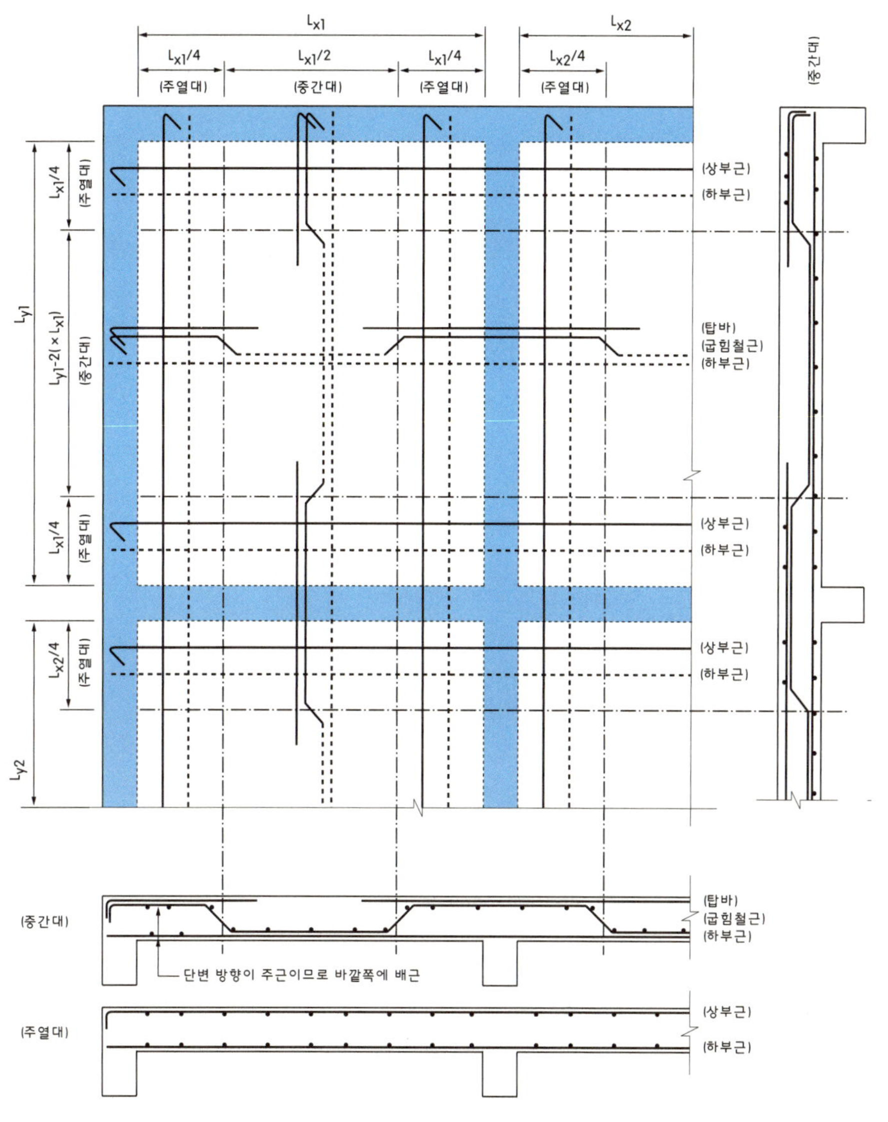

[그림 11-7] 2방향 슬래브 배근 상세

2방향 슬래브는 장변과 단변이 거의 정방형에 가까운 형태이다. 따라서 장변과 단변 2방향으로 휘며 2방향으로 휨모멘트가 전달된다. 따라서 1방향 슬래브보다 두께를 얇게 할 수 있어 경제적이다. 2방향 슬래브는 장변 방향보다 단변 방향으로 하중을 많이 부담하기 때문에 단변 방향의 철근을 주근으로 보고 중립축에서 바깥쪽으로 배근해야 한다. 주근을 단면 중심에서 바깥쪽으로 배근하면 철근의 유효깊이를 크게 할 수 있어 하중을 많이 부담할 수 있다.

2방향 슬래브는 주열대와 중간대의 배근 방식이 다르다. 주열대에서는 상부근과 하부근을 일정한 간격으로 배근하지만, 중간대에서는 상부에서 탑바와 굽힘철근(벤트근)이 엇갈려서 배근되고 하부에서는 굽힘철근과 하부근이 엇갈려서 배근된다. 슬래브에 사용하는 철근은 HD10이나 HD13과 같이 가늘기 때문에 시공성 측면에서 굽힘철근을 쓰는 것이 더 좋다.

(1) 주열대(column strip)와 중간대(middle strip)의 구분

〈KDS 14 20 70〉에서는 2방향 슬래브의 설계법으로 직접설계법과 등가골조법을 규정하고 있다. 이 두 가지 방법은 슬래브를 설계할 때 주열대와 중간대를 나누어 설계한다. 〈KDS 14 20 70 4.1.2.1(2)〉에서는 2방향 슬래브를 설계할 때 주열대는 기둥 중심선을 기준으로 양쪽으로 $0.25l_2$와 $0.25l_1$ 중 작은 값을 한쪽의 폭으로 하는 슬래브 영역으로 정하고 있다. 중간대는 두 주열대 사이의 슬래브 영역을 가리킨다.

[그림 11-8] 슬래브 굽힘철근 시공 사례

(2) 탑바의 묻힘길이

[KDS 14 20 52 4.4.1(2)]에서 휨철근은 휨모멘트를 저항하는 데 더이상 철근을 요구하지 않는 점에서 부재의 유효깊이 d 또는 $12d_b$ 중 큰 값 이상으로 더 연장하도록 규정하고 있다. 따라서 탑바의 묻힘길이는 슬래브의 유효깊이 d 또는 $12d_b$ 보다 큰 값만큼 묻히도록 배치한다.

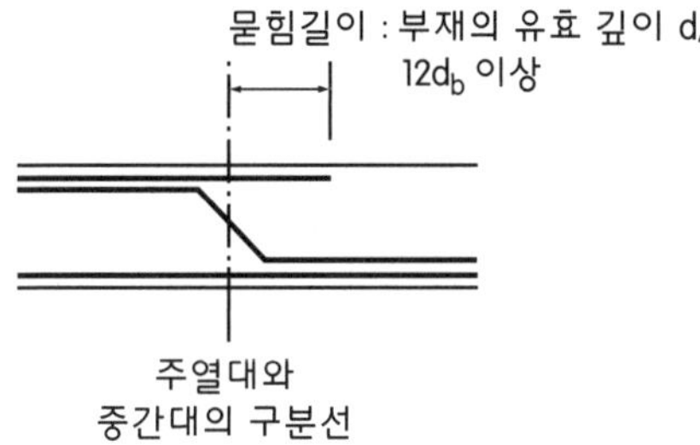

[그림 11-9] 탑바의 묻힘길이

4. 슬래브 개구부 보강

철근콘크리트 공사에서는 공사의 편의나 그 밖의 필요에 의해 구조도면에 명기되지 않는 개구부를 설치할 때가 있다. 만일 개구부의 크기가 300mm 이하이거나 슬래브 두께의 두 배 이하이고, 개구부가 주철근을 절단하지 않을 경우에는 보강하지 않을 수 있다. 그러나 그 이외의 경우에는 개구부를 설치할 때 보강이 필요하다. 슬래브에서 개구부의 크기가 슬래브 판 크기에 비해 상대적으로 작은 경우에는 [그림 11-10]과 같이 개구부에 의해 절단되는 철근과 같은 단면적의 철근을 개구부 양쪽에 보강해야 한다.

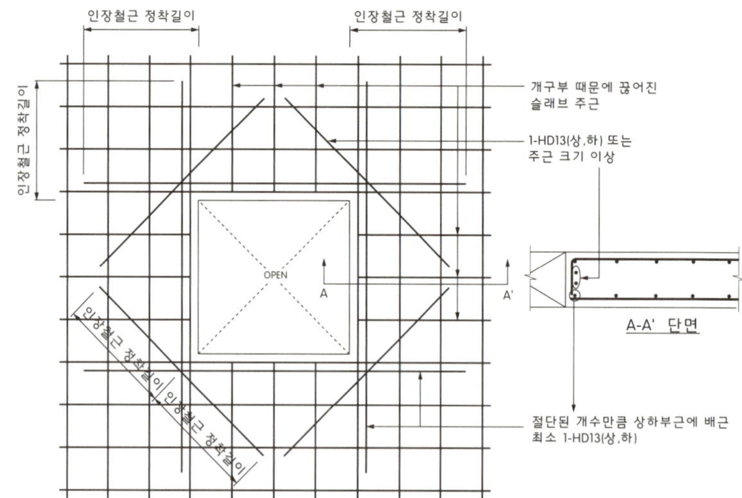

[그림 11-10] 슬래브 개구부 보강 상세

[그림 11-11] 슬래브 개구부 보강 사례

[그림 11-12] 슬래브 개구부 상세

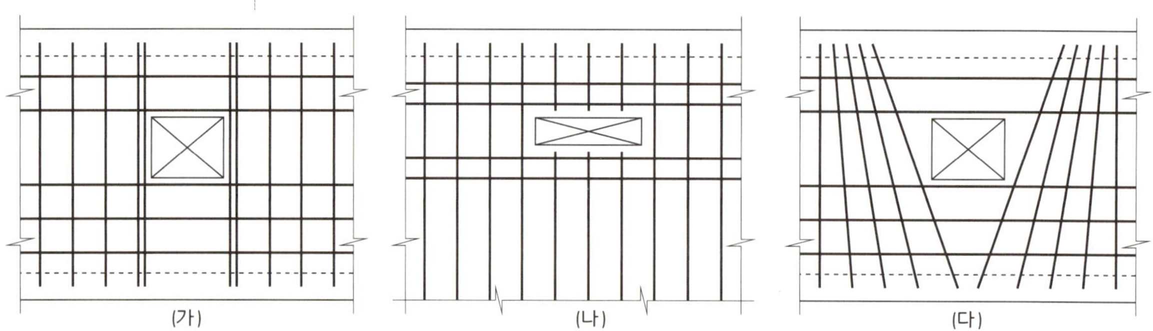

5. 단차가 있는 슬래브 철근

슬래브에서 단차가 큰 경우 [그림 11-14]의 (가)와 같이 배근하면 철근의 복원력이 작용하여 단차가 있는 부위의 콘크리트에 균열이 발생하거나 파괴될 우려가 있다. 따라서 단차가 75mm 이상 또는 슬래브 두께의 1/4보다 크면 B와 같이 단차가 있는 부위에서 철근을 절단한 후 교차배근해야 한다.

[그림 11-13] 단차가 있는 슬래브의 배근

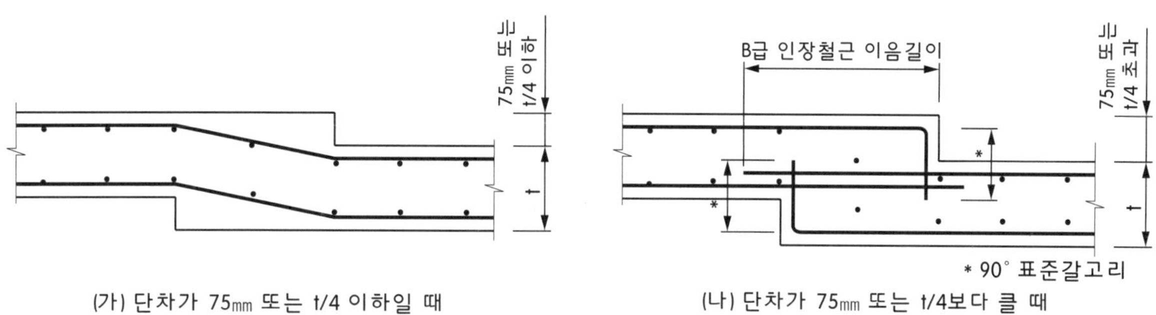

(가) 단차가 75㎜ 또는 t/4 이하일 때

(나) 단차가 75㎜ 또는 t/4보다 클 때

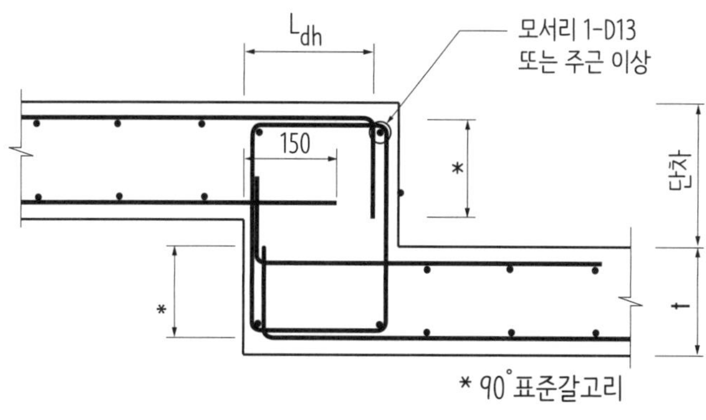

(다) t<H≤2t인 경우

6. 슬래브의 배근 순서

슬래브에 하중이 가해지면 길이가 긴 장변보다는 단변 방향으로 응력이 먼저 전달되기 때문에 하중을 많이 부담하게 되는 단변 방향이 주근이 된다. 따라서 단변 방향의 철근을 단면 중심에서 멀게 외곽 쪽으로 배근해야 한다. 하부근은 단변 방향 주근, 장변 방향 철근의 순서로 배근하며, 나중에 배근하는 단변 방향의 상부근 안쪽에 위치할 수 있도록 해야 한다. 만일 굽힘철근이 없다면 간단히 정할 수 있지만, 일반적으로 장변과 단변 모두 굽힘철근을 사용하기 때문에 배근 순서에 주의해야 한다. 슬래브 철근은 보 철근 다음에 배근하기 때문에 그림에 보 철근을 나타내야 하지만 슬래브 철근과 구분하기 어렵기 때문에 표시하지 않았다. 또 이음 위치도 슬래브를 배근할 때는 크게 고려하지 않기 때문에 이음 위치를 그림에 명기하지 않았다.

① 주열대와 중간대 구분

주열대와 중간대를 구분하는 선을 슬래브 거푸집 위에 직접 표시하지는 않지만, 보통 하부 주근의 위치는 분필 등으로 직접 표시한다. 하부 주근의 배근 간격

[그림 11-14] 하부 주근의 위치와 굽힘철근의 절곡 위치($)가 표시(왼쪽)

[그림 11-15] 주열대와 중간대의 구분선(오른쪽)

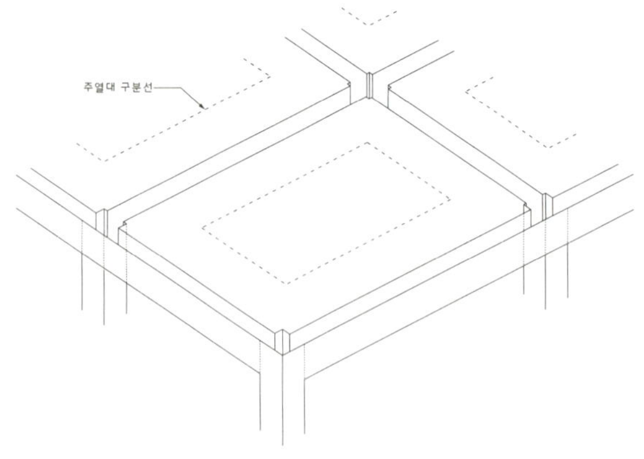

은 중간대와 주열대에서 서로 다른 경우가 많기 때문에 주열대와 중간대의 경계선에서 배근 간격이 바뀌도록 적절히 표시해야 한다.

② 단변 방향 하부 주근 배근

단변 방향 하부 주근은 휨모멘트를 부담하는 가장 중요한 철근이므로 슬래브 단면 중앙에서 가장 먼 외곽에 위치해야 하기 때문에 제일 먼저 배근한다. 하부 주근의 배근 순서는 숙련공의 노하우에 따라 달라질 수 있지만 일반적으로 중간대 가운데에서 시작하는 것이 쉽다. 하부 주근의 배근 개수가 홀수이면 정중앙에 한 개를 놓고 그 옆으로 철근을 배열하고, 짝수이면 정중앙을 비워놓고 정중앙에서 주근 배근 간격의 1/2만큼 떨어져서 두 개를 놓고 배열한다. 이렇게 배치하면 중간대 구간에 주근이 골고루 배열될 수 있도록 배치할 수 있다.

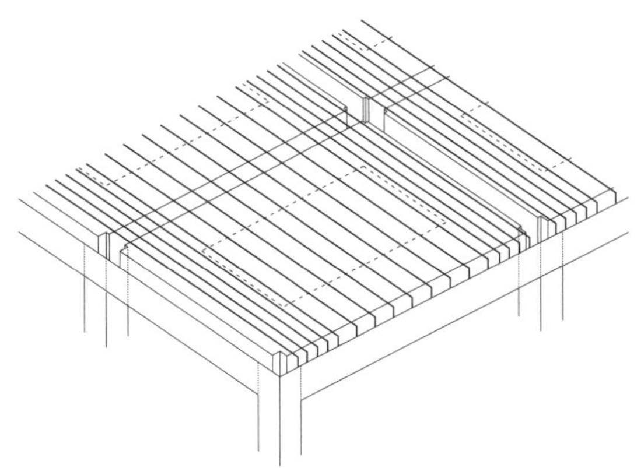

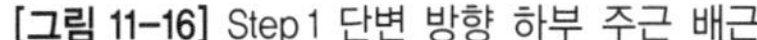

[그림 11-16] Step 1 단변 방향 하부 주근 배근

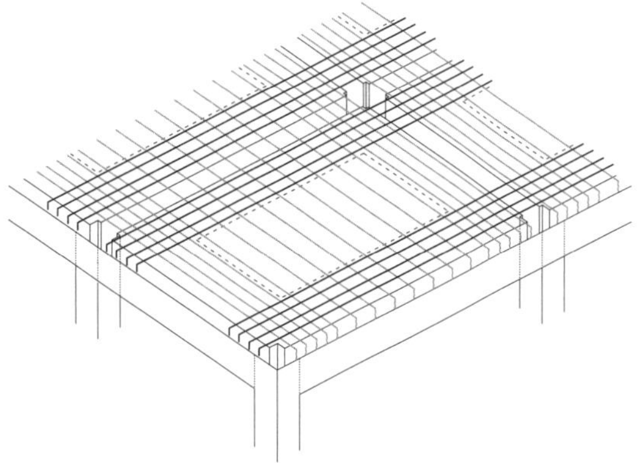

[그림 11-17] Step 2 장변 방향 주열대 하부근 배근

③ 장변 방향 주열대 하부근 배근

단면상 단변 방향 철근 안쪽에 장변 방향 철근이 위치하도록 배근해야 하기 때

문에 단변 방향의 하부 주근 다음에 장변 방향의 철근을 배근해야 한다. 그러나 아직 단변 방향의 굽힘철근을 배근하지 않았기 때문에 중간대에서 굽힘철근이 맨 아래에 위치할 수 있도록 중간대에서는 장변 방향 하부근을 먼저 배근하지 않는다. 굽힘철근은 주열대에서 상부근, 중간대에서 하부근으로 기능하기 때문에 장변 방향의 주열대 상부근을 밑에 두고 그 위에 배근한다. 따라서 단변 방향의 굽힘철근보다 장변 방향의 주열대 상하부근을 먼저 배근해야 한다.

④ 장변 방향 주열대 상부근 배근

장변 방향 주열대 하부근을 배근했으면 그 위쪽에 위치할 상부근을 배근한다. 이때 철근고임재를 대고 굽힘철근을 구부린 후 상부근을 실제 위치에 고정시킬 수 있지만, 여기서는 배근 순서를 알기 쉽도록 상부 위치에 배근하는 것으로 나타내었다.

굽힘철근을 HD10과 같이 가는 철근으로 배근하면, 장대철근을 깔아두고 다른 철근과 철선으로 긴결하고 나서 현장에서 직접 구부리는 것이 보통이지만, 여기서는 굽힘철근의 형상으로 미리 가공한 후 배근하는 것으로 나타내었다. 물론 HD16과 같이 굵은 철근을 사용한다면 현장에서 직접 구부리기 어려우므로 배근하기 전에 먼저 절곡기로 구부려서 가공한다.

[그림 11-18] Step 3 장변 방향 주열대 상부근 배근

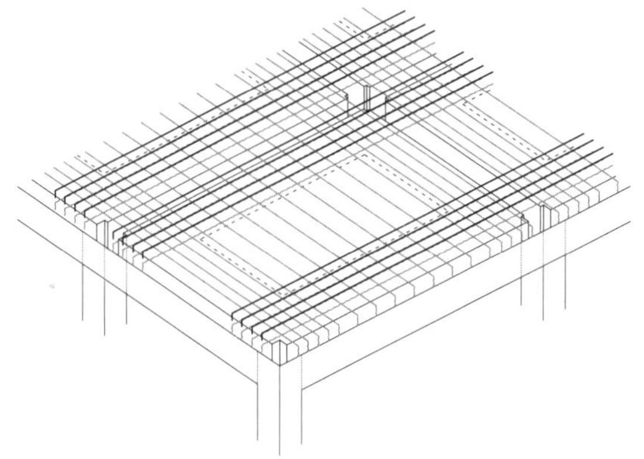

⑤ 단변 방향 굽힘철근의 배근

그림에서 볼 수 있듯이 굽힘철근은 중간대에서 휨모멘트에 저항하는 하부 주근의 역할을 하기 때문에 가장 아래쪽에 배근한다. 그렇지만 단부에서는 중간대와 반대로 가장 위쪽에 배근해야 한다. 따라서 장변 방향의 주열대 상하부근을 모두 배근한 후, 장변 방향의 중간대 하부근보다 먼저 단변 방향의 굽힘철근을 배근한다.

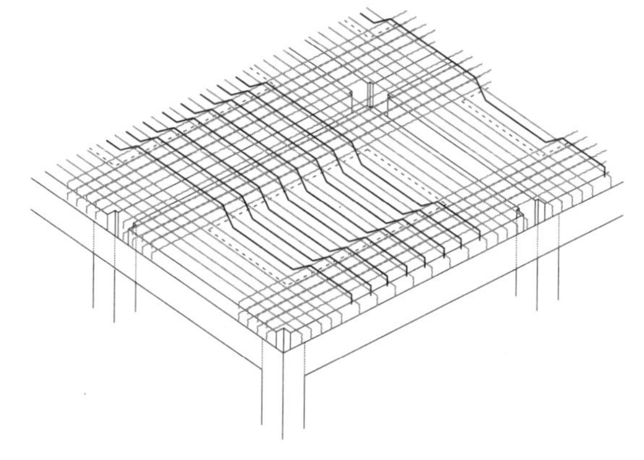

[그림 11-19] Step 4 단변 방향 굽힘철근의 배근

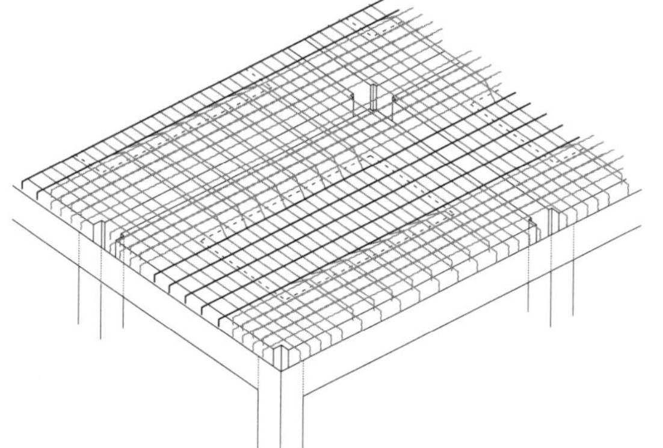

[그림 11-20] Step 5 장변 방향 중간대 하부근 배근

[그림 11-21] Step 6 장변 방향 굽힘철근 배근

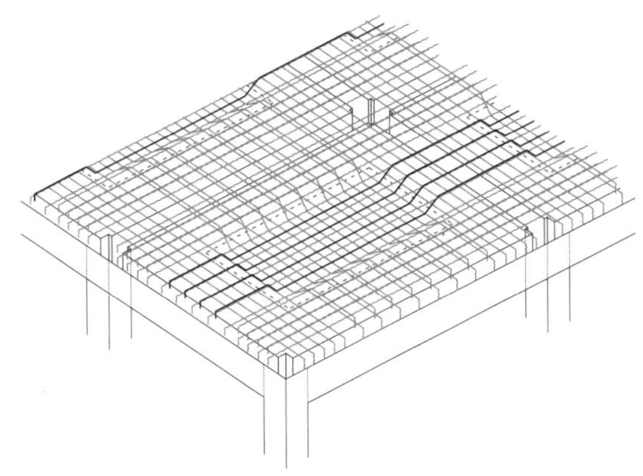

⑥ 장변 방향 중간대 하부근 배근

2방향 슬래브에서 장변 방향 하부 주근도 휨모멘트를 부담하지만 단변 방향보다 하중을 덜 부담하기 때문에 단변 방향 하부 주근 위에 놓이도록 배근한다. 장변 방향 중간대 하부근의 배근 위치도 그 구간에 고르게 분포할 수 있도록 위치를 정하여 분필 등으로 미리 표시해 둔다.

⑦ 장변 방향 굽힘철근 배근

중간대에서 휨모멘트를 부담하는 철근은 하부 주근과 굽힘철근이다. 앞에서 장변 방향 하부 주근을 배근했으므로 이제는 장변 방향 굽힘철근을 배근한다. 이렇게 하면 장변 방향의 하부근이 모두 단변 방향 하부근 위쪽에 놓이게 된다.

⑧ 단변 방향 주열대 상부근 배근

하부근을 모두 배근했으므로 이제 상부근만 남았다. 여기서도 단변 방향이 주근 방향이므로, 이미 배근된 장변 방향 주열대 상부근과 장변 방향 굽힘철근 위에 단변 방향의 주열대 상부근을 배근한다.

⑨ 상부 탑바 배근

마지막으로 상부 탑바를 배근한다. 휨모멘트는 단부에서 부모멘트로 작용하기 때문에 단부에서는 상부근이 주근으로 작용하고 맨 위쪽에 위치하게 된다. 상부 탑바의 절단 위치는 구조도면에 명기된 위치에 따라 결정한다.

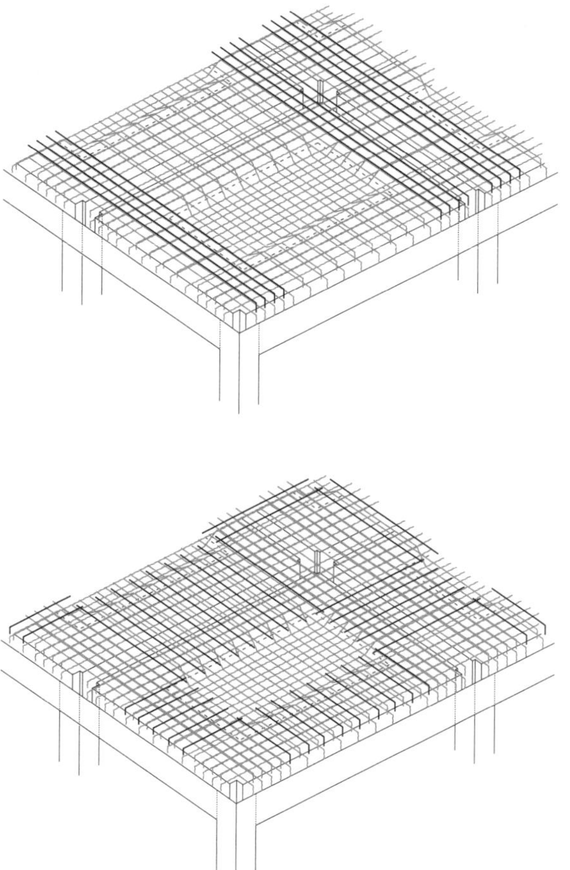

[그림 11-22] Step 7 단변 방향 주열대 상부근 배근

[그림 11-23] Step 8 상부 탑바 배근

12 배근검사 : 배근의 허용오차

철근의 가공 및 조립이 완료되면 콘크리트를 타설하기 전에 철근의 개수, 지름을 확인하여 절곡의 위치, 이음의 위치 및 길이, 철근의 상호 위치 및 간격, 거푸집 내에서의 지지상태 등에 대하여 설계도서를 토대로 소정의 정밀도로 만들어져 있는가를 검사한다. 조립된 철근을 수정하기 위해서는 많은 노력이 필요하므로 조립작업 중 잘 확인하여 잘못을 미연에 방지하는 것이 바람직하다.

조립된 철근의 배치에서 철근 피복과 유효높이의 허용오차가 설정되어 있으나, 5mm 이하의 오차범위 내에서 시공하는 것을 목표로 한다.

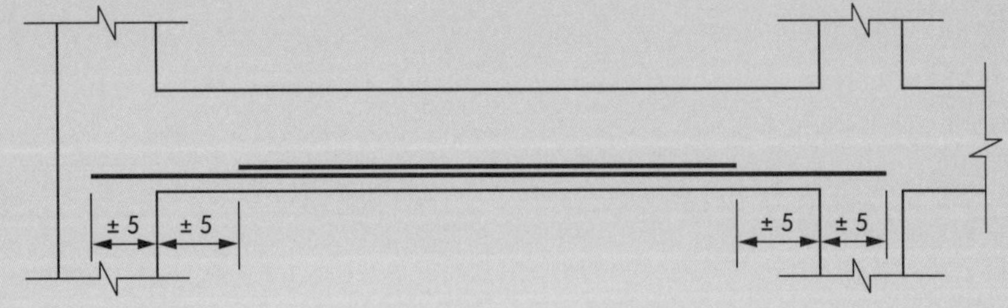

[그림 12-1] 종방향 철근의 배근 오차

1. 종방향 철근의 허용오차

종방향 철근의 단부 위치는 구조부재의 강도에 큰 영향을 미치지 않는다. 따라서 피복두께처럼 엄격하게 규정하지는 않는다. 〈KDS 14 20 50 4.2.1(2)②〉에서는 종방향으로 철근을 구부리거나 철근이 끝나는 단부의 허용오차는 ±50mm 이내로 규정하고 있다. 종방향 철근은 기둥 간 경간 길이, 거푸집 치수, 철근 절단 길이가 다양하기 때문에 배근 오차가 커질 수 있다. 또 피복두께는 제위치에서 벗어나면 구조적인 성능이 크게 저하되지만, 종방향 철근은 어느 정도 오차가 발생하더라도 구조부재의 강도에 크게 영향을 미치지 않는다. 따라서 피복두께처럼 오차에 대한 한계를 엄격하게 적용하지는 않는다. 단, 브래킷과 내민받침의 불연속단에서 허용오차는 ±13mm이며 그 밖의 부재의 불연속단에서 허용오차는 ±25mm로 규정하고 있다.

[표 12-1] 철근 가공 및 조립에 대한 품질검사(콘크리트 표준시방서)

항목		시험 · 검사방법	시기 · 횟수	판정기준
철근의 가공치수		자 등에 의한 측정	조립 후 및 조립 후 장기간 경과한 경우	소정의 허용오차일 것
간격재의 종류, 배치, 수량		육안 관찰		철근의 피복이 바르게 확보되도록 적절히 배치되어 있을 것
조립된 철근의 배치	이음 및 정착 위치	자 등에 의한 측정 및 육안 관찰		철근상세도와 일치할 것
	콘크리트 최소 피복두께 *			허용오차 : d≤200mm인 경우 -10mm, d>200mm인 경우 -13mm
	유효깊이(d)			허용오차 : d≤200mm인 경우 ±10mm, d>200mm인 경우 ±13mm

* 하단 거푸집까지의 순거리에 대한 허용오차는 -7mm이며, 피복두께의 허용오차는 도면 또는 설계기준에서 요구하는 최소 피복두께의 −1/3로 하여야 한다.

[그림 12-2] 피복두께 허용오차

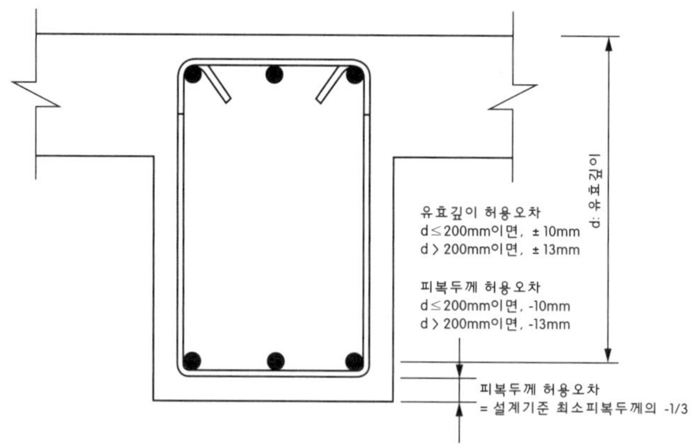

2. 배근 위치의 허용오차

철근이 설계된 도면상의 배치 위치에서 d_b이상 벗어나야 하는 경우에는 책임기술자의 승인을 받도록 규정하고 있다〈KDS 14 20 50 4.2.1(2)〉. 그러나 슬래브와 벽체의 경우에는 전체 요구되는 철근 개수만 배치된다면 책임기술자의 승인하에 20% 정도 허용될 수 있다. 외국의 경우 개수가 만족하다면 미국 ACI 177에서는 75mm(3인치), 일본 기준에서는 20%까지 허용하는 것으로 규정하고 있다.

[그림 12-3] 슬래브 배근 허용오차

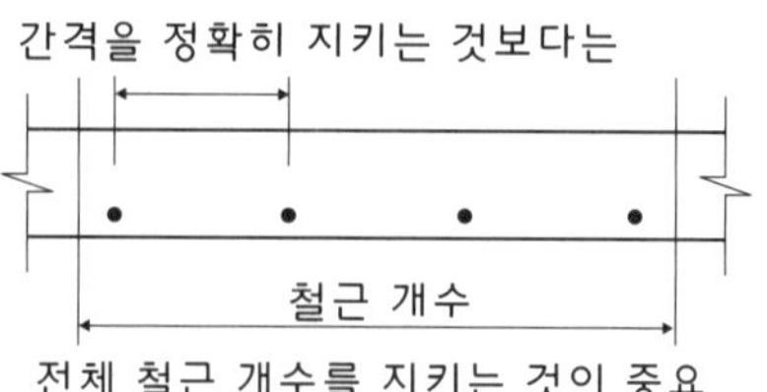

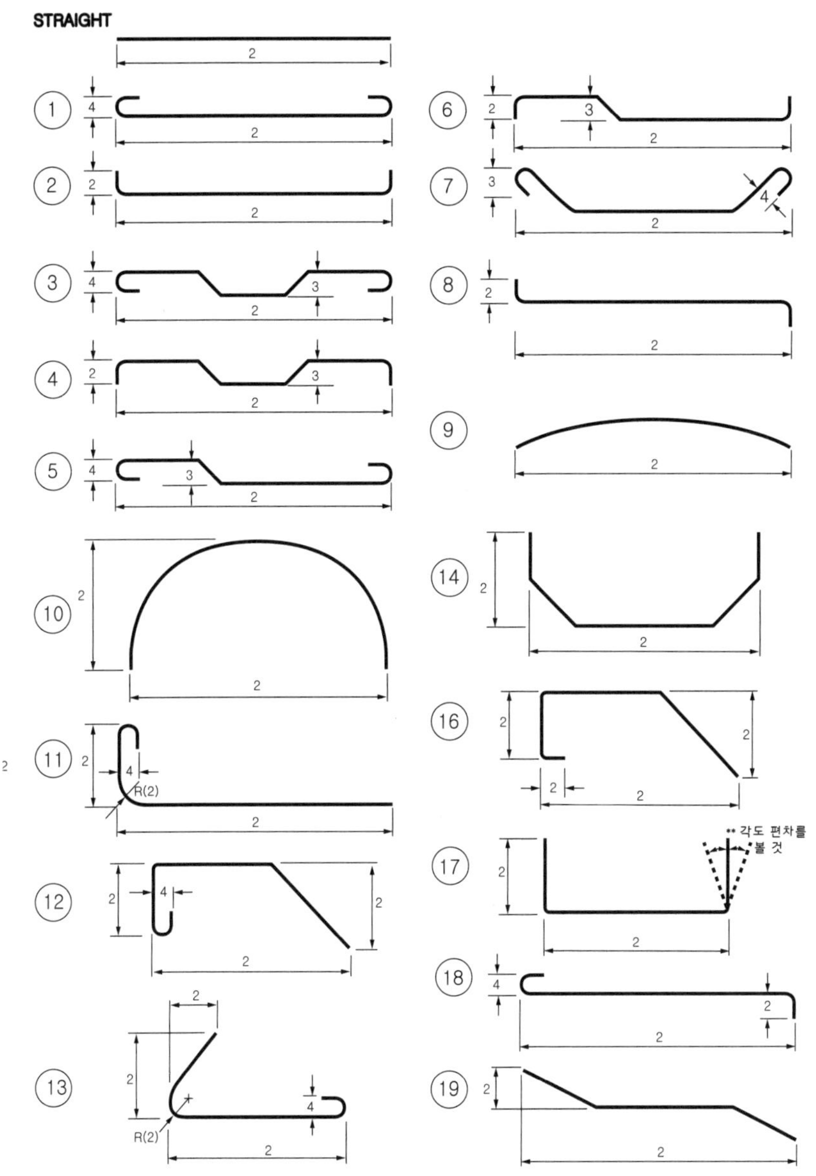

[그림 12-4] 표준가공오차 (미국 기준)

1 = ± 15mm (D10, D13, D16이고, 총길이 < 3.5 일 때)
1 = ± 25mm (D10, D13, D16이고, 총길이 ≥3.5 일 때)
1 = ± 25mm (D19, D22, D25일 경우)
2 = ± 25mm
3 = +0, -15mm
4 = ± 15mm
5 = ± 15mm (지름 ≤ 750mm)
5 = ± 25mm (지름 > 750mm)
6 = ± 1.5% × " O" , > 50mm(최소)

* 이 선에 해당하는 치수는 제시된 오차 범위 이내가 되어야 하며 반대편에 평행한 치수와 15mm 이상 차이가 나면 안 된다.
** 각도 편차 - 모든 90° 표준갈고리와 굽힘부 위에서 최대 2.5° 혹은 40mm/m, 적어도 15mm
*** 유형 9에서 양의 오차가 생겨 시위 길이(chord length)가 호 또는 철근길이 정도가 되었다면 철근이 직선으로 출하될 수 있다.
T9는 D10에서 D25까지 적용

[그림 12-5] 표준가공오차 (미국 기준)

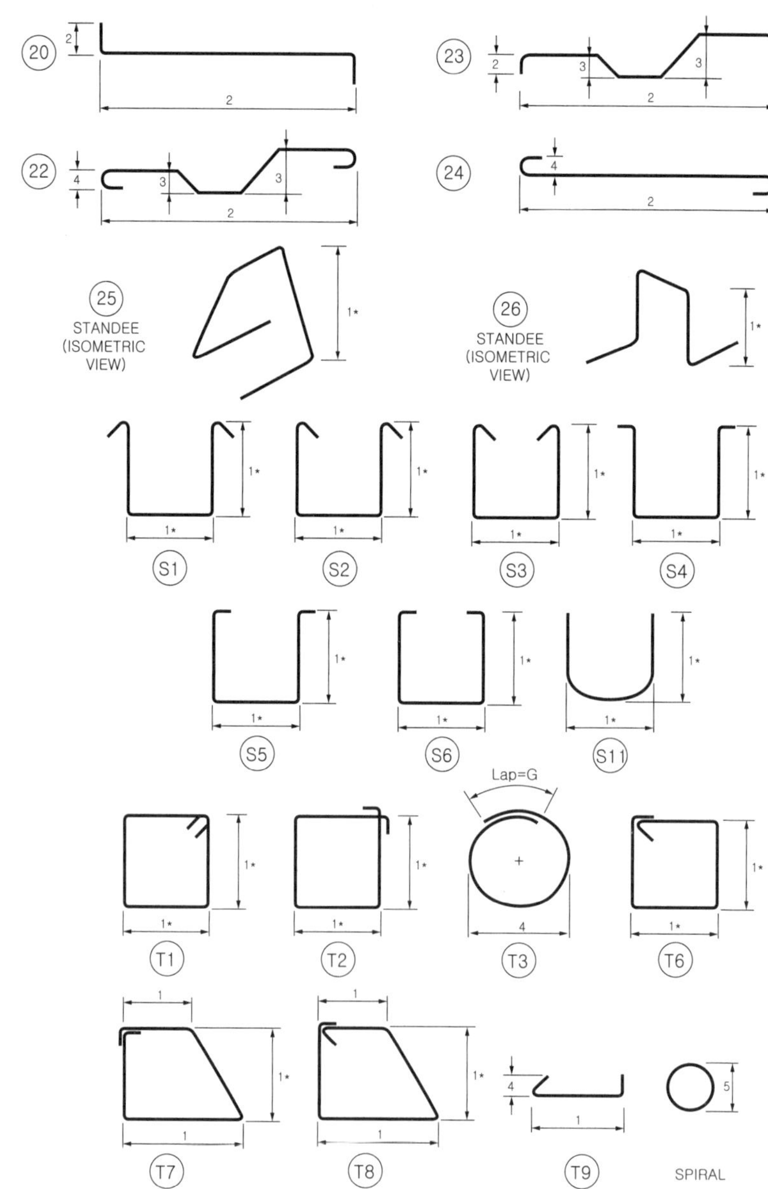

1 = ± 15mm (D10, D13, D16이고, 총길이 < 3.5 일 때)
1 = ± 25mm (D10, D13, D16이고, 총길이 ≥3.5 일 때)
1 = ± 25mm (D19, D22, D25일 경우)
2 = ± 25mm
3 = +0, -15mm
4 = ± 15mm
5 = ± 15mm (지름 ≤ 750mm)
5 = ± 25mm (지름 > 750mm)
6 = ± 1.5% × " O" , > 50mm(최소)

* 이 선에 해당하는 치수는 제시된 오차 범위 이내가 되어야 하며 반대편에 평행한 치수와 15mm 이상 차이가 나면 안 된다.
** 각도 편차 - 모든 90° 표준갈고리와 굽힘부 위에서 최대 2.5° 혹은 40mm/m, 적어도 15mm
*** 유형 9에서 양의 오차가 생겨 시위길이(chord length)가 호 또는 철근길이 정도가 되었다면 철근이 직선으로 출하될 수 있다.
T9는 D10에서 D25까지 적용

철근의 종류		부호	허용오차	그림
스터럽, 띠철근, 나선철근		a, b	±5mm	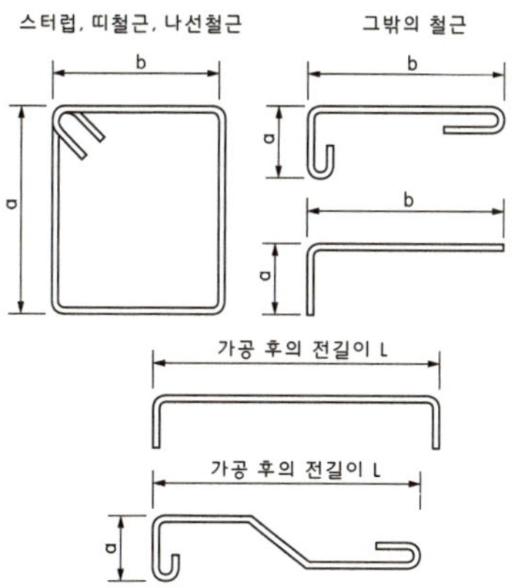 스터럽, 띠철근, 나선철근 / 그밖의 철근
그 밖의 철근	HD25 이하의 이형철근	a, b	±15mm	
	HD29 이상 HD32 이하의 이형철근	a, b	±20mm	
가공 후의 전 길이		L	±20mm	가공 후의 전길이 L

[표 12-2] 철근 가공 및 조립에 대한 품질검사(콘크리트 표준시방서)

13 철근 물량 절감

건설현장의 시공 사례를 바탕으로 철근 물량을 절감할 수 있는 방안을 부재별로 정리하면 다음과 같다.

[표 13-1] 부재별 철근 물량 절감 방안

부재	절감 방안	구조 검토	시공성 검토
기초	① 표준길이가 긴 철근을 사용하여 이음 개소 절감		필요
기둥	① 기초에 매입되는 다우얼 철근의 개수 절감	필요	
	② 기초에 매입되는 다우얼 철근의 정착길이 절감		필요
	③ 2개 층 동시 배근으로 이음 개소 절감		필요
	④ 지하층에서 내부 기둥을 압축이음을 적용하여 이음길이 절감	필요	
벽체	① 기초에 매입되는 다우얼 철근의 정착길이 절감		필요
	② 지하층 외부 옹벽(복배근)에서 외부 수직근은 인장 이음길이, 내부 수직근은 압축 이음길이를 적용하여 이음길이 절감	필요	
보	① 표준길이가 긴 철근을 사용하여 이음 개소 절감		필요
	② 지하층 내부 보의 스터럽을 개방형으로 하여 상부 덮개철근 물량 절감	필요	
	③ 압축 이음구간에 이음이 될 수 있도록 배근하여 이음길이 절감		필요
슬래브	① 표준길이가 긴 철근을 사용하여 이음 개소 절감		필요

철근 물량을 절감하면 시공성에 영향을 미치는 경우가 있다. 가령 기초에 철근을 배근할 때 일반적으로 많이 사용하는 8m보다 12m 장대철근을 사용하면 겹침이음 개소를 줄일 수 있다. 그러나 지름이 굵은 철근의 경우 12m 정도가 되면 너무 무거워 작업성이 떨어지고, HD10철근은 길이가 길어지면 잘 휘기 때문에 작업성이 떨어진다. 따라서 시공성을 충분히 고려한 후 절감 방안을 도입할 필요가 있다. 철근 물량이 절감되더라도 인건비가 더 높아지거나 작업시간이 지연된다면 철근 물량을 절감한 것보다 경제성이 떨어질 수 있기 때문이다.

또 구조 검토를 통해 철근 물량을 절감하는 것도 가능하다. 우리나라 〈구조설계기준〉을 살펴보면, 1988년 '극한강도 설계법에 의한 철근콘크리트 구조계산 규준'이 제정된 이래 대부분의 철근콘크리트 건물이 극한강도 설계법에 의해 설계되고 있다. 또 1999년에는 건축·토목 분야 관련 학회가 공동으로 협력하여 '콘크리트구조설계기준'을 제정 발표하여 두 분야에 통합 적용할 수 있게 되었다. 이후 2003년과 2007년, 2012년에 개정된 기준이 발간되어 구조설계에 적용하고 있다.

2016년에는 개별적으로 운영되던 건설기준들이 통폐합되어 설계기준이 KDS(Korean Design Standard)로 통합되어 코드화되었다. 특히 이음정착과 관련된 내용은 과거와 많은 차이가 있는데, 현장에서는 시공성만을 고려하여 획일적으로 배근하는 경우가 많다. 예를 들어 지하층 내부 기둥처럼 압축 이음길이를 적용할 수 있는 부재에 인장 이음길이를 적용하여 배근하는 사례도 현장에서 많이 볼 수 있다. 따라서 구조 검토를 철저히 해서 압축이음을 적용하거나, 다우얼 철근의 개수를 줄인다면 철근 물량을 상당히 절감할 수 있다.

이 장에서는 각 부재별로 철근 물량을 절감할 수 있는 방안을 서술하였다.

1. 기초

최근 건축물이 대형화되면서 지하기초는 전면(또는 매트)기초를 많이 적용하고 있다. 전면기초는 길이가 매우 길기 때문에 통상적으로 제강사에서 생산하는 표준길이(장대길이) 8m 철근을 적용하면 이음 개소가 많아지고 겹침이음길이만큼 철근이 손실되는 것으로 판단할 수 있다. 따라서 8m보다 긴 표준길이를 적용하면 이음 개소를 줄일 수 있다. 예를 들어 전면기초의 길이가 100m일 때, 표준길이 8m 철근으로 배근할 경우 13회(100/8=12.5) 이음을 해야 한다. 하지만 12m 철근으로 배근하면 9회(100/12=8.3)만 이음하면 되기 때문에 상당한 물량을 절감할 수 있다.

다음 표는 A주상복합 아파트의 전면기초(크기는 272.1m×160.3m)에 필요한 철근을 표준길이 8~12m까지 활용했을 때 전체 물량의 변화를 나타낸 것이다. 8m 철근을 사용한 것과 비교하여 9m 이상의 표준길이를 사용하면 철근 물량이 상당히 절감되며, 더 긴 표준길이를 사용할수록 절감 정도가 큰 것을 알 수 있다. 따라서 현장의 상황을 감안하여 시공성에 문제가 없다면 가장 긴 표준길이를 사용하는 것이 좋다.

[표 13-2] 표준길이에 따른 철근 물량(단위 : ton)

규격 \ 적용 길이(m)	8	9	10	11	12
HD13	39.8	39.8	39.8	39.8	39.8
HD19	771.87	762.65	756.84	749.03	753.26
HD22	1355.56	1303.06	1295.64	1284.09	1274.68
합계	2147.22	2105.51	2092.28	2072.92	2067.74
절감량	-	−41.71	−54.94	−74.31	−79.49
절감율(%)	-	−1.94	−2.61	−3.55	−3.83

2. 기둥

(1) 기둥 두 개층 동시 배근

일반적으로 기둥은 층 단위로 시공하고 주근은 B급 인장철근 이음길이를 적용한다. 기둥 주근은 보통 지름이 굵은 철근을 사용하기 때문에 B급 인장이음을 적용하면 겹침이음으로 손실되는 물량이 적지 않다고 할 수 있다. 따라서 기둥에서는 두 개층을 동시에 배근하면 기둥 이음길이만큼 절감할 수 있다.

(2) 다우얼 철근의 절감

기둥과 옹벽은 기초에 정착하기 위해 다우얼 철근을 배근하는데, 기초의 높이가 높을수록 철근 물량이 많아지게 된다. 다우얼 철근은 정착길이만큼 기초 안에 매입하면 되지만, 실제로는 콘크리트를 타설하더라도 움직이지 않도록 전면기초 하부근 위에 고정하기 때문에 기초의 높이에 따라 철근 물량이 영향을 받게 된다. 따라서 철근을 단단히 고정할 수 있도록 기둥 모서리에 있는 주근 네 개만 기초 하부 주근 위에 고정하고 나머지 철근을 정착길이만큼 기초에 매입하면 철근 물량을 절감할 수 있을 것이다.

〈KDS 14 20 70 4.2.3.2〉에서는 현장치기 기둥과 주각의 경우, 양 부재 접촉면 사이의 철근 단면적은 지지되는 부재 단면적의 0.005배 이상으로 해야 한다고 규정하고 있다. 즉, 모든 기둥 철근을 기초판까지 연장시키거나 기초판 안에 정착시키라고는 규정하지 않았다. 따라서 적절한 구조 검토를 통해 다우얼 철근의 개수를 기둥 주근의 50% 정도만 배근하는 방식으로 물량을 절감할 수 있다.

[그림 13-1] 기둥 두 개층 동시 시공 도면 사례

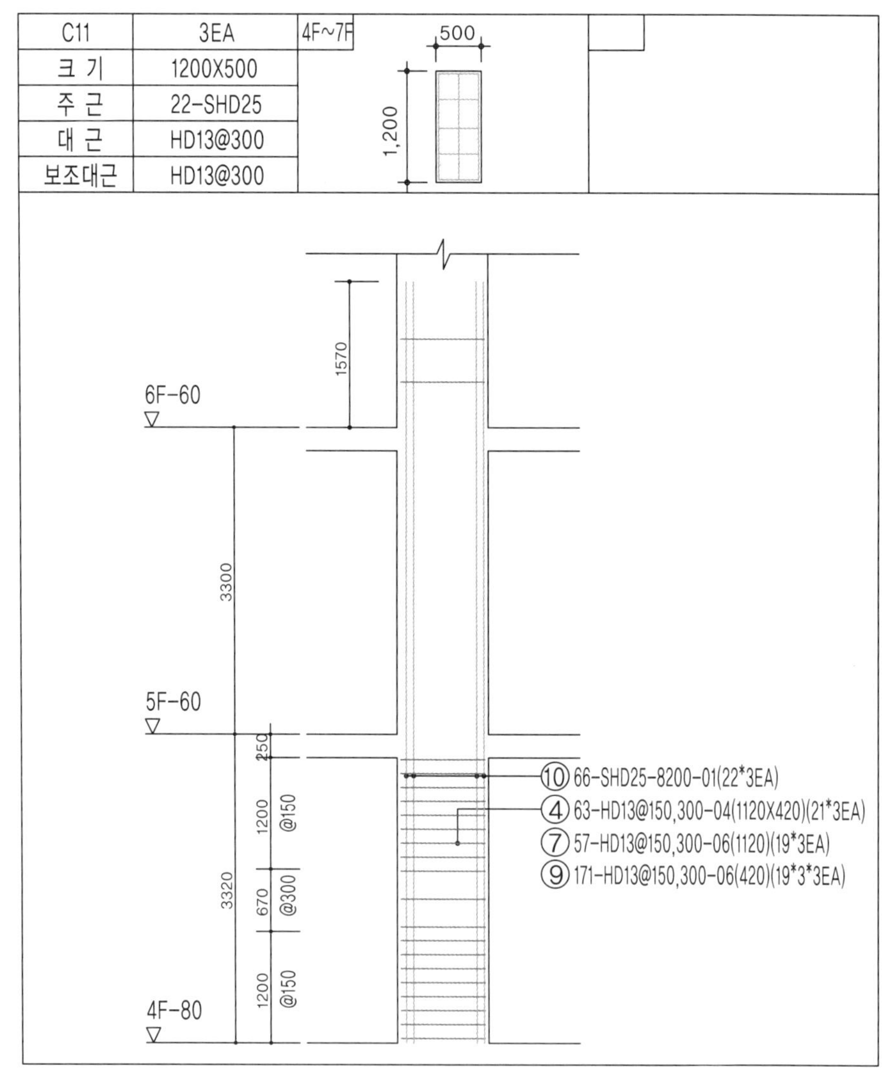

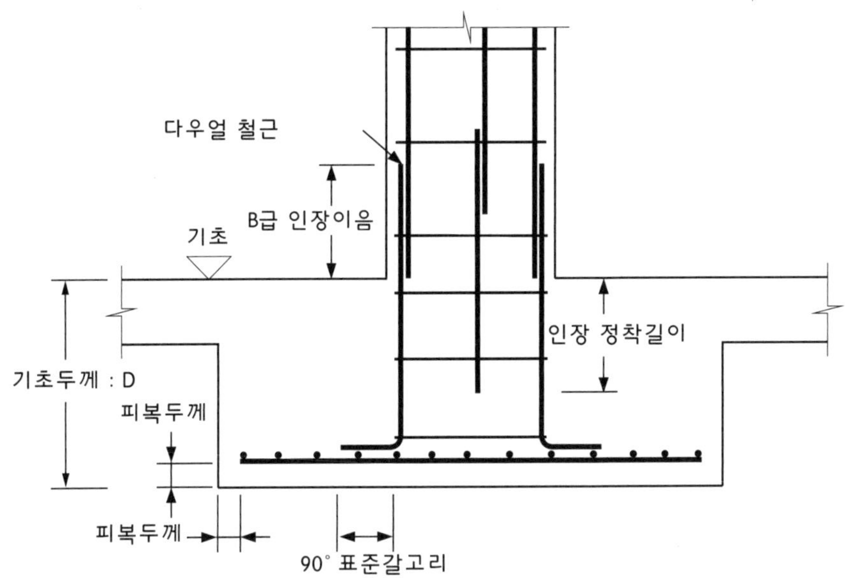

[그림 13-2] 다우얼 철근의 정착길이 절감

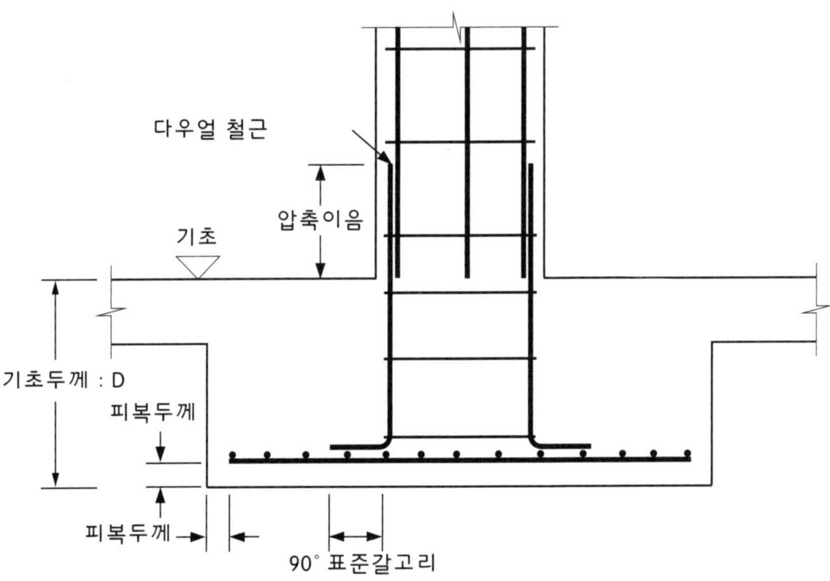

[그림 13-3] 지하층 내부 기둥의 다우얼 철근 개수 절감

(3) 지하층 내부기둥 이음길이 절감

일반적으로 기둥의 겹침이음길이는 주로 B급 인장철근 이음길이로 산출한다. 예를 들어 f_y=400MPa이고 f_{ck}= 24MPa일 때, HD25철근의 B급 인장철근 이음길이는 1,600으로 계산된다. 그러나 동일한 조건에서 압축철근 이음길이는 720으로 B급 인장 이음길이의 약 45%에 해당한다.

건물의 지하 부분, 특히 공동주택의 지하주차장은 지상층과는 달리 내진설계가 적용되지 않는다. 이 경우 상부의 수직하중이 크게 작용하므로 지하주차장의 외주기둥은 인장응력이 지배적이지만 내부기둥은 압축응력이 지배적이다. 따라서 적절한 구조 검토를 통해 지하층 내부기둥의 겹침이음길이를 압축이음으로 적용하면 철근 물량을 55% 정도 절감할 수 있다. 단, 지하주차장 외주기둥은 인장응력이 지배적이기 때문에 B급 인장이음을 적용해야 하며, 내부기둥에 대해서도 구조설계자의 구조 검토를 통해 적용해야 할 것이다.

3. 벽체

(1) 다우얼 철근 절감

지하주차장 기둥의 정착에서처럼 압축이 지배적으로 작용하는 아파트 내부 옹벽의 다우얼 철근도 압축정착을 적용할 수 있다. 따라서 다음 그림과 같이 기초 콘크리트 타설 시 철근 위치가 이동하지 않고 기초 철근 위에 자립할 수 있도록 최소한의 철근을 배근한 후, 나머지는 압축정착으로 배근하면 철근 물량을 절감할 수 있다.

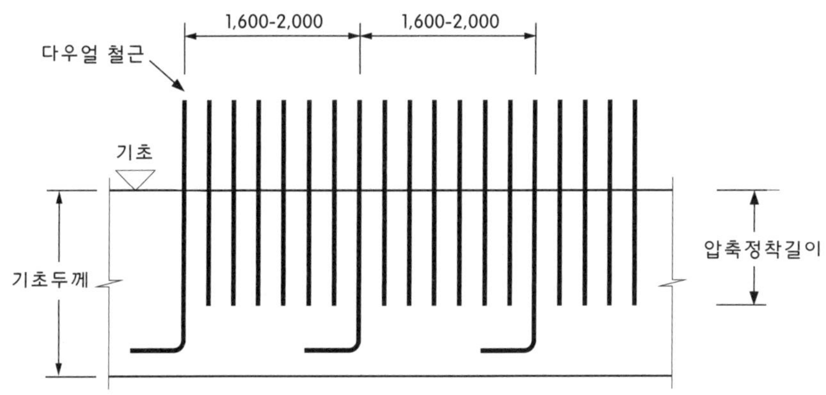

[그림 13-4] 지하주차장 내 부옹벽 다우얼 철근 상세

(2) 토압을 받는 옹벽의 이음길이 절감

토압을 받는 벽체는 복배근 시 바깥쪽에 위치한 수직철근이 인장력을 부담하고 안쪽에 위치한 수직철근은 압축력을 부담하기 때문에 [그림 9-2]에서 보는 바와 같이 안쪽 수직근에 압축이음을 적용하면 이음길이를 절감할 수 있다.

4. 보

(1) 이음 개소 절감

보 주근을 이음할 때 압축구간에서 이음하도록 시방서에 규정하고 있으나, 시공성의 이유를 들어 이음구간을 무시하고 보통 8m 장대철근을 연속해서 배근하는 경우가 대부분이다. 그러나 경간이 일정한 보가 연속된 경우에는 적정한 표준길이를 사용하면 압축구간에서 이음할 수 있고 그만큼 이음길이를 절감할 수 있다. 압축구간에서 이음하면 구조적인 면에서도 우수하다. 따라서 작업성이 좀 떨어지더라도 압축구간에서 이음하는 것이 바람직하다.

[그림 13-5] 보 주근의 이음

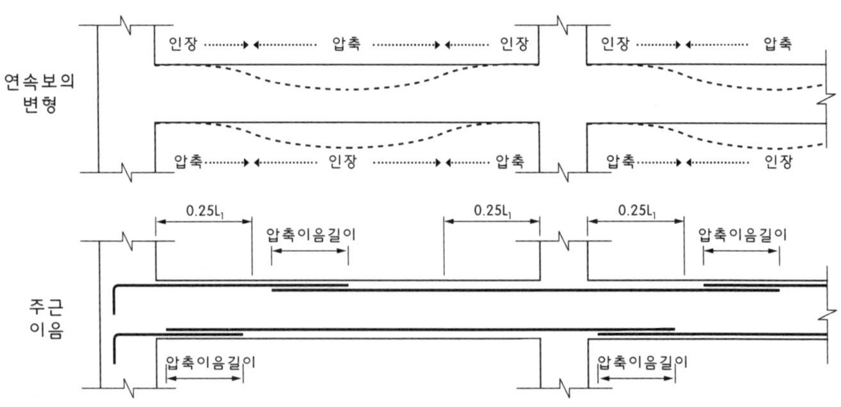

(2) 지하층 내부 보의 상부 덮개철근 절감

보에서는 구조 검토를 통해 지하층 내부 보를 개방형 스터럽으로 배근하면 상부 덮개철근 물량을 절감할 수 있다. 〈KDS 14 20 50 4.4.1(1)〉에서는 받침부에서 응력의 반전 또는 비틀림을 받는 휨골조부재의 횡철근은 휨보강철근 주위까지 연장시킨 폐쇄띠철근, 폐쇄스터럽 또는 나선철근으로 하여야 한다고 규정하고 있다. 따라서 전단과 비틀림을 동시에 받거나 내진설계가 적용되면 폐쇄형 스터럽으로 배근해야 한다.

[그림 13-6] 개방형 스터럽

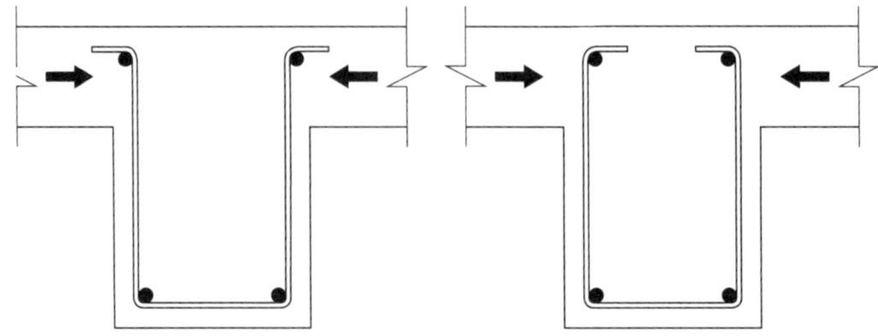

일반적으로 모든 보는 폐쇄형으로 해야 한다고 생각한다. 그러나 공동주택 지하주차장은 내진설계를 적용할 필요가 없기 때문에 테두리보를 제외한 내부 보는

덮개철근이 필요 없는 개방형 스터럽으로 배근할 수 있다. 덮개철근은 보 주근의 위치를 잡아주는 역할도 하므로 현장에서는 3단마다 한 개 걸러서 덮개철근을 설치하는 것이 일반적이다.

[그림 13-7] 지하주차장 개방형 스터럽 적용 사례

5. 슬래브

(1) 슬래브 철근의 이음길이 절감

인장 이형철근의 겹침이음길이는 주로 B급 이음으로 인장 이형철근의 정착길이에 1.3을 곱한 값을 적용한다. 여기서 사용하는 정착길이는 〈정착 및 이음 설계기준식 4.1-2〉으로 구할 수 있다.

$$l_d = \frac{0.90 d_b f_y}{\lambda \sqrt{f_{ck}}} \frac{\alpha \beta \gamma}{\left(\dfrac{c + K_{tr}}{d_b}\right)}$$ 〈설계기준식 4.1-2〉

이 식은 정착길이에 영향을 미치는 모든 변수를 고려한 것이고 기본적인 식이지만 계산이 다소 복잡하다. 따라서 보조적인 방법으로 기본 정착길이에 보정계수를 곱하는 〈설계기준식 4.1-1〉을 제시하고 있으며, 두 방법 중 한 가지를 선택하여 사용하도록 규정하고 있다.

$$l_{db} = \frac{0.60 d_b f_y}{\lambda \sqrt{f_{ck}}} \times (\text{보정계수})$$ 〈설계기준식 4.1-1〉

'철근의 정착' 편에서 자세히 기술한 바와 같이 철근 간격과 피복두께가 크고 횡방향 철근이 충분히 배근되었을 경우 〈설계기준식 4.1-2〉를 이용하면 〈설계기준식 4.1-1〉에 비해 최대 1/2.5=40%까지 정착길이를 줄일 수 있다.

실제 〈설계기준식 4.1-2〉로 계산한 [표 4-4]와 〈설계기준식 4.1-1〉로 계산한 [표 4-5]를 비교해 보면, f_y=400 MPa이고 f_{ck}=24MPa일 때 각각 300과 400을 나타내고 있다. 즉, 슬래브에서는 〈설계기준식 4.1-2〉로 계산한 식이 100만큼 정착길이를 줄일 수 있다. 따라서 구조도면의 일반주기사항에 〈설계기준식 4.1-2〉로 계산한 이음길이표를 반드시 제시하고, 현장에서는 슬래브 철근을 배근할 때 이 표를 이용하여 이음길이를 적용하면 철근 물량을 줄일 수 있다.

(2) 이음 개소의 절감

전면기초, 보 주근과 마찬가지로 슬래브도 길이가 긴 장대철근을 사용하면 이음 개소가 줄기 때문에 철근 물량을 절감할 수 있다. 다만 슬래브 철근은 HD10과 같이 가는 철근이 많이 쓰이기 때문에 12m 정도로 길어지면 잘 휘어져 다루기 어려워지는 단점이 있다. 따라서 시공성을 감안하여 장대철근의 길이를 결정할 필요가 있다.

3 부에서는 실제 사례도면을 바탕으로 부재별 철근상세도 작성방법을 서술하였다. 우리나라는 아직까지 철근가공 표준형상 등 철근상세도에 대한 표준이 없다. 따라서 여기서 제시하는 도면작성방법이 표준이라고 할 수는 없지만 저자가 다년간 건설현장에서 적용해 온 방식이므로 실무에 충분히 활용될 수 있을 것이며, 앞으로 국가적인 표준이 마련되는 데 일조할 수 있기를 희망한다.

제3부

부재별 철근상세도 작성

14. 철근상세도

15. 기초 철근상세도

16. 기둥 철근상세도

17. 벽체 철근상세도

18. 보 철근상세도

19. 슬래브 철근상세도

14 철근상세도

1. 철근상세도 규정

건축법 제24조(건축시공) 4항에서는 공사 시공자가 공사 감리자로부터 요청을 받으면 상세시공도면을 작성해 확인을 받아야 하며, 이에 따라 공사를 하도록 규정하고 있다. 또 건설기술진흥법 제48조(설계도서의 작성 등)의 4항에서도 건설업자 및 주택건설 등록업자는 건설공사의 품질 향상과 정확한 시공 및 안전을 위하여 건설공사의 진행 단계별로 요구되는 시공 상태를 작성하여야 시공상세도면에 대하여 검토·확인을 받은 후 시공하도록 규정하고 있다.

이처럼 설계도면만 가지고 시공하기 어려울 경우에는 시공상세도면 또는 상세시공도면(shop drawings)을 작성하여 공사를 진행하도록 규정하고 있다. 철근공사의 경우에도 시공상세도면을 작성하는데, 콘크리트공사 표준시방서에서는 '철근상세도'라고 명명하고 있다. 현장에서는 흔히 '샵 드로잉'이라고 하는데, 이는 철근공사만을 지칭하지 않고 보다 넓은 의미로 사용된다.

미국에서도 철근콘크리트 구조물을 위한 구조도면을 엔지니어링 드로잉(engineering drawings)과 플레이싱 드로잉(placing drawing)으로 구분하고 있다.

엔지니어링 드로잉은 구조설계를 표현하기 위하여 구조엔지니어가 작성하는 도면으로 실시설계 구조도면으로 정의할 수 있다. 플레이싱 드로잉은 철근의 가공, 조립, 배치 등을 위하여 각 배근 형태의 수량, 크기, 길이와 위치를 표현하는 도면으로 공사현장에서 철근공들이 작업하는 데 필요한 '철근상세도'라고 정의할 수 있다. 플레이싱 드로잉에는 실시설계 구조도면에서 표현하는 1차적인 내용이나 시방서에서 다루는 내용은 포함하지 않는다. 즉, 전체 골조 치수, 일반사항 또는 콘크리트 배합설계, 피복두께 등은 포함하지 않으며, 표현할 내용은 다음과 같다.

① 철근을 가공하고 배근하는 데 필요한 내용, 즉 각 가공 형상별 수량, 크기와 위치
② 대표적인 철근가공 형태(typical bar bends)
③ 철근고임재 및 간격재(wire bar supports)
④ 철근과 철근고임재 및 간격재의 배치계획

이와 함께 현장 철근공이나 철근 가공조립, 운반, 수량 파악, 배치 등을 감독할 사람이 일하는 데 필요한 수량 산출서(a bill of materials)로 **바 리스트**(bar list)를 명확히 규정하고 있다. 바 리스트의 머리 부분에는 발주처, 공사명, 현장 위치, 공사 구분, 업무번호, 관련 시공도, 철근 규격 및 강도를 표시한다. 바 리스트는 직선철근, 굽힘철근(스터럽과 띠철근 포함), 나선철근으로 나누어 같은 종류끼리 한데 모이도록 작성한다. 통상 굵은 철근부터 기록하고 같은 규격 내에서는 길이가 긴 것부터 기록한다. 나선철근은 철근 규격, 나선 중심간 지름, 수직 간격, 길이 순으로 기록한다.

이와 같이 철근상세도는 철근공사에 필요한 제반사항을 포함하고 있을 뿐 아니라, 작성하는 과정에서 골조 부분의 도면을 검토할 수 있다. 설계도면은 일정에 쫓겨 급하게 작성하기도 하고, 사람이 하는 작업이라서 누락되거나 오류도 발생한다. 구조도면을 바탕으로 철근상세도를 작성하면 골조 부분에 발생한 도면 오류를 재검토할 수 있으므로 건축물 시공품질을 향상시킬 수 있는 중요한 수단이 된다. 다만 철근상세도를 작성할 수 있는 충분한 시간적 여유를 가질 필요가 있다.

2. 철근상세도 작성의 필요성

(1) 기존 작업의 프로세스

기존 방식처럼 철근상세도를 작성하는 전문업체(일명 Shop업체)가 참여하지 않는 경우에는 구조도면만을 이용하여 철근을 가공·조립하거나, 철근상세도와 바 리스트를 작성하더라도 시공성만을 고려하여 철근길이를 과도하게 단순화하거나 약식으로 작성하는 경우가 많다. 철근길이를 과도하게 단순화하면 철근가공 및 조립의 효율을 높일 수 있으나 결과적으로 물량 손실이 크게 발생하게 된다. 더욱이 철근상세도를 개략적으로 작성하게 되면 조립된 철근물량을 정확히 집계할 수 없어 공사비 등 전반적인 공사관리에 영향을 미칠 수 있다.

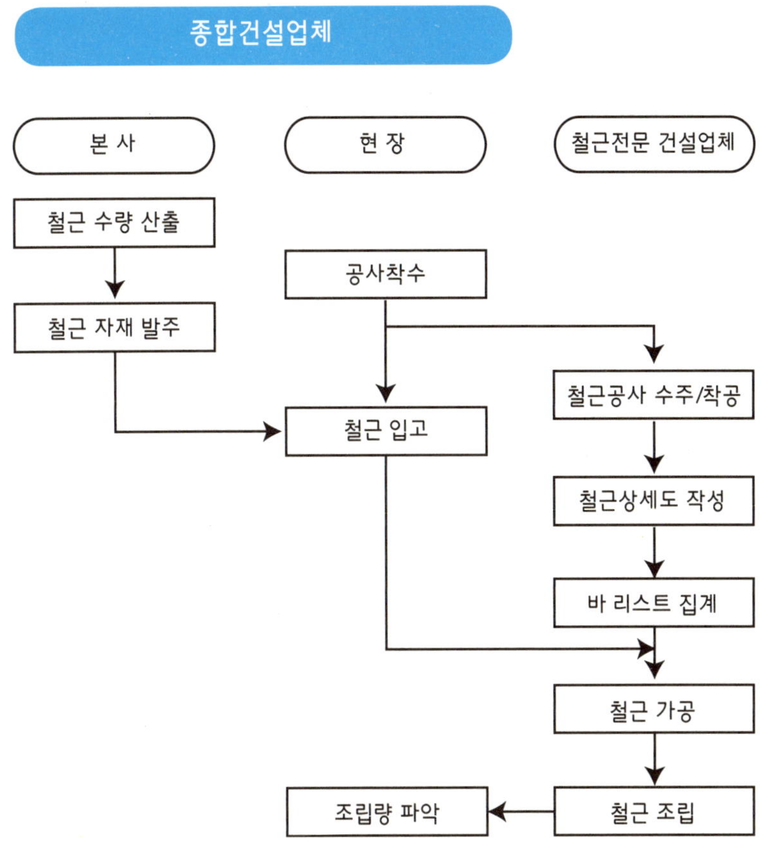

[그림 14-1] 기존 철근공사 프로세스

(2) 철근상세도 전문업체 참여 프로세스

철근상세도를 작성하는 전문업체가 참여하는 경우에는 우선 구조도면이나 구조계산서, 건축도면을 통합검토하여 도면상의 누락이나 오류를 사전에 검토할 수 있다. 이 경우 시공오류를 사전에 방지할 수 있으며 시공단계에서 구조검토 요청 등으로 공기가 지연되는 것을 막을 수 있다.

[그림 14-2] 철근가공조립도 전문업체 참여 프로세스

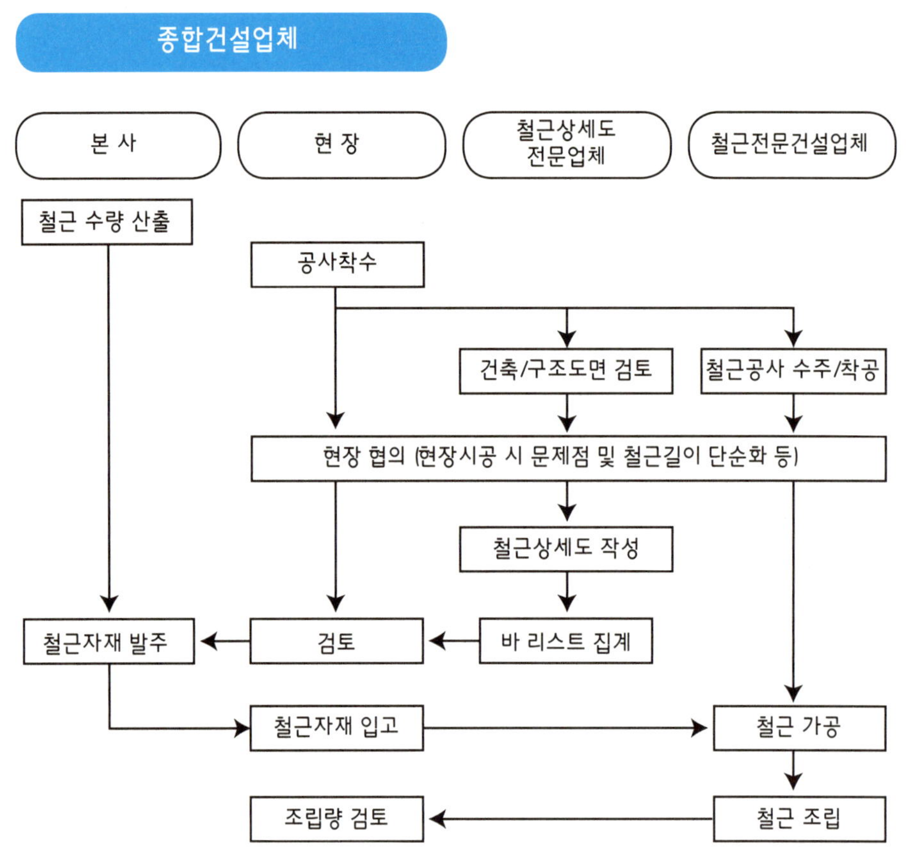

이후 현장협의과정을 통해 실제 시공 시 발생할 수 있는 문제점을 검토하고 철근가공 및 조립의 효율성을 감안하여 철근길이 단순화 정도 및 손실(Loss)을 협의하여 정할 수 있다.

현장협의과정을 거친 후에는 철근상세도를 작성하게 되는데 이처럼 사전에 철근상세도를 작성하게 되면 철근조립 이전에 물량을 정확하게 파악하여 관리할 수 있다. 그렇지 않을 경우 시공단계에 가서야 물량을 파악할 수 있으며 사전에 검토하기가 어렵다. 또한 철근상세도를 작성하게 되면 이를 바탕으로 규격별, 직경별

로 시공물량에 따라 자재를 조달하여 관리할 수 있다는 장점이 있다.

결과적으로 공사참여자의 협의하에 철근상세도를 작성함으로써 시공오류를 사전에 방지하여 구조물의 품질을 높일 수 있으며, 불필요한 공기를 줄이고 원가를 절감할 수 있다.

단, 철근상세도의 활용도를 높이기 위해서는 사전에 준비해야 할 사항이 있다. 첫째, 철근상세도 작성 이전에 구조도면 및 구조일반사항이 확정되어야만 한다. 둘째, 각종 콘크리트 줄눈(Expansion joint, Control joint, Construction joint 등)이 시공계획에 따라 확정되어야만 한다. 셋째, 철근공사참여업체가 많아지고 철근자재 투입계획이 복잡해지면, 업체간의 긴밀한 협조체계가 구축되어야 하며 이를 조정할 수 있는 종합건설업체 현장 담당자가 선임되어야 한다.

(3) 실행견적 물량과 실제 시공물량의 차이

기존방식으로 철근공사를 진행하는(즉, 철근상세도를 작성하는 전문업체가 참여하지 않는) 일반적인 현장에서 실제 시공된 철근물량은 본사에서 작성한 실행물량과 거의 비슷한 것으로 알려져 있다. 그러나 본사에서 작성하는 실행 물량은 실제의 철근상세도를 산출하지 않은 상태에서 산출한 것이기 때문에 오차를 포함할 수밖에 없다. 일반적인 적산방식에서는 이음정착 길이나 조립용 철근의 물량을 정확하게 산출하기가 어렵기 때문에 관행적인 할증을 가산하여 철근물량을 산출한다. 실제 시공할 때 철근길이를 단순화하는 점이나 생산되는 표준길이가 다양하지 않은 현실을 감안한다면 실행물량과 실제 물량은 차이가 날 수밖에 없다.

[표 14-1]은 실제 주상복합아파트 한 개 동의 실행견적 물량과 실제 시공물량을 비교한 것이다. 더 많은 비교사례를 검토할 필요는 있으나 실제 사례를 바탕으로 보더라도 실행견적 물량은 실제 시공물량과 많은 차이가 있는 것을 알 수 있다. 여기서 실제 시공물량은 건축/구조 도면을 바탕으로 철근상세도를 직접 산출하여 집계한 물량을 사용하였다. 비교결과 지하주차장과 아파트 부위에서 실행물량보

다 실제 물량이 매우 적은 것을 알 수 있다. 전체적으로 본다면 실행견적 물량보다 실제 시공물량이 11.3% 정도 작은 것으로 나타났으며, 정척길이를 절단하면서 발생하는 손실을 감안하더라도 철근상세도를 작성하여 실제 물량을 파악하는 것이 비용측면에서도 매우 유리하다는 것을 알 수 있다.

[표 14-1] 철근상세도 작성순서

부위	규격	실행견적 물량	철근가공조립도 작성 실제 물량	증감 (TON)	실행물량 대비 비율(%)
지하주차장	HD10	2,771	1,217	-1,554	43.9%
	HD13	22,943	15,711	-7,232	68.5%
	HD16	76,372	64,64	-11,732	84.6%
	HD19	1,926	1,216	-0.71	63.1%
	HD22	25,933	11,888	-14,045	45.8%
	HD25	24,847	25,002	0.155	100.6%
	합계	154,792	119,674	-35,118	77.3%
아파트 하부	HD10	6,431	5,99	-0,441	93.1%
	HD13	6,144	8,407	2,263	136.8%
	HD16	13,98	15,236	1,256	109.0%
	HD19	2,084	0	-2,084	0.0%
	HD22	51,144	50,516	-0.628	98.8%
	HD25	2,366	2,997	0.631	126.7%
	합계	82,119	83,146	1,027	101.3%
아파트	HD10	115,629	111,967	-3,662	96.8%
	HD13	36,671	27,874	-8,797	76.0%
	HD16	26,075	25,622	-0.453	98.3%
	HD19	4,706	4,221	-0.485	89.7%
	HD22				
	HD25				
	합계	183,081	169,674	-13,407	92.7%
전체 합계	HD10	124,831	119,174	-5,657	95.5%
	HD13	65,758	51,992	-13,766	79.1%
	HD16	116,427	105,498	-10,929	90.6%
	HD19	8,716	5,437	-3,279	62.4%
	HD22	77,077	62,404	-14,673	81.0%
	HD25	27,213	27,999	0.786	102.9%
	합계	420,022	372,504	-47,518	88.7%

3. 철근상세도 작성 일반

(1) 철근상세도 작성 순서

철근상세도를 작성하는 순서는 부재별로 기초, 기둥, 벽체, 보, 슬래브 순으로 이루어진다. 이를 작성하기 위해서는 현장관리자와 철근상세도 작성에 필요한 제반사항을 협의해야 한다. 구조도면 앞쪽에 일반주기사항이 있으나 이것만으로는 불충분하다. 구조도면에 따라 달라지는 부분이 있으므로 반드시 현장관리자와 협의하여 현장의 요구조건을 파악한 후 철근상세도를 작성해야 한다.

최근에는 건축물이 고층화, 대형화되어 기초의 넓이와 높이도 매우 커지고 있고, 한꺼번에 콘크리트를 타설하지 못하거나 시공 편의상 분할하여 시공하는 경우가 있다. 이처럼 시공줄눈(construction joint)을 설치할 경우에는 철근 배근이 달라질 수 있기 때문에 반드시 시공줄눈을 확인한 후 기초 부위를 작성해야 한다.

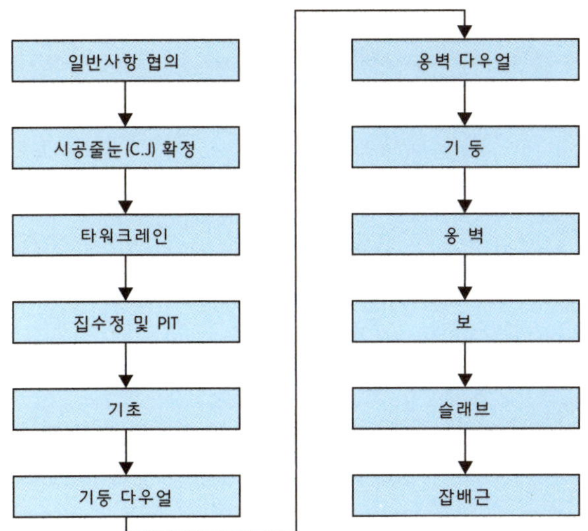

[그림 14-3] 철근상세도 작성 순서

기초 부위에는 타워크레인, 집수정 및 PIT가 필요하므로 사전에 이를 확인하고 작성한다. 타워크레인은 기종에 따라 보강 방법이 달라지므로 전문업체가 제시하는 도면을 참고로 작성한다. 여기서는 타워크레인 보강 배근은 생략하고 집수정 철근상세도만 설명한다.

(2) 철근상세도 표기

1) 도면 표시 약어

[표 14-2] 도면 표시 약어

약어	풀이	원문
&	그리고	AND
@	간격	AT THE PITCH OF
ADD	보강근	ADDITIONAL BAR
B	작은보	BEAM
BOF	기초 하부	BOTTOM OF FOUNDATION(FOOTING)
BOT	(하부, 아래) 또는 (슬래브 또는 기초의 하부근)	BOTTOM
BT	버트레스 기둥	BUTTRESS
BW	내력벽체	BEARING WALL
CB	캔틸레버 작은보	CANTILEVER BEAM
CG	캔틸레버 큰보	CANTILEVER GIRDER
CJ	시공줄눈	CONSTRUCTION JOINT
CJT	조절줄눈	CONTROL JOINT
CL	중심선	CENTER LINE
COL or C	기둥	COLUMN
CONC	콘크리트	CONCRETE
CS	캔틸레버 슬래브	CANTILEVER SLAB
D/d	깊이/유효깊이	DEPTH/EFFECTIVE DEPTH
d_b	이형철근의 공칭지름	DIAMETER OF REBAR

EA	개	EACH
EF	양쪽 면	EACH FACE
EL	해발고, 표고	EARTH LEVEL/ELEVATION
EW	양쪽 방향	EACH WAY
EXP JT or EJ	신축 줄눈	EXPANSION JOINT
EXT	외측 배근	EXTERIOR
F	기초	FOUNDATION(FOOTING)
f_{ck}	콘크리트 설계기준강도	-
$f_{cu(t)}$	재령 t일의 콘크리트 압축강도	-
f_e	지반의 설계 허용지내력	-
f_p	파일 한 개당 설계 허용지지력	-
f_y	철근의 설계기준 항복강도	-
FG	지중보	FOOTING GIRDER
FL	바닥 레벨	FLOOR LEVEL
G	큰보	GIRDER
GL	지표면	GROUND LEVEL
H	높이	HEIGHT
HB(H)	벽체 수평근	HORIZONTAL REBAR
INT	내측 배근	INTERIOR
L	경간(지지점 중심간 거리)	LENGTH
Ln	순경간	NET LENGTH
MISC	기타, 잡상세	MISCELLANEOUS
N/A	해당사항 없음	NOT APPLICABLE
NTS or NONE	축척 없음	NOT TO SCALE
OPNG	개구부	OPENING
PC	프리캐스트 콘크리트	PRECAST CONCRETE
RC	철근콘크리트	REINFORCED CONCRETE
REV	수정	REVISION

S	슬래브	SLAB
SL	구조바닥높이	SLAB LEVEL
SRC	철골철근콘크리트	STEEL REINFORCED CONCRETE
SS	계단 슬래브	STAIR SLAB
STL	철골	STEEL
T&B	슬래브 또는 기초의 상하부근	TOP AND BOTTOM
THK	두께	THICKNESS
TOC	콘크리트 상단부	TOP OF CONCRETE
TOF	기초 상부	TOP OF FOUNDATION(FOOTING)
TOP	(상부, 위) 슬래브 또는 기초의 상부근	TOP
TOS	철골 상단부	TOP OF STEEL
TYP	표본	TYPICAL
VB(V)	벽체 수직근	VERTICAL REBAR
VAR	변화 치수	VARIABLE/VARIES
W	벽체	WALL
	폭	WIDTH
W/	해당 부재와 같이 사용하는 재료가 있을 경우	WITH
W/O	해당 부재와 같이 사용하는 재료가 없을 경우	WITHOUT
WF	줄기초	WALL FOUNDATION(FOOTING)

2) 철근 표시

구조도면에 일반적으로 나타내는 철근 표시는 [그림 14-2]와 같으며 철근 개수, 재질, 지름, 간격 등을 표기한다. 철근상세도에서는 구조도면보다 더 많은 정보를 표시하는데, 정해진 규정이 없기 때문에 여기서는 [그림 14-3]과 같이 표기하였다. 철근상세도에서 가공 형상과 크기가 서로 다른 철근을 구분하기 위해 일련번호

①, ② , ……, ⑪을 붙인다. 이렇게 구분한 후 바 리스트에 각 철근을 집계하여 나타내면 쉽게 구별할 수 있다. 이처럼 일련번호를 맨 처음 기입하고, 철근 개수, 재질, 지름, 간격, 총길이, 형상기호 순으로 표시한다. 형상기호는 표준적인 기호가 없기 때문에 편의상 저자가 붙인 기호를 사용하였다. 각 기호에 따른 형상 정보는 부록 뒤에 수록하였다.

24 - HD25 @ 200
철근 간격(mm)
철근 지름(mm)
이형철근 재질 예) SD400 : HD, SD500 : SHD
철근 개수

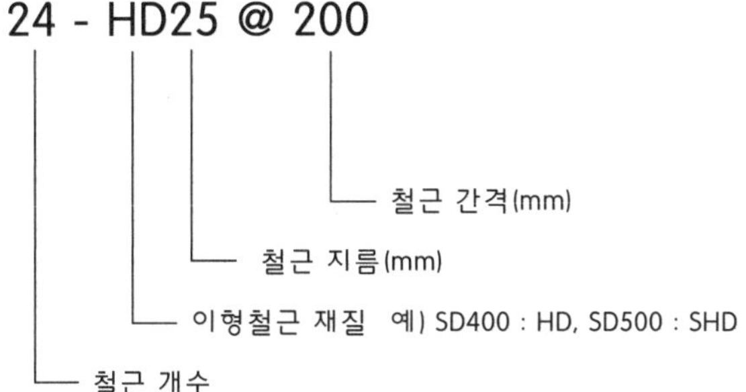

[그림 14-4] 철근 표시 일반

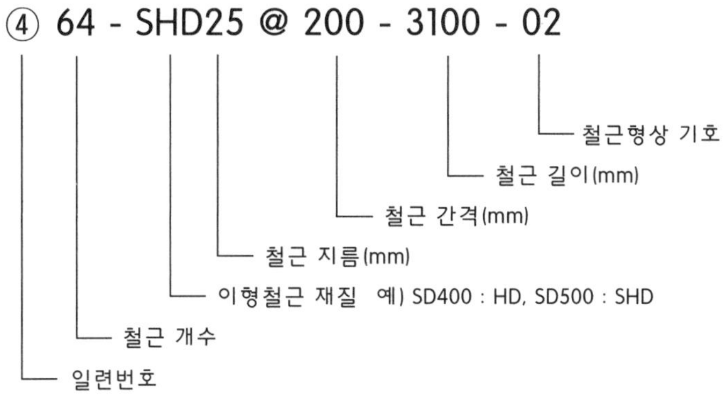

④ 64 - SHD25 @ 200 - 3100 - 02
철근형상 기호
철근 길이(mm)
철근 간격(mm)
철근 지름(mm)
이형철근 재질 예) SD400 : HD, SD500 : SHD
철근 개수
일련번호

[그림 14-5] 철근상세도상의 철근 표시

3) 부재별 철근 표기

슬래브와 벽체의 철근 표기 사례를 나타내면 다음과 같다. 슬래브 철근에서 상부근은 실선, 하부근은 점선으로 표기한다.

[그림 14-6] 슬래브 철근 표기

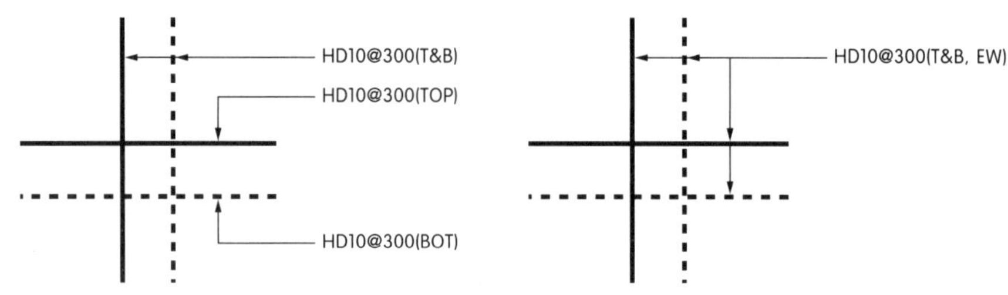

[그림 14-7] 벽체 철근 표기

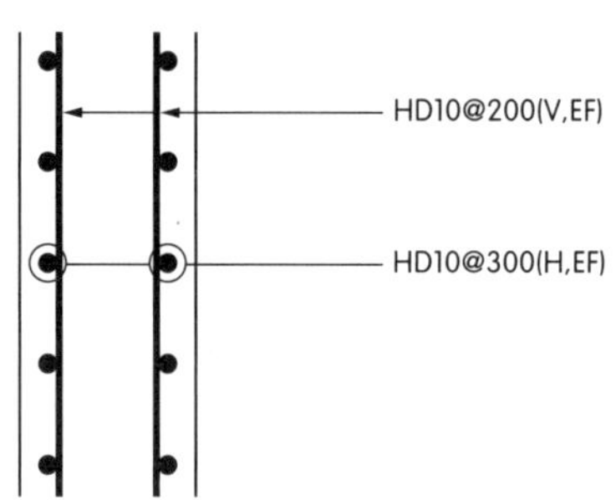

4) 부재의 표시 방법

일반적으로 구조도면에 부재를 표시하는 방법은 층수, 구조부재별 표시기호, 일련번호 순으로 표시한다. 부재 표시기호는 [표 14-3]과 같다.

[그림 14-8] 층수 및 부재 표시

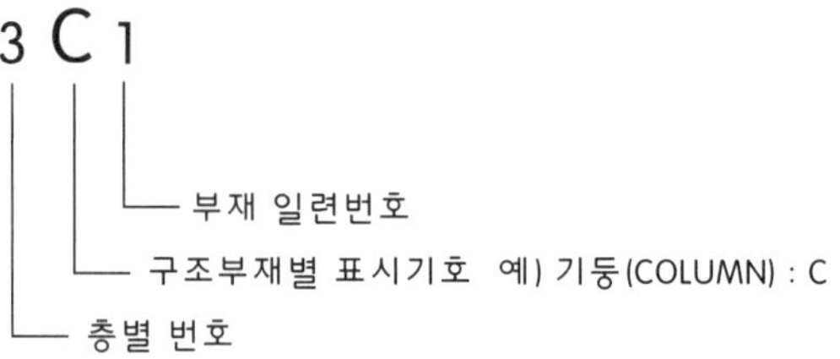

[표 14-3] 부재 표시기호 및 표시도형

부재		표시기호		표시도형	표시위치
기초		F, WF		□	- 우측 상부 또는 근접하게 기재 - 기준 높이와 차이는 ( ) 안에 기재 - 파일 또는 앵커는 점선 표기
기둥		C, BT		⬠	- 우측 하부 또는 근접하게 기재
벽체		W, BW		(둥근 사각형)	- 벽체 방향과 평행하게 기재 - 해당 벽체 구간을 구분하여 표시
보	큰보	G	G	⬡	- 부재 중앙부에 평행하게 기재 - 이중으로 위치한 경우 ( ) 안에 보 상단 높이 기재 예) B1(TOP : SL±0) : B3(TOP : SL-1,000)
	작은보	B			
	기초보	FG, FB			
	캔틸레버보	CG, CB			
슬래브	일반 슬래브	S		○	- 경간 중앙부에 기재 - 이중 슬래브인 경우 기호로 표기 S1 상부 슬래브 기호 S2A 하부 슬래브 기호 - 단차는 차이 부분에 표기하거나 NOTE로 구분
	캔틸레버 슬래브	CS			
	계단 슬래브	SS			

4. 철근가공 길이의 단순화

예를 들어 〈콘크리트구조 설계기준〉에 따라 철근을 배근했을 때 다음과 같은 보 철근상세도가 작성되었다고 하자. 이 사례는 매우 단순한 배근 형태이지만 실무에서 배근해야 하는 철근 형상과 길이는 상당히 다양하다. 특히 ⑦번, ⑧번 철근의 길이는 각각 2,380과 2,130으로 ①번의 4,000이나 ②번의 8,000과는 달리 10의 단위까지 수치가 복잡하다. 보는 한 층 전체를 한꺼번에 배근하는 것이 보통이므로 이렇게 수치가 복잡해지면 가공해야 할 철근의 종류가 많아져 가공작업이 복잡해진다. 또 복잡한 철근을 일일이 찾아서 배근해야 하므로 시공성도 나빠진다. 따라서 가공 형상을 실무적으로 계산할 때는 가공길이를 단순화하는 것이 보통이다.

[그림 14-9] 보 철근상세도 사례

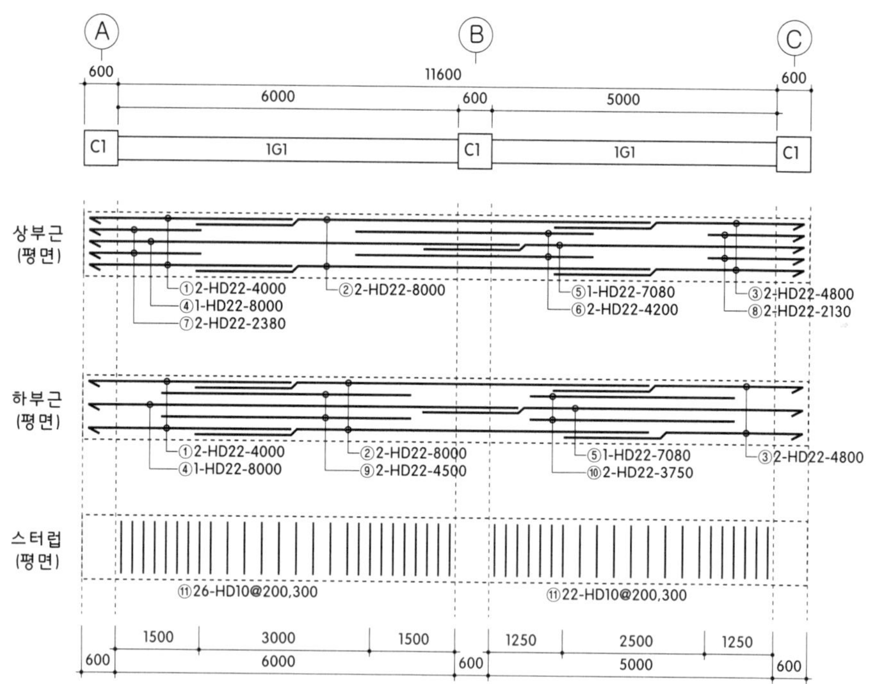

제강사에서는 철근을 3~12m까지 표준길이로 생산한다. 만일 철근의 길이가 10의 단위로 변한다고 하면 1m당 100가지 종류가 나오게 되고 3~12m까지는 900가지 종류가 된다. 이렇게 종류가 많은 철근을 배근하는 것은 사실상 어렵기 때문에 배근작업팀의 입장에서는 가공 길이의 단순화를 요구한다.

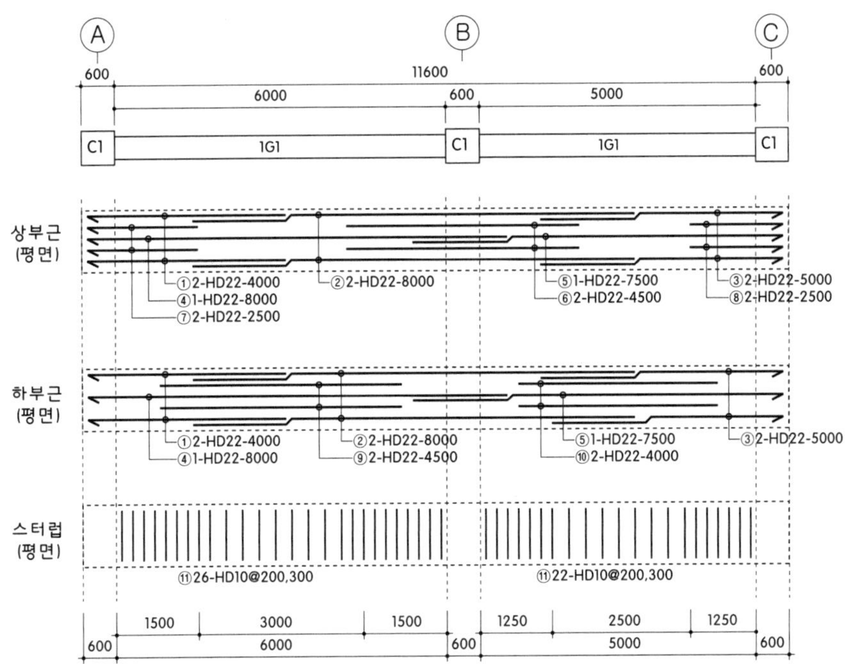

[그림 14-10] 보 철근상세도를 500단위로 단순화한 사례

가공 길이의 단순화란 절단길이 통일을 의미하는데, 예를 들어 100단위로 단순화한다고 하면 ⑦번 철근은 2,380에서 2,400으로, ⑧번 철근은 2,130에서 2,200으로 올림한다. 200단위로 단순화한다면 ⑤번 철근은 6,680에서 6,700이 아닌 6,800으로 가공하게 된다. 300단위로 단순화한다면 1m를 3단계로 나누어 300, 600, 1,000이 되도록 끝자리를 맞춘다. 단순화 수치가 높을수록 절단할 철근의 가짓수는 줄어든다. 100단위로 단순화하면 1m당 열 가지 종류가 나오고, 200단위는 다섯 가지, 300단위는 세 가지, 500단위는 두 가지가 나온다. 이처럼 단순화 수치가 높을수록 가공작업과 배근작업은 쉬워지지만 그만큼 철근 손실은 증가한다.

그러면 가공 길이를 어느 정도로 단순화할 것인가? 이것은 일률적으로 정하기가 어렵다. 현장마다 배근해야 하는 철근 형상의 복잡도와 철근 물량이 다르기 때문에 현장 상황에 따라 달라질 것이다.

다음 표는 실제 준공된 아파트 현장을 대상으로 철근길이를 단순화했을 때 나타나는 물량을 비교한 것이다. 첫 번째 열이 현장에서 많이 적용하는 300/500/700/1000으로 단순화했을 때의 물량이고 두 번째가 100mm 단위로, 세 번째가 10mm 단위로 단순화한 결과이다.

[표 14-4] 철근 가공길이 단순화 정도에 따른 철근 물량 변화

구분	가공길이 단순화 방법		
	300/500/700/1000	100	10
102동	449,390	443,800	442,943
103동	521,643	521,642	521,116
주차장	459,332	448,650	447,450
합계	1,430,365	1,414,092	1,411,509
절감량	-	-16,273	-18,856
백분율(%)	-	98.86%	98.68%

아파트 2개 동과 주차장을 합한 결과를 보면 100mm 단위로 맞추었을 때 16톤 정도, 10mm 단위로 맞추었을 때가 18톤 정도 절감되는 것을 알 수 있다. 100단위로 맞추었을 때 절감되는 양이 크게 나타나지만 10단위로 맞추어도 절감량이 그렇게 크게 않은 것을 알 수 있다.

다음 표는 동일한 현장에서 철근 가공길이를 단순화했을 때 가공형상의 종류가 얼마나 증가하는지를 나타낸 것이다. 300/500/700/1000으로 단순화했을 때와 비교했을 때 100단위로 맞추었을 때는 660개 정도 종류가 더 늘어나는데, 10단위로 맞추었을 때는 1,308개로 급격하게 증가하는 것을 알 수 있다.

[표 14-5] 철근 가공길이 단순화 정도에 따른 철근 가공형상의 종류

구분	가공길이 단순화 방법		
	300/500/700/1000	100	10
102동	3,802	3,926	4,017
103동	3,595	3,767	3,879
주차장	1,202	1,566	2,011
합계	8,599	9,259	9,907
형상 증가	-	660	1,308
백분율(%)	-	107.68%	115.21%

위에서 제시한 표는 현장에서 가공길이의 단순화 정도를 판단할 때 기준으로 삼을 수 있을 것이다. 개별 현장 여건을 감안하여 가공형상을 단순화했을 때 나타나는 물량의 절감 정도와 작업효율을 적절히 고려하여 단순화 정도를 결정할 필요가 있다.

15 기초 철근상세도

다음과 같은 구조도면을 보고 철근상세도를 실제 어떻게 작성하는지 설명해 보기로 하자. 지면의 한계로 건물 전체 도면을 나타낼 수 없기 때문에 여기서는 시공줄눈으로 구분된 일부 구간만을 대상으로 하였다.

[그림 15-1] 기초 구조도면 사례

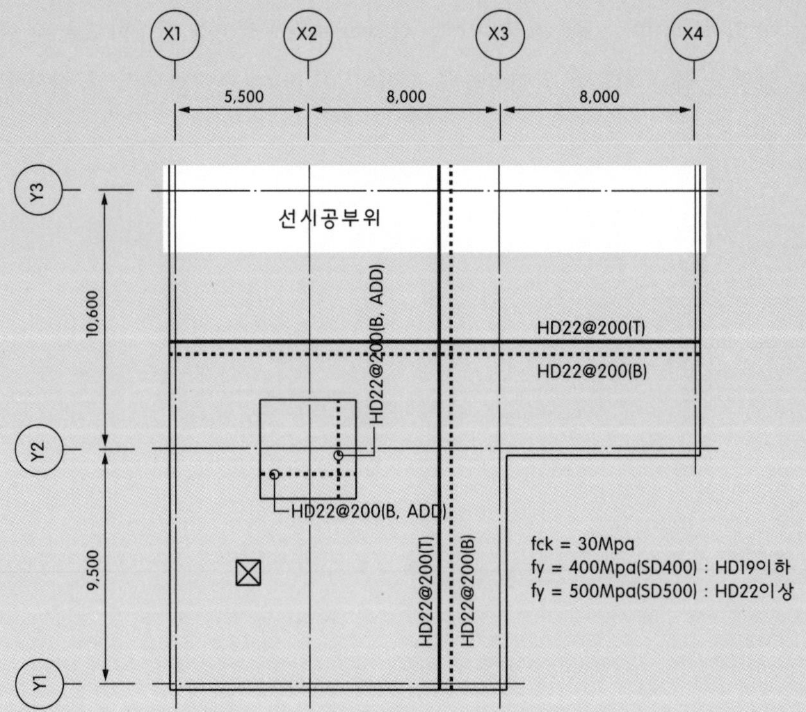

1. 집수정

(1) 집수정 바닥 하부근

집수정 바닥 하부근은 양쪽 끝에 90°표준갈고리를 만들어 배근한다. 하부근 전체 길이는 기초폭에서 기초의 피복두께(80×2=160)를 뺀 값에 양쪽 표준갈고리를 더한 값으로 산출한다.

하부근 길이 = 기초폭(3,000)－피복두께(80) × 2＋표준갈고리 길이(380) × 2
= 3,600

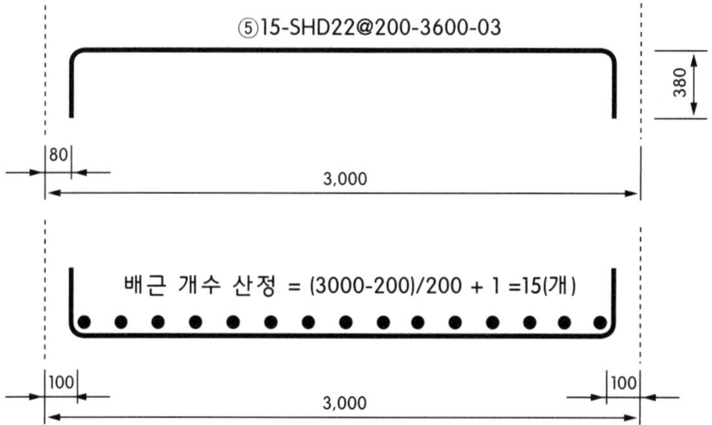

[그림 15-2] 집수정 바닥 하부근

하부근은 배근 구간에 해당하는 기초폭에서 100(피복두께＋철근지름)만큼 뺀 지점에서부터 배근하기 시작(＋1)해서 반대편 지점까지 배근(소수점 올림)하는 것으로 개수를 산정한다.

하부근 배근 개수 = (기초폭－100 × 2) / 배근 간격)올림＋1
= ((3,000－200) / 200 = 14)올림＋1 = 15개

(2) 집수정 바닥 상부근

집수정 바닥 상부근은 위험단면에서 양쪽으로 인장철근 정착길이만큼 길게 배근한다. 여기서는 기초 바닥에서 위쪽으로 300보다 위에 배근되기 때문에 상부 철근으로 보고 정착길이를 1.3배 길게 배근해야 한다. 이 사례에서는 상부 철근 인장 정착길이가 940으로 규정되어 있으나 이렇게 배근하면 기초철근의 피복두께 80을 확보할 수 없다.

따라서 두 번째 경우와 같이 표준갈고리를 갖는 인장철근의 정착으로 배근해야 한다. 〈콘크리트구조 설계기준〉에 따르면 표준갈고리 정착으로 배근하는 것이 타당하지만, 일반적으로 현장에서는 세 번째 경우와 같이 하부 철근과 동일한 방식으로 가공하여 배근하기도 한다.

[그림 15-3] 집수정 바닥 상부근

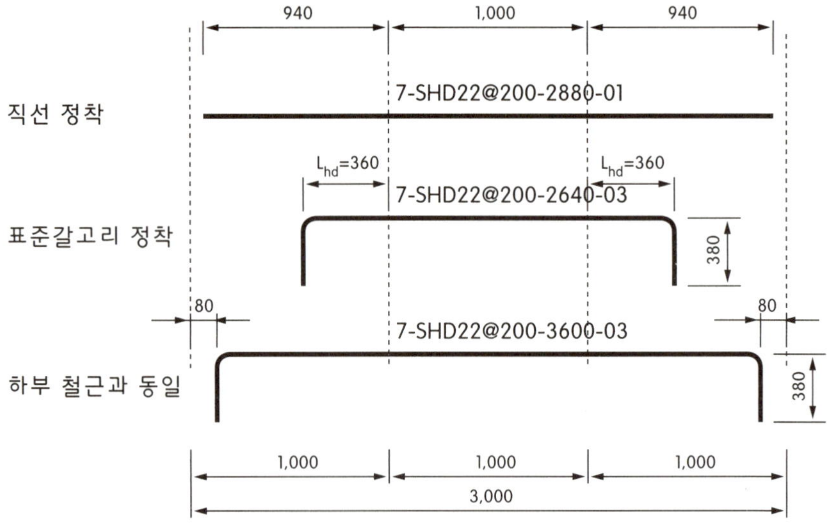

집수정 바닥 상부근의 개수는 집수정 내부 치수에서 100(피복두께+철근지름) 정도 바깥쪽에 처음 철근을 배근하기 시작해서 반대편까지 배근한다.

하부근 배근 개수 = (내부폭+100 × 2) / 배근 간격)올림+1

= ((1,000+200) / 200 = 6)올림+1 = 7

(3) 단차옹벽 수직근

집수정 수직벽체에 해당하는 단차옹벽에 배근하는 수직근은 위쪽과 아래쪽에 표준갈고리를 만들어 배근한다. 이 수직근은 위쪽 부분이 매트기초 상부근 아래쪽에 배근되므로 피복두께 40을 감안하여 매트기초 콘크리트 상부면에서 100 정도 아래쪽에 위치하는 것으로 치수를 산정한다. 또 아래쪽 부분은 집수정 하부근 위쪽에 배근되므로 피복두께 80을 감안하여 120 정도 위쪽에 배근하는 것으로 치수를 산정한다.

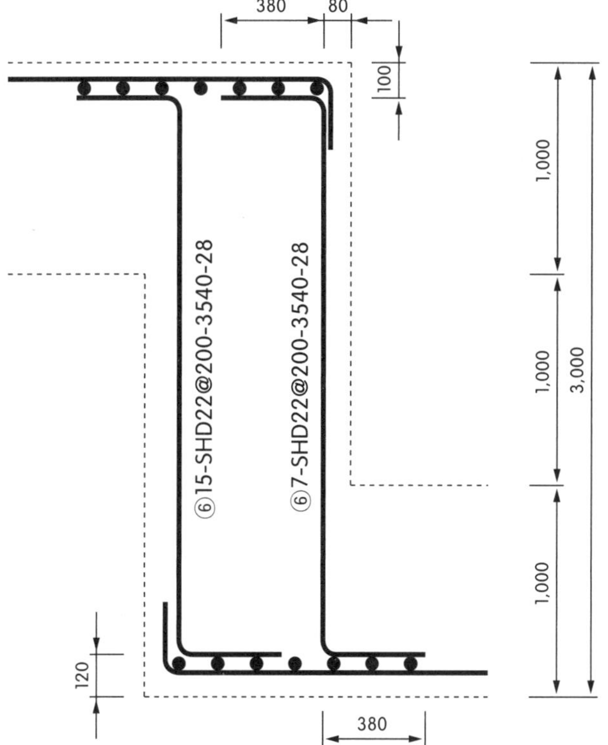

[그림 15-4] 집수정 단차옹벽 수직근

집수정 단차 수직근의 개수는 집수정 바닥 하부근 및 상부근의 개수와 동일하게 각각 15개와 7개가 산출된다.

(4) 단차옹벽 수평근

단차옹벽 수평근은 바깥쪽 수직근 안쪽에 배근되기 때문에 집수정 바닥폭에서 100(피복두께+철근지름) 정도 뺀 길이로 산정하고 한쪽 끝에는 인장철근 이음길이만큼 갈고리를 만든다. 이렇게 하면 외부 4면의 철근을 인장이음으로 연결할 수 있다. 단차옹벽 수평근 중 내부 수평근은 집수정 내부폭에서 인장철근 정착길이만큼 양단부를 정착한 길이로 산출한다. 단차옹벽 수평근은 콘크리트 바닥면에서 300보다 위에 있지만 벽체 수평근처럼 연속적으로 배근되기 때문에 상부철근(정착길이 1.3배)으로 간주하지 않는다.

단차옹벽 수평근은 단차옹벽의 높이 방향에 일정한 간격으로 배근한다. 따라서 배근 개수는 단면도에서 집수정의 높이를 배근 간격으로 나눈 값으로 산출한다.

$$\text{수평근 배근 개수} = \left(\frac{\text{집수정 높이}}{\text{배근 간격}}\right)\text{올림}$$

$$= \left(\frac{2{,}000}{200} = 10\right)\text{올림} = 10$$

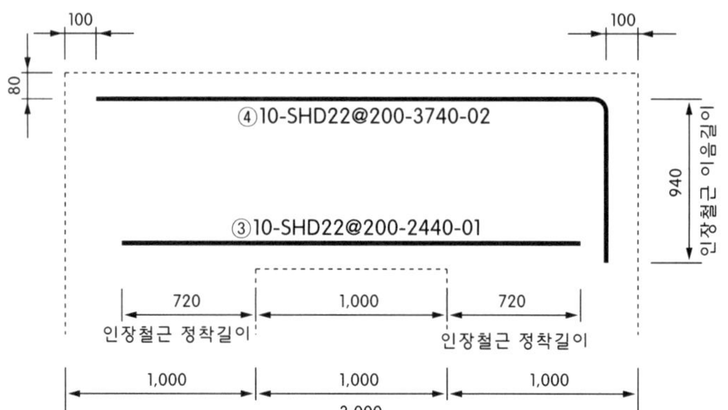

[그림 15-5] 집수정 단차옹벽 수평근

(5) 고임철근

집수정 바닥 상부근을 지지하기 위해서는 고임철근이 필요하다. 고임철근은 일정한 기준이 없기 때문에 기존의 경험을 반영하여 산정한다. 집수정에서는 고임철근이 지지하는 상부근 물량이 많지 않으므로 다리 길이는 300, 상부폭은 200 정도로 산출한다. 높이는 하부에서 124(피복두께 80+철근 두 개 44), 상부에서 106(피복두께 40+철근 세 개 66)을 공제한 길이로 한다.

고임철근의 개수는 지지하는 상부근이 길지 않기 때문에 양쪽 2개씩 4개로 산출할 수 있다.

[그림 15-6] 집수정 고임철근

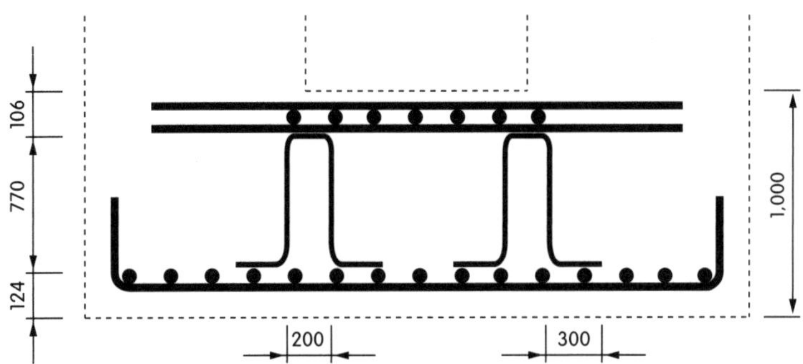

2. 전면(Mat)기초

(1) 하부 주근과 부근

하부 주근과 부근은 배근 방법이 동일하며 일정한 간격으로 배근하므로 여기서는 하부 주근에 대해서만 설명한다.

[그림 15-7] 하부 주근 배근

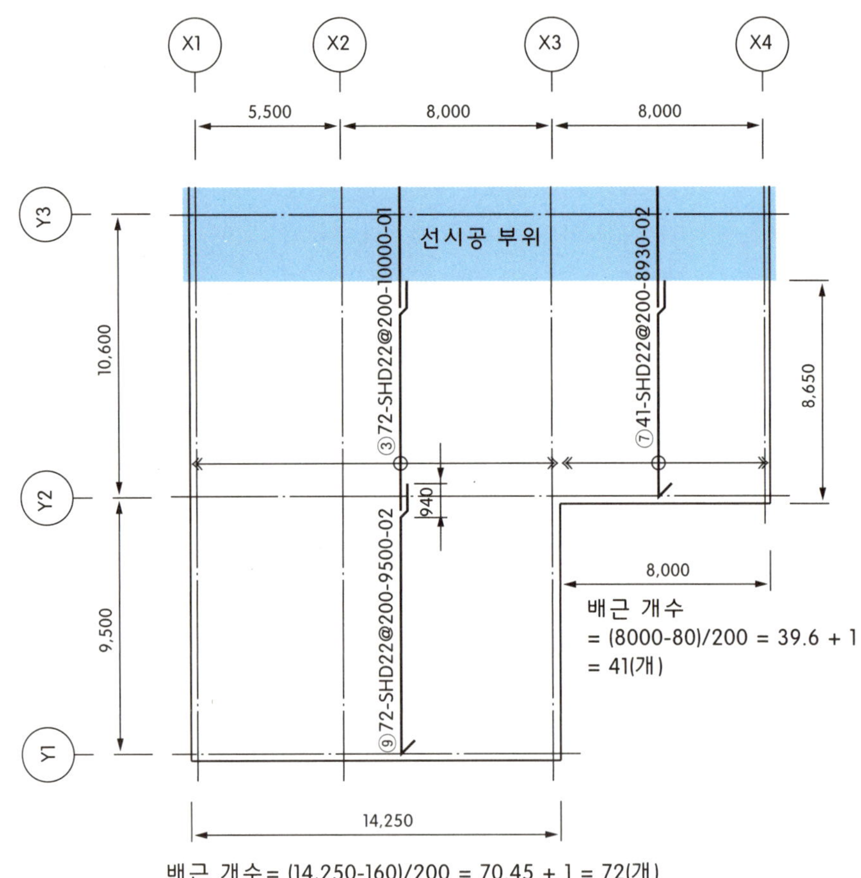

전면기초는 기초 면적이 크기 때문에 구간을 나누어 시공할 수 있다. 이처럼 시공줄눈이 만들어진 경우, 일반적으로 시공줄눈에서부터 철근을 이어서 시공한다. 이 사례에서는 장대철근을 10,000으로 적용하였기 때문에 ③번 철근에 장대철근을 적용하고, ⑨번 철근은 나머지 길이에 맞추어 철근을 배근하게 된다. 하부근의 이음길이는 일반철근의 이음길이를 적용한다.

⑦번 철근의 길이는 배근 구간인 8,650에서 80을 빼고 90°표준갈고리 길이를 더

하여 계산한다. 배근 개수는 배근 구간을 배근 간격으로 나눈 값을 올림하고 한 개를 더 가산한다.

⑦번 철근 길이 = 8,650 – 80+380(90° 표준갈고리 길이) = 8,950

⑦번 철근 개수 = (8,000 – 80) / 200 = 39.6+1 = 41

(2) 상부 주근과 부근

상부 철근은 하부 철근과 배근 방법이 동일하지만 배근 위치가 콘크리트 바닥면에서 300보다 위에 있기 때문에 일반철근보다 이음길이를 1.3배 길게 해야 한다.

(3) 보강근

상부에 기둥이 있는 기초 부위에는 보강근을 배근하는 경우가 많다. 보강근은 기초 하부근 사이에 간격을 맞추어 배근하기 때문에, 개수는 배근 구간을 간격으로 나눈 값으로 산출한다.

보강근의 개수 = 배근 구간 / 간격 = 4,000 / 200 = 20

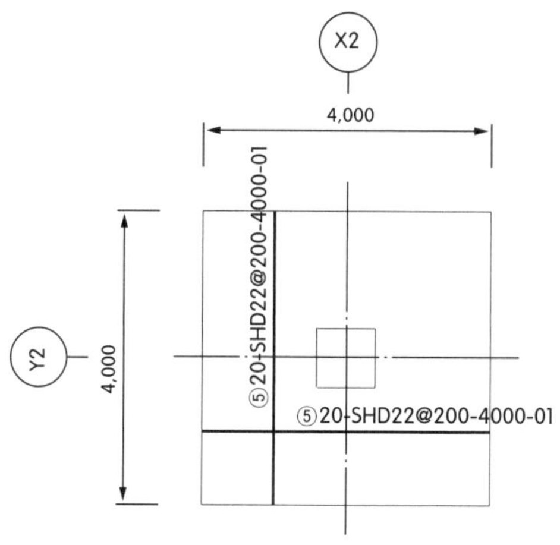

[그림 15-8] 기초 보강근

(4) 고임철근

고임철근의 형상과 설치 간격은 기초의 높이, 지지할 철근의 무게 등을 감안하여 현장 관리자와 협의한 후 결정한다. 고임철근의 형상은 집수정에서 설명했기 때문에 생략하기로 한다. 이 사례에서 고임철근의 설치 간격은 1,200으로 적용하였다. 처음 설치하는 고임철근의 위치는 일반적인 고임철근 설치 간격의 1/2 이내로 한다.

[그림 15-9] 고임철근의 배근

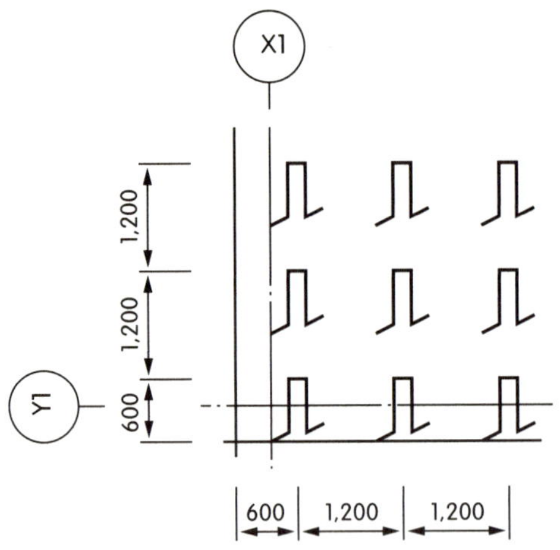

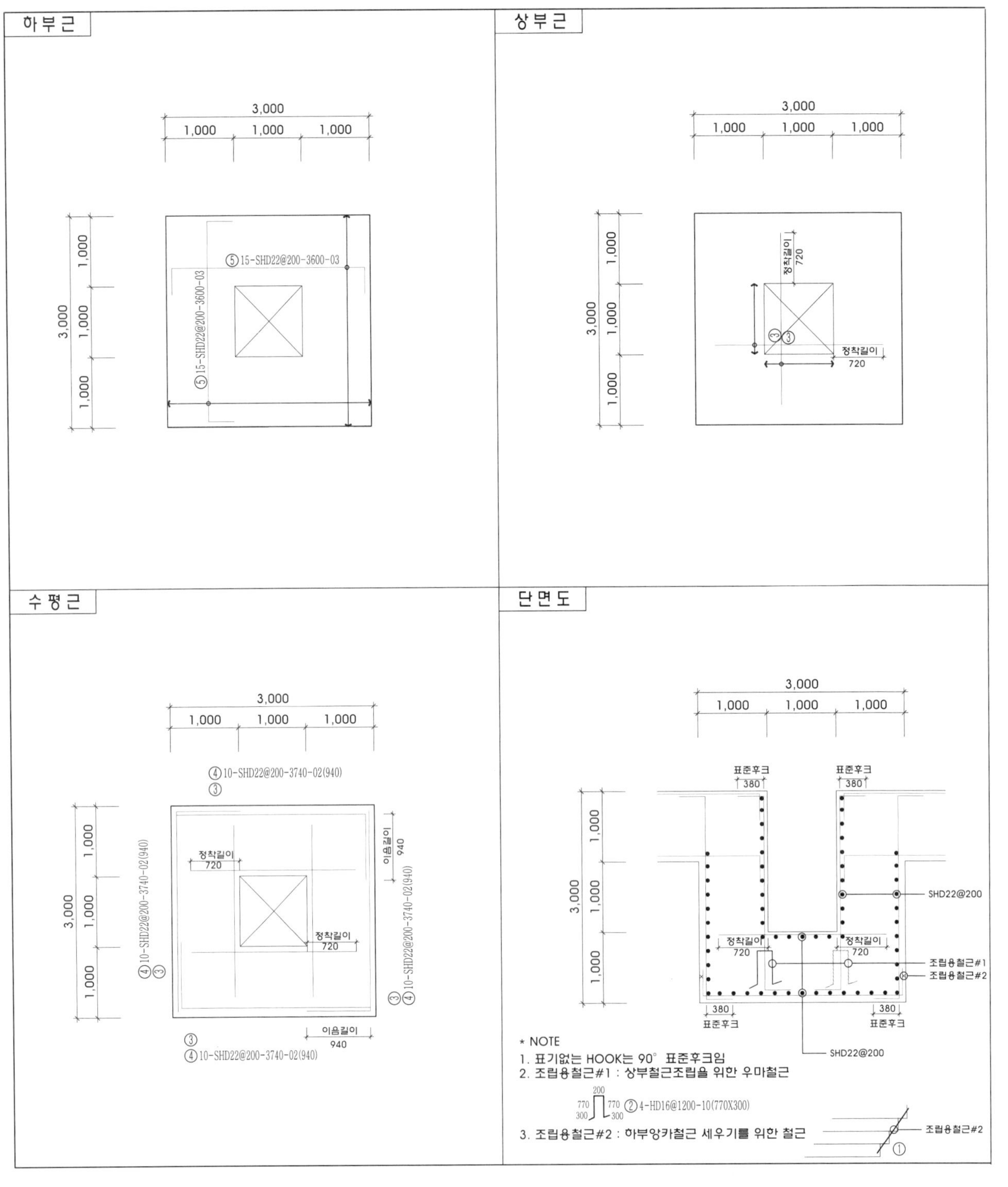

[그림 15-10] 피트 사례도면

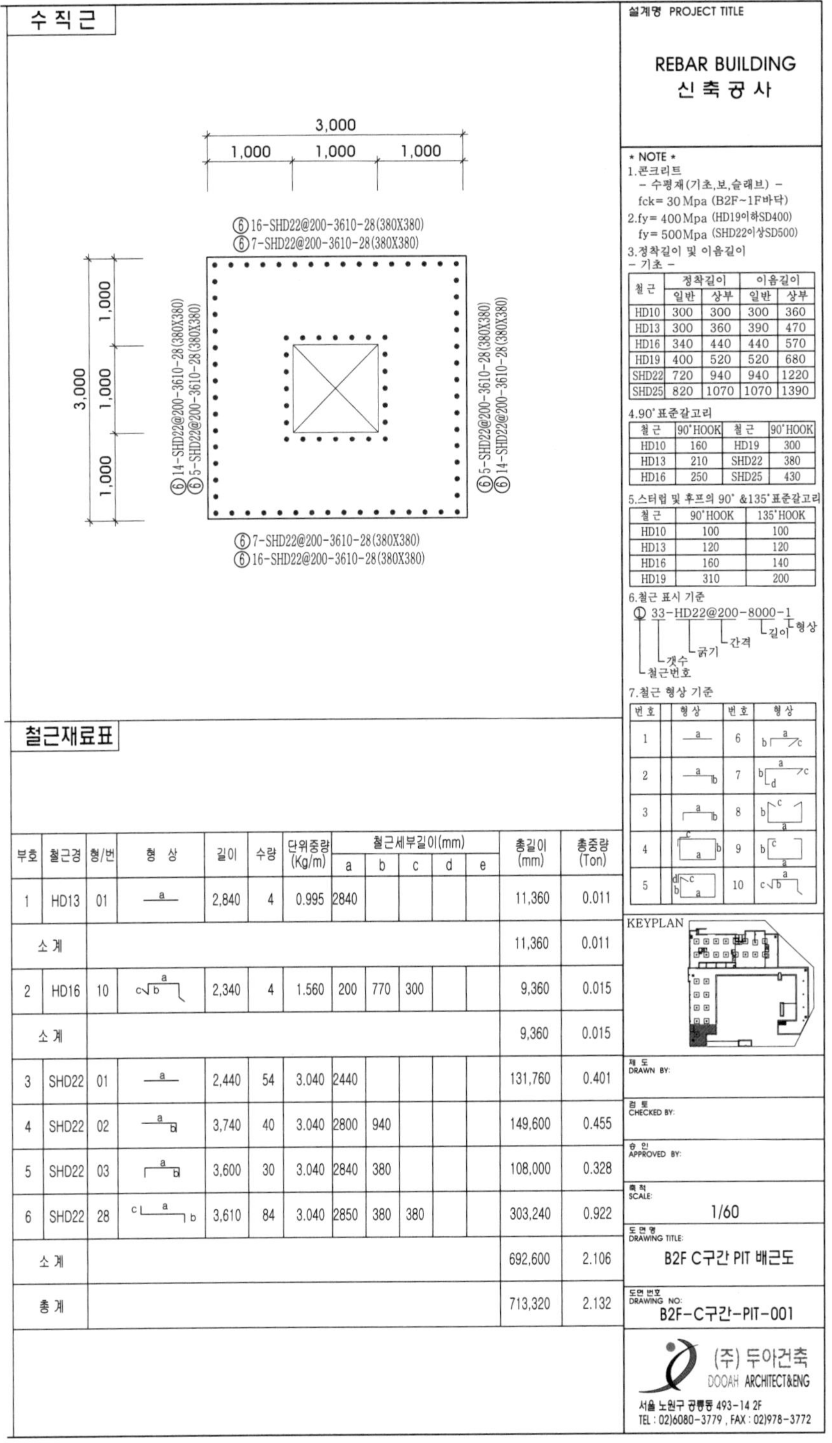

부호	철근경	형/번	형 상	길이	수량	단위중량 (Kg/m)	철근세부길이(mm) a	b	c	d	e	총길이 (mm)	총중량 (Ton)
1	HD13	01	a	2,840	4	0.995	2840					11,360	0.011
소 계												11,360	0.011
2	HD16	10	c b a	2,340	4	1.560	200	770	300			9,360	0.015
소 계												9,360	0.015
3	SHD22	01	a	2,440	54	3.040	2440					131,760	0.401
4	SHD22	02	a b	3,740	40	3.040	2800	940				149,600	0.455
5	SHD22	03	a b	3,600	30	3.040	2840	380				108,000	0.328
6	SHD22	28	c a b	3,610	84	3.040	2850	380	380			303,240	0.922
소 계												692,600	2.106
총 계												713,320	2.132

설계명 PROJECT TITLE

REBAR BUILDING
신축공사

* NOTE *

1.콘크리트
- 수평재(기초,보,슬래브) -
fck= 30 Mpa (B2F~1F바닥)

2.fy= 400 Mpa (HD19이하SD400)
fy= 500 Mpa (SHD22이상SD500)

3.정착길이 및 이음길이
- 기초 -

철근	정착길이 일반	정착길이 상부	이음길이 일반	이음길이 상부
HD10	300	300	300	360
HD13	300	360	390	470
HD16	340	440	440	570
HD19	400	520	520	680
SHD22	720	940	940	1220
SHD25	820	1070	1070	1390

4.90° 표준갈고리

철근	90°HOOK	철근	90°HOOK
HD10	160	HD19	300
HD13	210	SHD22	380
HD16	250	SHD25	430

5.스터럽 및 후프의 90° &135° 표준갈고리

철근	90°HOOK	135°HOOK
HD10	100	100
HD13	120	120
HD16	160	140
HD19	310	200

6.철근 표시 기준
① 33-HD22@200-8000-1
철근번호 / 갯수 / 굵기 / 간격 / 길이 / 형상

7.철근 형상 기준

번호	형상	번호	형상
1	a	6	b a c
2	a b	7	b a c d
3	a b	8	b c a
4	c a b	9	b c a
5	d c b a	10	c b a

KEYPLAN

제 도 DRAWN BY:

검 토 CHECKED BY:

승 인 APPROVED BY:

축 척 SCALE: 1/60

도면명 DRAWING TITLE: B2F C구간 PIT 배근도

도면번호 DRAWING NO: B2F-C구간-PIT-001

(주) 두아건축
DOOAH ARCHITECT&ENG
서울 노원구 공릉동 493-14 2F
TEL : 02)6080-3779 , FAX : 02)978-3772

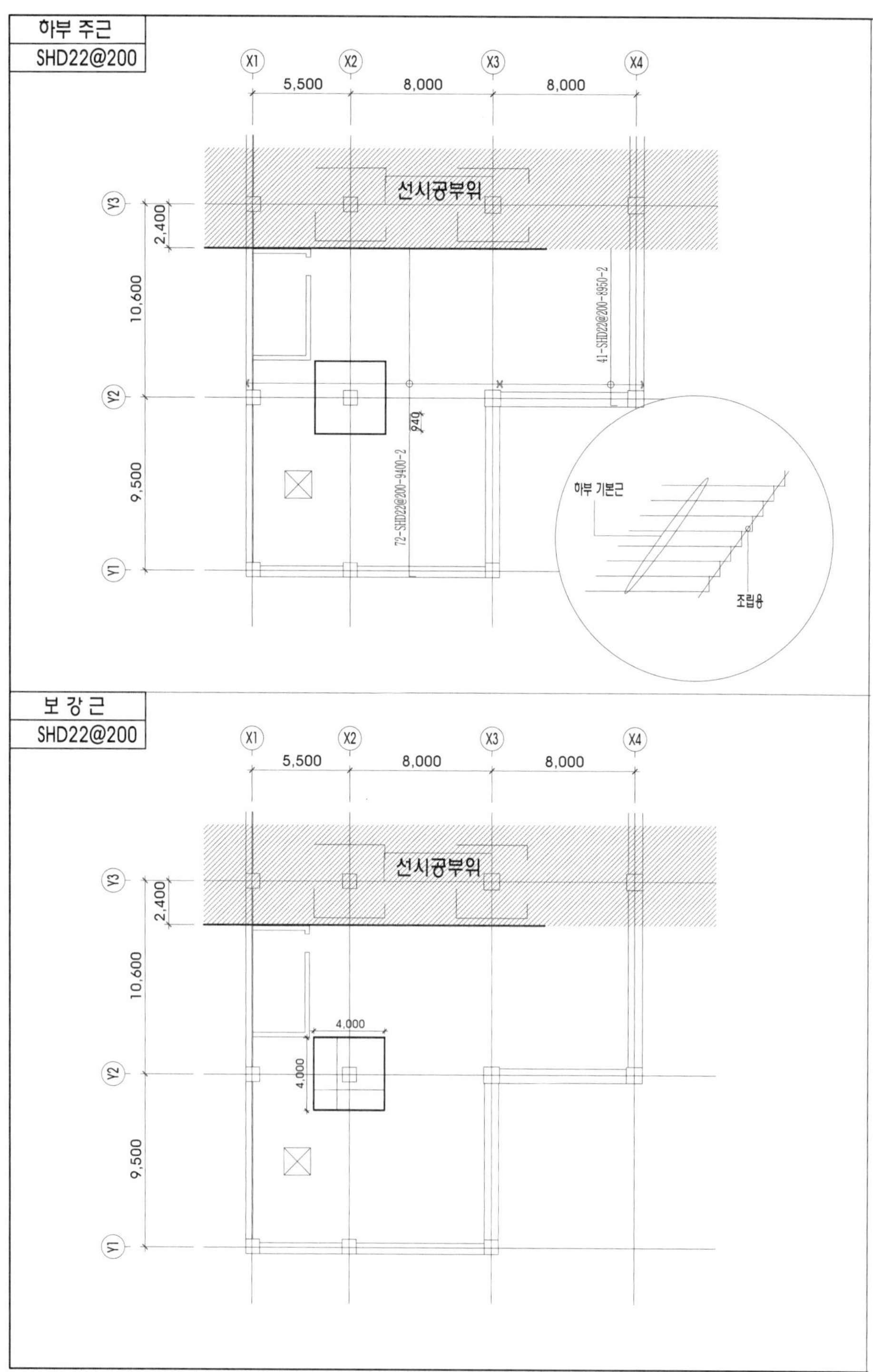

[그림 15-11] 매트기초 사례도면

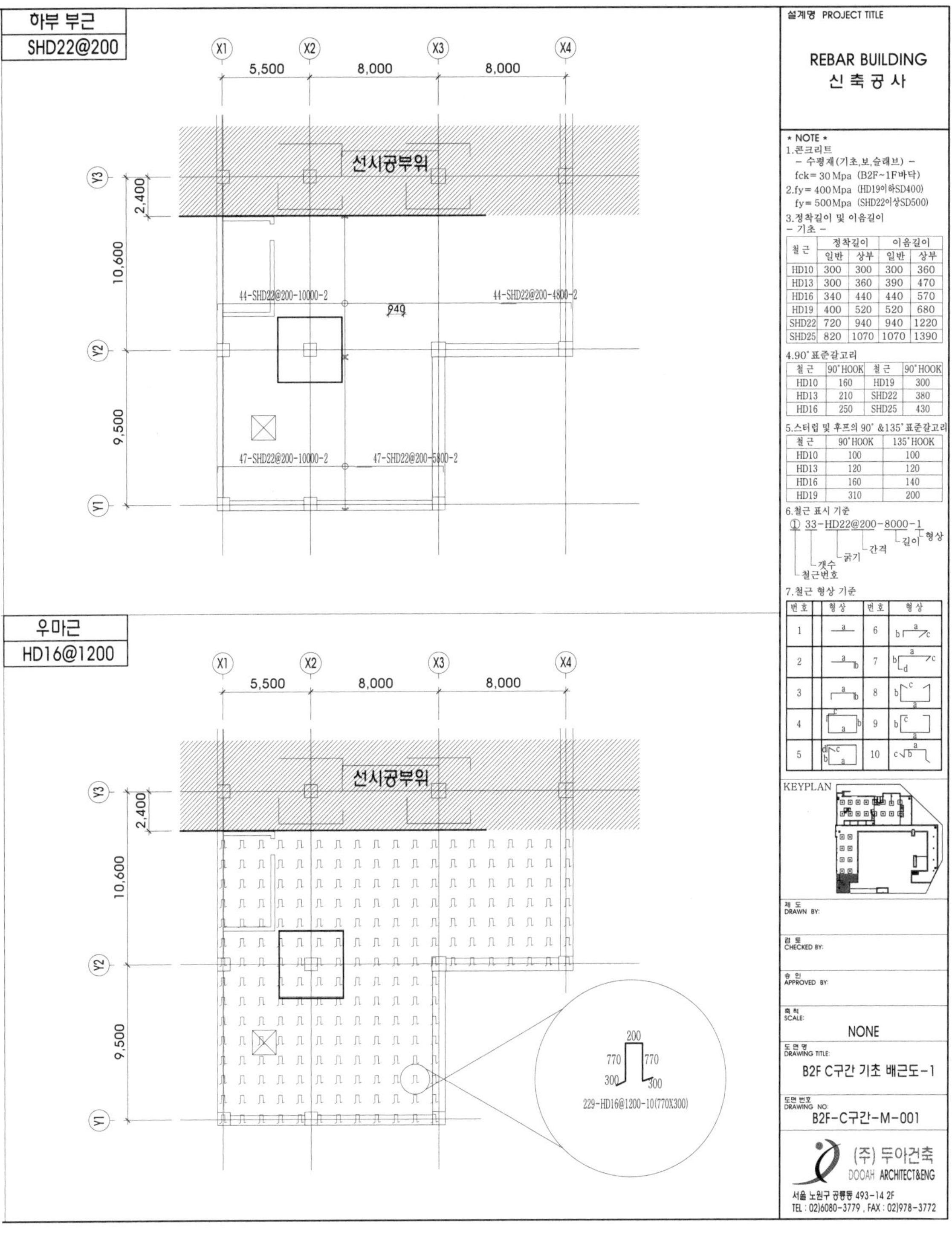

하부 부근
SHD22@200
X1
X2
X3
X4
5,500
8,000
8,000
선시공부위
Y3
Y2
Y1
2,400
10,600
9,500
44-SHD22@200-10000-2
44-SHD22@200-4800-2
940
47-SHD22@200-10000-2
47-SHD22@200-5800-2
우마근
HD16@1200
200
770
770
300
300
229-HD16@1200-10(770X300)
설계명 PROJECT TITLE
REBAR BUILDING
신 축 공 사
* NOTE *
1.콘크리트
- 수평재(기초,보,슬래브) -
fck= 30 Mpa (B2F~1F바닥)
2.fy= 400 Mpa (HD19이하SD400)
fy= 500 Mpa (SHD22이상SD500)
3.정착길이 및 이음길이
- 기초 -
철근 | 정착길이 일반 | 정착길이 상부 | 이음길이 일반 | 이음길이 상부
HD10 | 300 | 300 | 300 | 360
HD13 | 300 | 360 | 390 | 470
HD16 | 340 | 440 | 440 | 570
HD19 | 400 | 520 | 520 | 680
SHD22 | 720 | 940 | 940 | 1220
SHD25 | 820 | 1070 | 1070 | 1390
4.90˚표준갈고리
철근 | 90˚HOOK | 철근 | 90˚HOOK
HD10 | 160 | HD19 | 300
HD13 | 210 | SHD22 | 380
HD16 | 250 | SHD25 | 430
5.스터럽 및 후프의 90˚ &135˚표준갈고리
철근 | 90˚HOOK | 135˚HOOK
HD10 | 100 | 100
HD13 | 120 | 120
HD16 | 160 | 140
HD19 | 310 | 200
6.철근 표시 기준
① 33-HD22@200-8000-1
형상
길이
간격
굵기
갯수
철근번호
7.철근 형상 기준
번호 | 형상 | 번호 | 형상
1 | 6
2 | 7
3 | 8
4 | 9
5 | 10
KEYPLAN
제 도 DRAWN BY:
검 토 CHECKED BY:
승 인 APPROVED BY:
축 척 SCALE:
NONE
도 면 명 DRAWING TITLE:
B2F C구간 기초 배근도-1
도면 번호 DRAWING NO:
B2F-C구간-M-001
(주) 두아건축
DOOAH ARCHITECT&ENG
서울 노원구 공릉동 493-14 2F
TEL : 02)6080-3779 , FAX : 02)978-3772

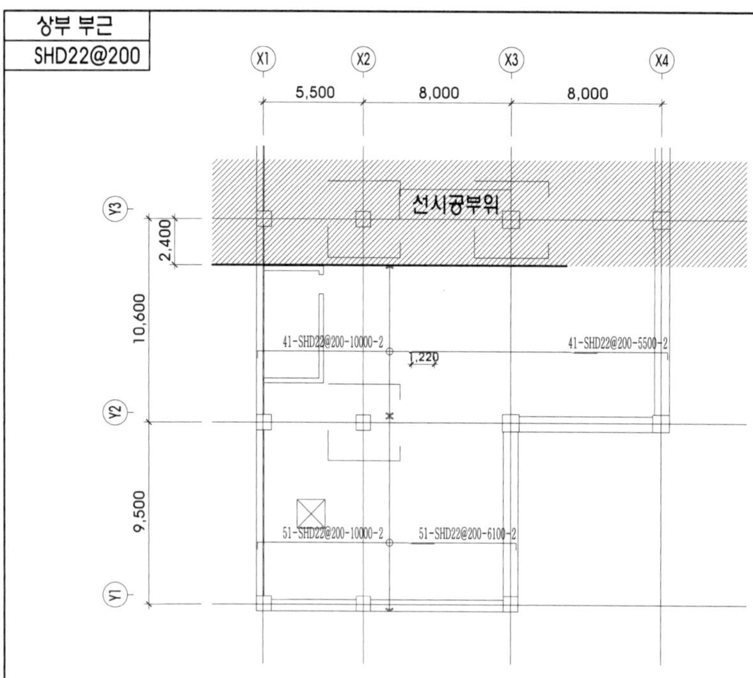

철근재료표

부호	철근경	형/번	형 상	길이	수량	단위중량 (Kg/m)	철근세부길이(mm) a	b	c	d	e	f	총길이 (mm)	총중량 (Ton)
1	HD13	01	a	8,000	8	0.995	8000						64,000	0.064
소 계													64,000	0.064
2	HD16	10	c b a	2,340	229	1.560	200	770	300				535,860	0.836
소 계													535,860	0.836
3	SHD22	01	a	12,000	140	3.040	12000						1,680,000	5.107
4	SHD22	01	a	10,000	85	3.040	10000						850,000	2.584
5	SHD22	01	a	4,000	42	3.040	4000						168,000	0.511
6	SHD22	02	a b	10,000	183	3.040	9620	380					1,830,000	5.563
7	SHD22	02	a b	8,900	82	3.040	8520	380					729,800	2.219
8	SHD22	02	a b	8,000	68	3.040	7620	380					544,000	1.654

부호	철근경	형/번	형 상	길이	수량	단위중량 (Kg/m)	철근세부길이(mm) a	b	c	d	e	f	총길이 (mm)	총중량 (Ton)
9	SHD22	02	a b	7,500	72	3.040	7120	380					540,000	1.642
10	SHD22	02	a b	6,100	51	3.040	5720	380					311,100	0.946
11	SHD22	02	a b	5,800	47	3.040	5420	380					272,600	0.829
12	SHD22	02	a b	5,500	41	3.040	5120	380					225,500	0.686
13	SHD22	02	a b	4,800	44	3.040	4420	380					211,200	0.642
소 계													7,362,200	22.383
14	SHD25	02	a b	10,300	68	3.980	9870	430					700,400	2.788
소 계													700,400	2.788
총 계													8,662,460	26.071

[그림 15-12] 매트기초 사례도면

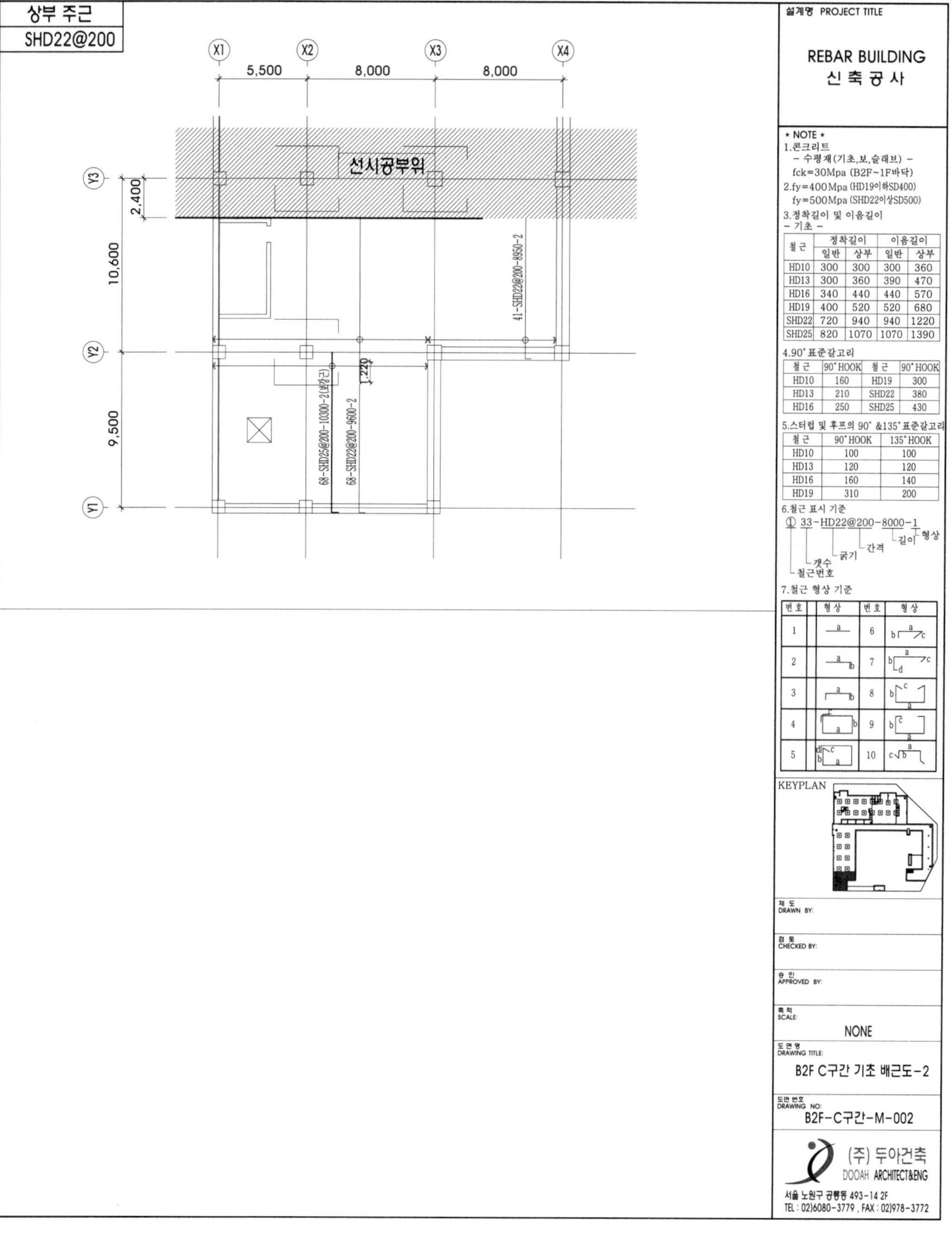
상부 주근
SHD22@200
X1
X2
X3
X4
5,500
8,000
8,000
Y3
Y2
Y1
2,400
10,600
9,500
선시공부위
41-SHD22@200-8950-2
1,220
68-SHD25@200-10300-2(보강근)
68-SHD22@200-9600-2
설계명 PROJECT TITLE
REBAR BUILDING
신축공사
* NOTE *
1.콘크리트
- 수평재(기초,보,슬래브) -
fck=30Mpa (B2F~1F바닥)
2.fy=400Mpa (HD19이하SD400)
fy=500Mpa (SHD22이상SD500)
3.정착길이 및 이음길이
- 기초 -
철근 | 정착길이 일반 | 정착길이 상부 | 이음길이 일반 | 이음길이 상부
HD10 | 300 | 300 | 300 | 360
HD13 | 300 | 360 | 390 | 470
HD16 | 340 | 440 | 440 | 570
HD19 | 400 | 520 | 520 | 680
SHD22 | 720 | 940 | 940 | 1220
SHD25 | 820 | 1070 | 1070 | 1390
4.90° 표준갈고리
철근 | 90° HOOK | 철근 | 90° HOOK
HD10 | 160 | HD19 | 300
HD13 | 210 | SHD22 | 380
HD16 | 250 | SHD25 | 430
5.스터럽 및 후프의 90° &135° 표준갈고리
철근 | 90° HOOK | 135° HOOK
HD10 | 100 | 100
HD13 | 120 | 120
HD16 | 160 | 140
HD19 | 310 | 200
6.철근 표시 기준
① 33-HD22@200-8000-1
철근번호
갯수
굵기
간격
길이
형상
7.철근 형상 기준
번호 | 형상 | 번호 | 형상
1 | 6
2 | 7
3 | 8
4 | 9
5 | 10
KEYPLAN
제 도 DRAWN BY:
검 토 CHECKED BY:
승 인 APPROVED BY:
축 척 SCALE:
NONE
도면명 DRAWING TITLE:
B2F C구간 기초 배근도-2
도면번호 DRAWING NO:
B2F-C구간-M-002
(주) 두아건축
DOOAH ARCHITECT&ENG
서울 노원구 공릉동 493-14 2F
TEL : 02)6080-3779 , FAX : 02)978-3772

16 기둥 철근상세도

기둥 철근상세도 작성 방법에 대하여 다음 사례를 보기로 하자. 크기가 800 × 800인 C10 기둥 두 개와 C11, C3 각각 한 개로 이루어진 구간이다. 기둥 다우얼 철근에서는 C10기둥으로 설명하였고, 일반층 기둥에서는 C3기둥을 대상으로 하였다.

[그림 16-1] 기둥 구조도면 사례

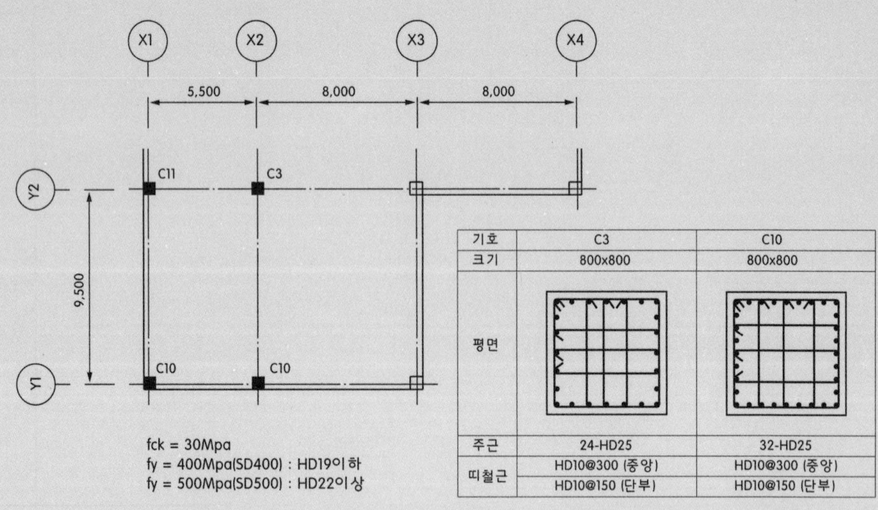

기호	C3	C10
크기	800x800	800x800
평면		
주근	24-HD25	32-HD25
띠철근	HD10@300 (중앙)	HD10@300 (중앙)
	HD10@150 (단부)	HD10@150 (단부)

1. 기둥 다우얼 철근

(1) 기둥 주근

기둥 다우얼 철근은 기둥 주근을 기초에 정착시키기 위해 기초에 미리 매입하는 철근이다. 따라서 정착길이만큼 기초 안으로 매입하면 되지만, 스스로 자립할 수 없기 때문에 90° 표준갈고리를 만들어 기초 하부근 위에 고정시켜 세운다.

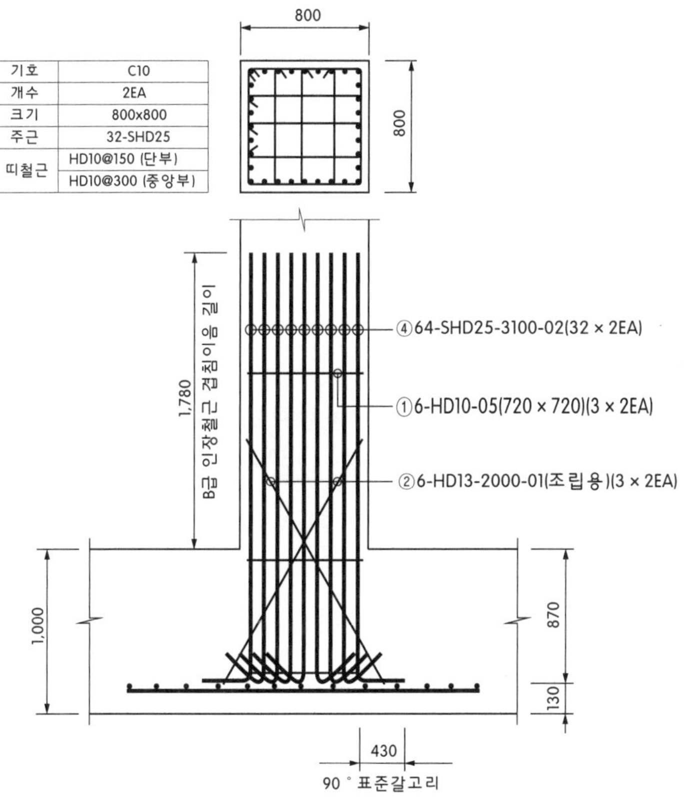

[그림 16-2] 기둥 다우얼 철근 배근

이때 기둥 다우얼 철근의 길이는 기초의 두께에 따라 달라진다. 즉, 기초가 두꺼울수록 길이도 길어진다. 다우얼 철근은 기초 하부근 위에 고정하므로 기초 하부근의 높이를 감안하여 기초 두께에서 130(기초 피복두께 80+철근 지름 25 × 2) 정도를 뺀 값에 B급 인장 이음길이와 90°표준갈고리 길이를 합산한다.

다우얼 철근 길이 = B급 인장 이음길이+(기초 높이 – 130)+90°표준갈고리
= 1,780+1,000 –130+430 = 3,080 ≒ 3,100(단순화)

여기서 철근의 높이가 3,080으로 계산되었으나 배근 형상의 단순화와 시공오차 등을 감안하여 3,100으로 적용하였다.

최근에는 기둥 다우얼 철근의 물량을 절감하기 위해 다양한 방법을 시도하고 있다. 구조 검토를 통해 지하층 내부 기둥 중에서 압축응력이 지배적인 경우에는 압축철근 겹침이음으로 이음길이를 적용하며, 다우얼 철근의 개수를 50% 줄여 시공하는 사례도 있다.

(2) 조립용 철근

기둥 다우얼 주근을 고정하기 위해 조립용으로 사용하는 철근은 두 종류가 있다. 앞의 그림에서 ①번 철근처럼 띠철근으로 기둥 다우얼 철근을 감싸는 것과 ②번 철근처럼 기둥 다우얼 철근을 경사지게 묶어서 자립할 수 있도록 세우는 것이 있다.

①번 띠철근의 길이는 기둥 폭에 따라 달라지는데, 다음과 같이 계산할 수 있다.

띠철근의 길이 = {기둥 폭 – 피복두께(40×2)} × 4+표준갈고리 길이 × 2
= (800 – 40 × 2) × 4+110 × 2 = 3,100

①번 띠철근의 개수는 기초 높이가 높아지면 개수가 많아진다. 보통 세 개를 설치하는데 다우얼 철근의 맨 아래 90°표준갈고리 부분, 기초 콘크리트 상단면 바로

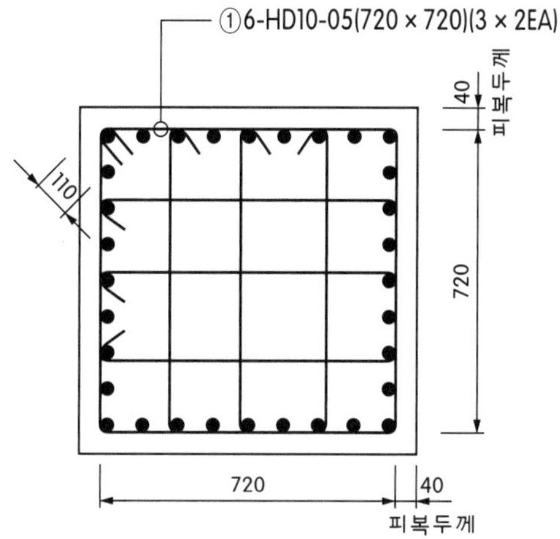

[그림 16-3] 기둥 띠철근 치수

아랫부분, 다우얼 철근 위쪽 상부에 묶는다.

②번 가새근의 길이는 기초 높이에 따라 달라지는데, 일반적으로 많이 쓰는 표준길이 8,000 철근을 한 번 또는 두 번 절단하는 방식으로 사용한다. 기초 높이가 높으면 한 번 절단한 4,000을, 높이가 낮으면 두 번 절단한 2,670을 적용할 수 있다. 가새근의 개수도 현장 상황에 따라 달라지는데, 다우얼 철근을 4면 모두 고정한다면 최대 네 개가 사용되지만 보통 두세 개 정도로 조립한다.

2. 기둥 철근

(1) 주근

기둥 주근의 길이는 층고에 B급 인장철근 겹침이음길이를 더해 계산한다. 이 사례에서 C3기둥이 배근되는 층의 층고는 3,600(보 높이 = 700)이기 때문에 3,600 +1,780 = 5,400으로 주근의 길이를 계산할 수 있다.

[그림 16-4] 기둥 주근의 철근상세도

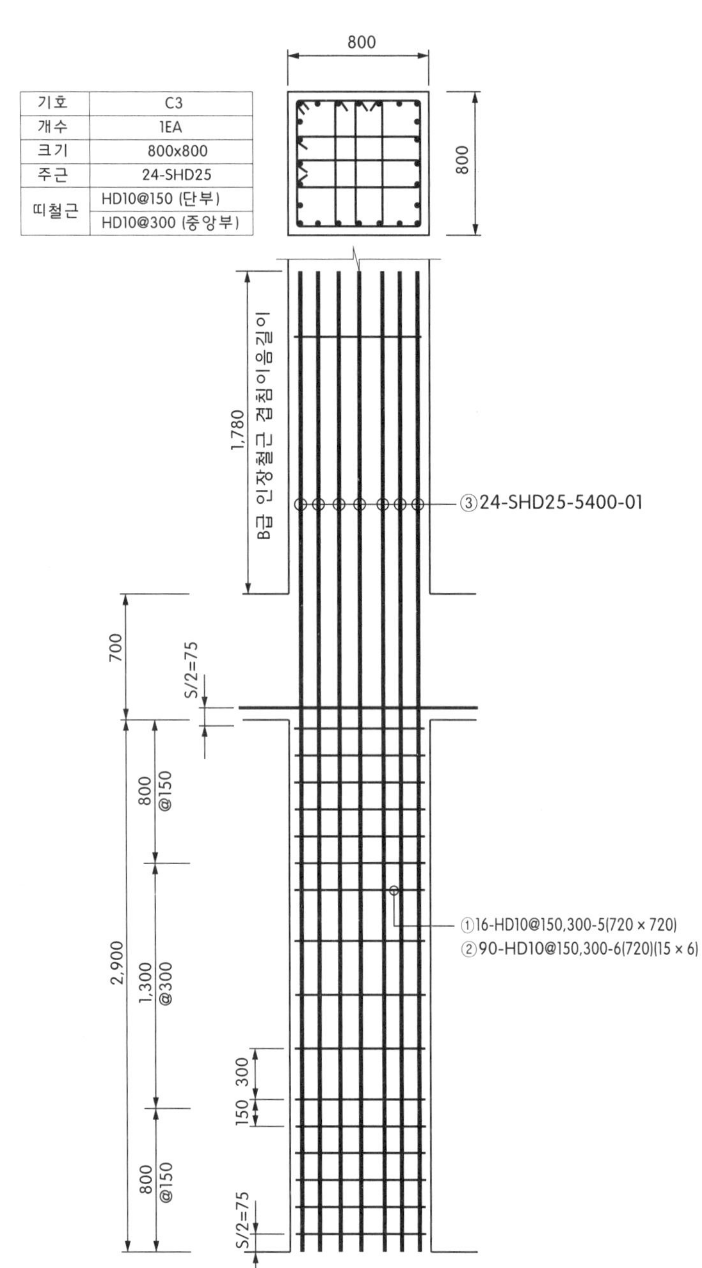

(2) 띠철근

기둥 띠철근의 형상은 앞의 [그림 16-3]과 같이 계산할 수 있다.

이 기둥은 내진기둥으로 적용되었기 때문에 단부와 중앙부 띠철근 배근 간격을 다르게 적용하고 있다. 보에서 단부 길이는 순경간 치수에 1/4값을 곱하여 계산하지만, 기둥에서는 ①기둥 순경간의 1/6 ②기둥 최대 단면치수 ③ 450 중 가장 큰 값을 적용하도록 규정하고 있다. 따라서 이 사례에서는 기둥 최대 단면치수가 가장 크기 때문에 800을 적용하였다.

바닥 슬래브 위에서 처음 매는 띠철근 간격은 띠철근 간격(S)의 1/2을 적용하기 때문에 여기서는 150/2 = 75이다. 그 위로 800을 넘을 때까지 단부의 배근 간격 @150으로 배근한다. 맨 위에 배근하는 띠철근의 위치는 보 하부 주근에서 75 아래에 배근하였는데, 이것은 C3기둥이 4면 모두 보로 고정되었기 때문이다. 하지만 그렇지 않을 경우 슬래브 하부 주근에서 띠철근 간격의 1/2만큼 아래에 배근해야 한다.

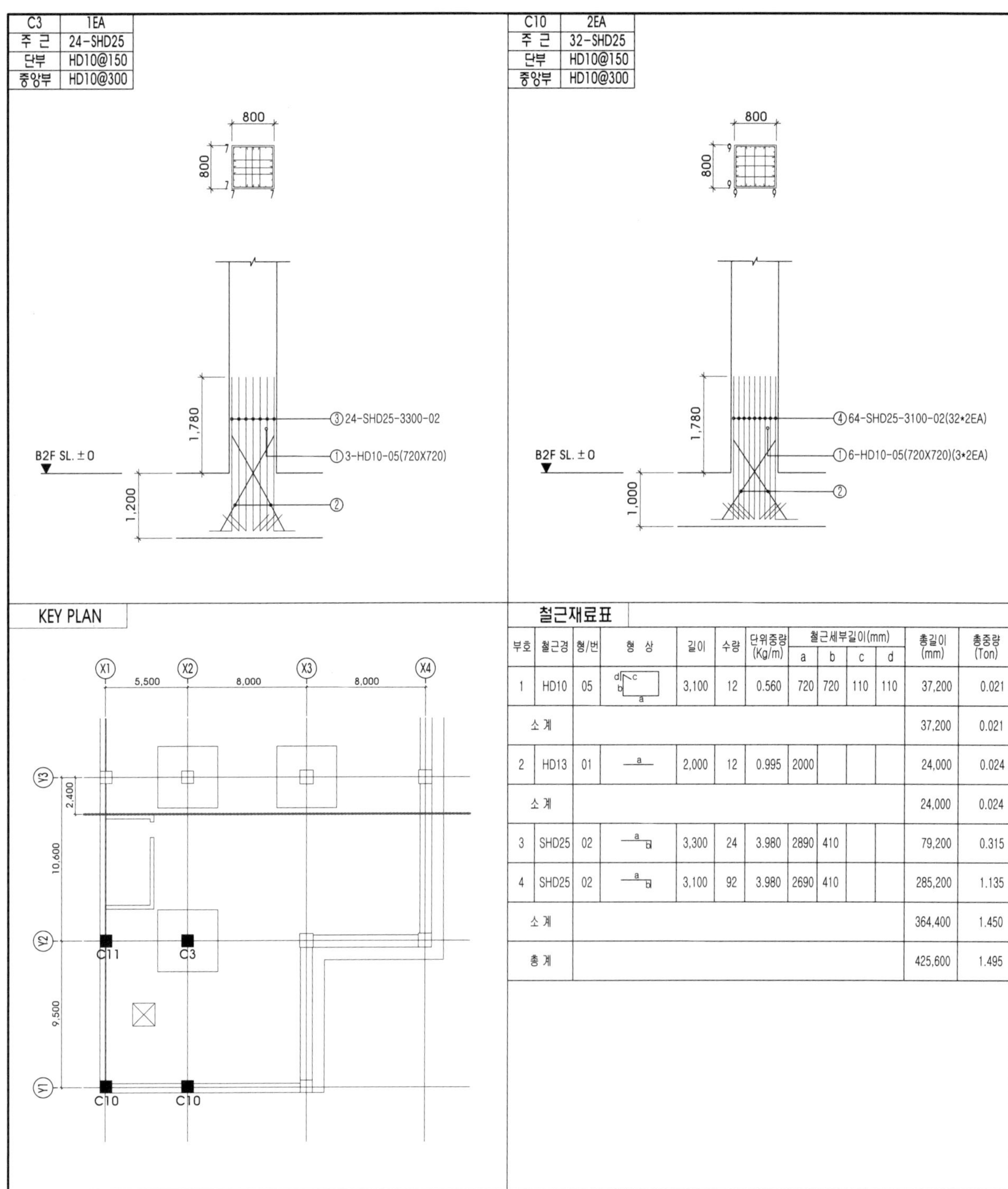

부호	철근경	형/번	형 상	길이	수량	단위중량 (Kg/m)	철근세부길이(mm) a	b	c	d	총길이 (mm)	총중량 (Ton)
1	HD10	05		3,100	12	0.560	720	720	110	110	37,200	0.021
소 계											37,200	0.021
2	HD13	01		2,000	12	0.995	2000				24,000	0.024
소 계											24,000	0.024
3	SHD25	02		3,300	24	3.980	2890	410			79,200	0.315
4	SHD25	02		3,100	92	3.980	2690	410			285,200	1.135
소 계											364,400	1.450
총 계											425,600	1.495

[그림 16-5] 기둥 다우얼 사례도면

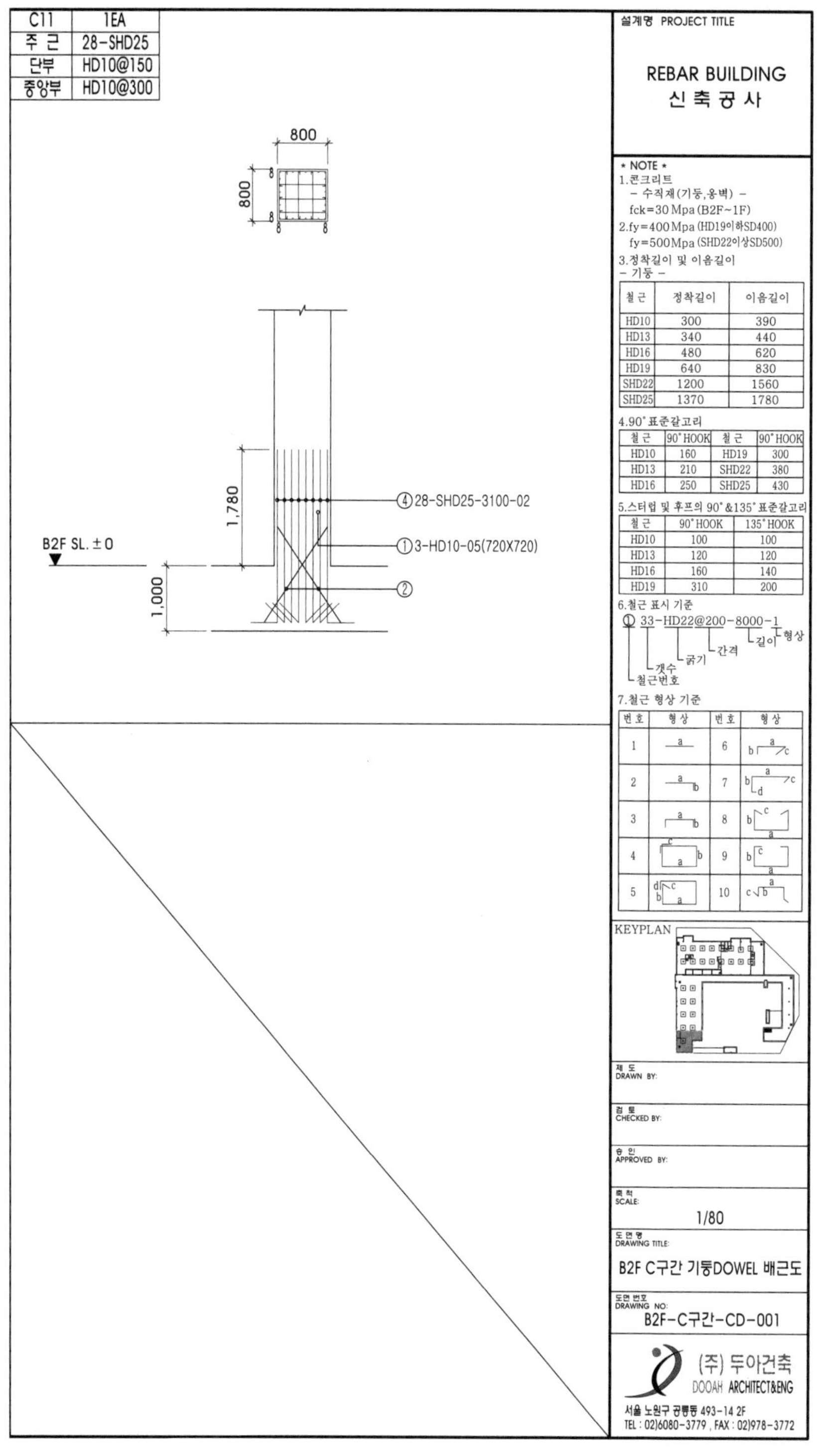

철근	정착길이	이음길이
HD10	300	390
HD13	340	440
HD16	480	620
HD19	640	830
SHD22	1200	1560
SHD25	1370	1780

철근	90° HOOK	철근	90° HOOK
HD10	160	HD19	300
HD13	210	SHD22	380
HD16	250	SHD25	430

철근	90° HOOK	135° HOOK
HD10	100	100
HD13	120	120
HD16	160	140
HD19	310	200

번호	형상	번호	형상
1	a	6	a b c
2	a b	7	a b c d
3	a b	8	b c a
4	c a b	9	b c a
5	d c b a	10	a c b

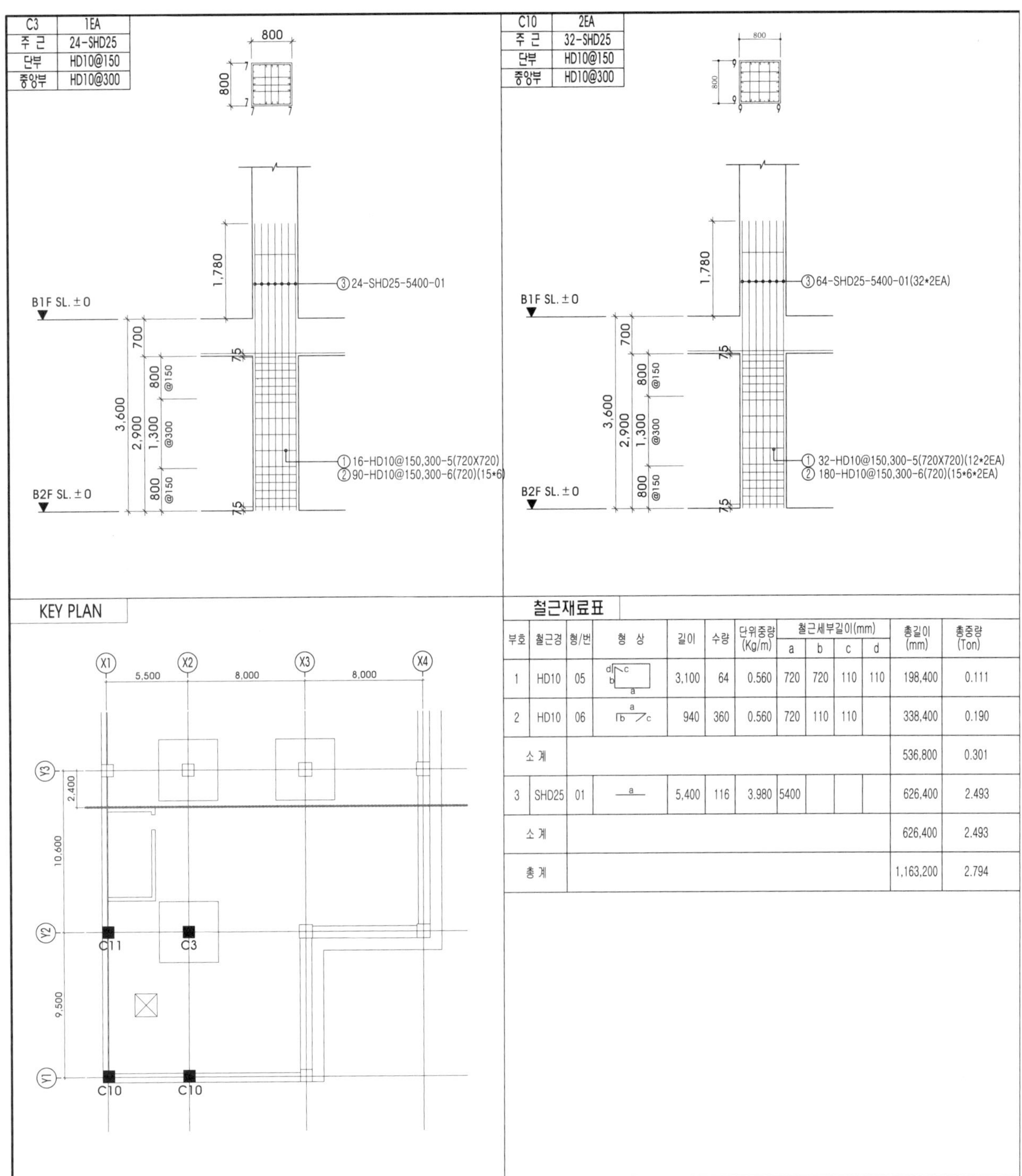

부호	철근경	형/번	형 상	길이	수량	단위중량 (Kg/m)	철근세부길이(mm)				총길이 (mm)	총중량 (Ton)
							a	b	c	d		
1	HD10	05	d c b a	3,100	64	0.560	720	720	110	110	198,400	0.111
2	HD10	06	a b c	940	360	0.560	720	110	110		338,400	0.190
소 계											536,800	0.301
3	SHD25	01	a	5,400	116	3.980	5400				626,400	2.493
소 계											626,400	2.493
총 계											1,163,200	2.794

[그림 16-6] 기둥 일반 사례도면

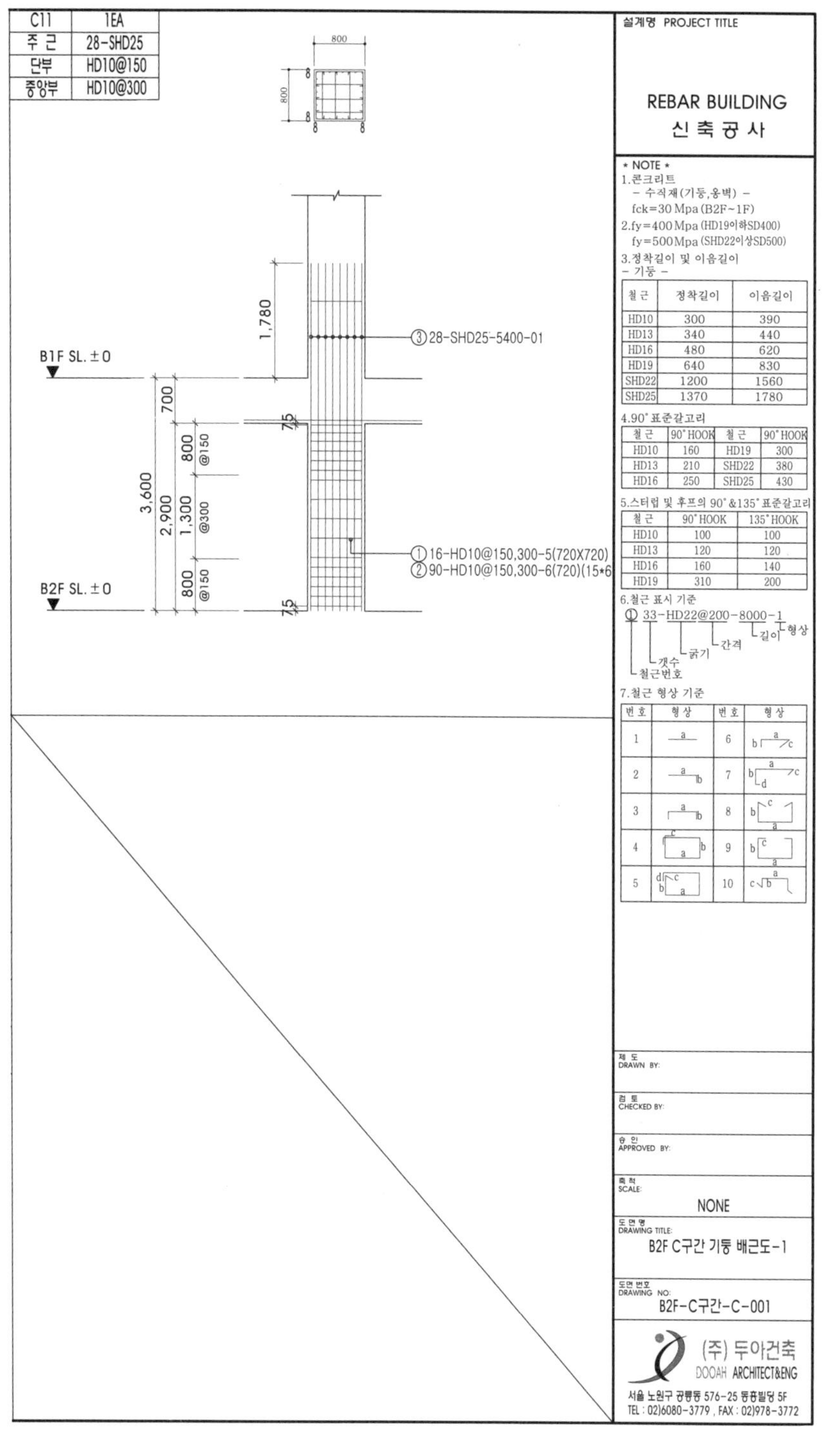

설계명 PROJECT TITLE

REBAR BUILDING
신 축 공 사

* NOTE *

1.콘크리트
  - 수직재(기둥,옹벽) -
  fck=30 Mpa (B2F~1F)

2.fy=400 Mpa (HD19이하SD400)
  fy=500 Mpa (SHD22이상SD500)

3.정착길이 및 이음길이
- 기둥 -

철 근	정착길이	이음길이
HD10	300	390
HD13	340	440
HD16	480	620
HD19	640	830
SHD22	1200	1560
SHD25	1370	1780

4.90° 표준갈고리

철 근	90° HOOK	철 근	90° HOOK
HD10	160	HD19	300
HD13	210	SHD22	380
HD16	250	SHD25	430

5.스터럽 및 후프의 90° &135° 표준갈고리

철 근	90° HOOK	135° HOOK
HD10	100	100
HD13	120	120
HD16	160	140
HD19	310	200

6.철근 표시 기준

① 33-HD22@200-8000-1
(철근번호 – 갯수 – 굵기 – 간격 – 길이 – 형상)

7.철근 형상 기준

번 호	형 상	번 호	형 상
1	a	6	b a c
2	a b	7	b a c d
3	a b	8	b c a
4	c a b	9	b c a
5	d c b a	10	c b a

제 도
DRAWN BY:

검 토
CHECKED BY:

승 인
APPROVED BY:

축 척
SCALE:
NONE

도 면 명
DRAWING TITLE:
B2F C구간 기둥 배근도-1

도면 번호
DRAWING NO:
B2F-C구간-C-001

(주) 두아건축
DOOAH ARCHITECT&ENG
서울 노원구 공릉동 576-25 동흥빌딩 5F
TEL : 02)6080-3779 , FAX : 02)978-3772

17 벽체 철근상세도

벽체 철근상세도 작성 방법에 대하여 다음 사례를 보기로 하자. 다음 사례는 두께 250인 벽체 W1, W2, W3 세 개로 이루어진 구간이다. 여기서는 W3을 대상으로 벽체 다우얼 철근과 일반층 벽체 철근상세도를 설명한다.

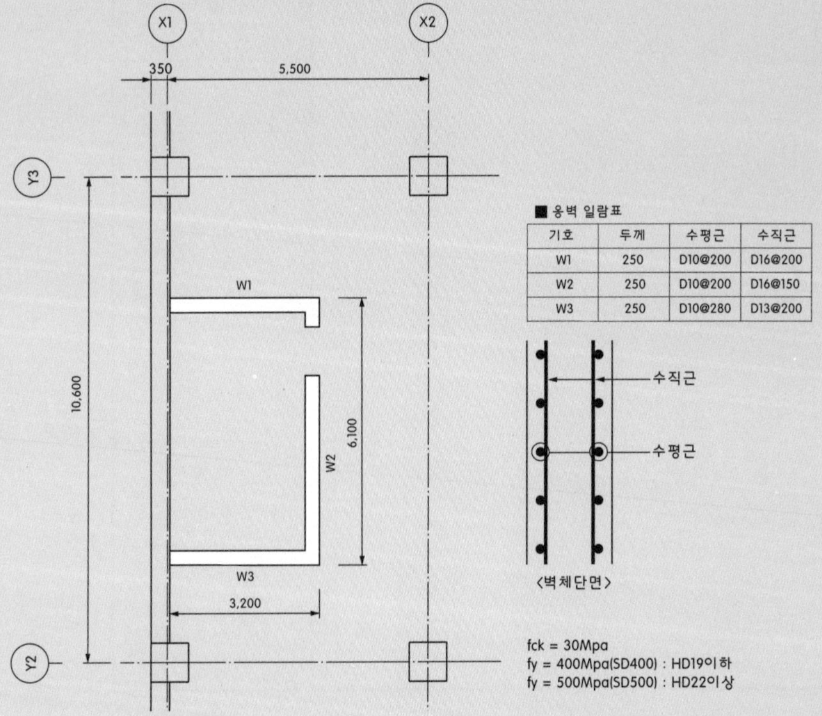

기호	두께	수평근	수직근
W1	250	D10@200	D16@200
W2	250	D10@200	D16@150
W3	250	D10@280	D13@200

[그림 17-1] 옹벽 구조도면 사례

1. 벽체 다우얼 철근

(1) 벽체 다우얼 수직근

벽체 다우얼 철근은 벽체 수직근을 정착시키기 위해 기초에 미리 매입하는 철근이다. 따라서 기둥 다우얼 철근과 마찬가지로 정착길이만큼 기초 안으로 매입하면 되지만, 스스로 서 있지 못하므로 끝 부분을 300 정도 90°로 구부려 기초 하부근 위에 고정시켜 세운다. 벽체 다우얼 철근은 기초 하부근 위에 고정하기 때문에, 기초 하부근 높이를 감안하여 기초 두께에서 130(기초 피복두께 80+철근 지름 25 × 2) 정도를 뺀 값에 B급 인장 이음길이와 다리길이를 합산한다.

다우얼 철근길이 = B급 인장 이음길이+(기초 높이 - 130)+다리길이

D13철근 = 390+1,000 − 130+300 = 1,560 ≒ 1,600(단순화)

D16철근 = 460+1,000 − 130+300 = 1,630 ≒ 1,650(단순화)

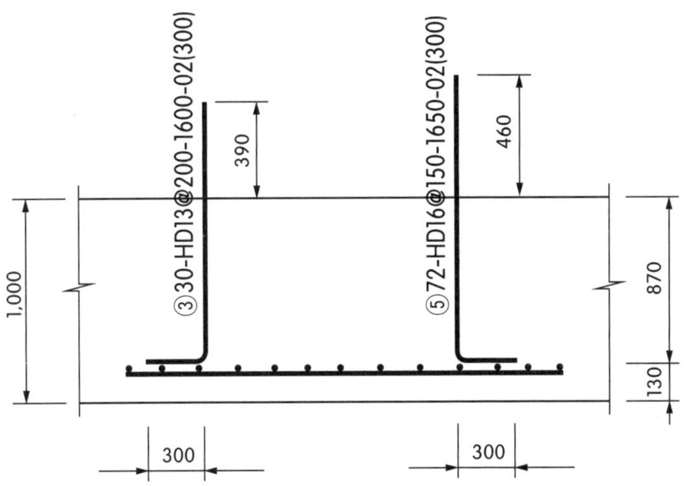

[그림 17-2] 벽체 다우얼 철근 길이

벽체 다우얼 철근의 개수는 교차부에서 시작해서 개수를 세는 것이 일반적이다. W3벽체 오른쪽 L형 교차부에서 200 간격으로 배근해 가면 왼쪽 T형 교차부와 만나는 옹벽 수직근과의 간격이 200을 넘기 때문에 한 개를 추가한다. 따라서 다우얼 철근의 개수는 30개가 된다.

[그림 17-3] 벽체 다우얼 철근 개수

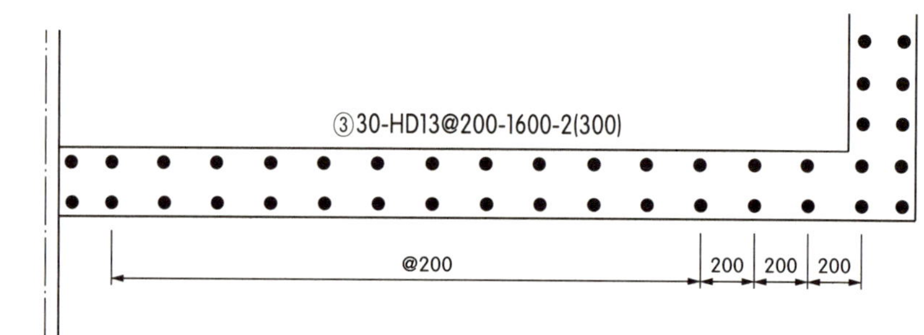

(2) 벽체 다우얼 조립용 철근

다우얼 철근의 위치를 확보하고 콘크리트를 타설하는 동안 이동하지 않도록 수평근을 조립용 철근으로 배근한다. 이때 사용하는 수평근은 HD13의 규격을 사용하여 다우얼 철근의 가로방향으로 벽체를 따라 연속적으로 배근한다. 수평근의 개수는 매트기초의 윗면에 한 개를 설치하고 매트기초 내부에 필요에 따라 두 개 이상을 사용한다. 수평근은 내외부 양쪽면에 모두 배근되기 때문에 벽체의 길이가 길 경우 수평근의 개수가 많아질 수 있다.

또 다우얼 철근의 상호간 간격을 확보하기 위하여 폭고정근을 사용하는데, 통상 1,500 간격으로 일반층에서 사용하는 동일한 형태로 배근한다.

2. 벽체 철근

(1) 수직근

벽체 수직근의 길이는 층고에 B급 인장철근 이음길이를 가산하여 계산할 수 있다. 이 사례에서 W3벽체의 수직근은 HD13이기 때문에 층고 3,600에 390을 가산하면 3,990이 되고, 철근 길이를 단순화하면 4,000으로 계산할 수 있다.

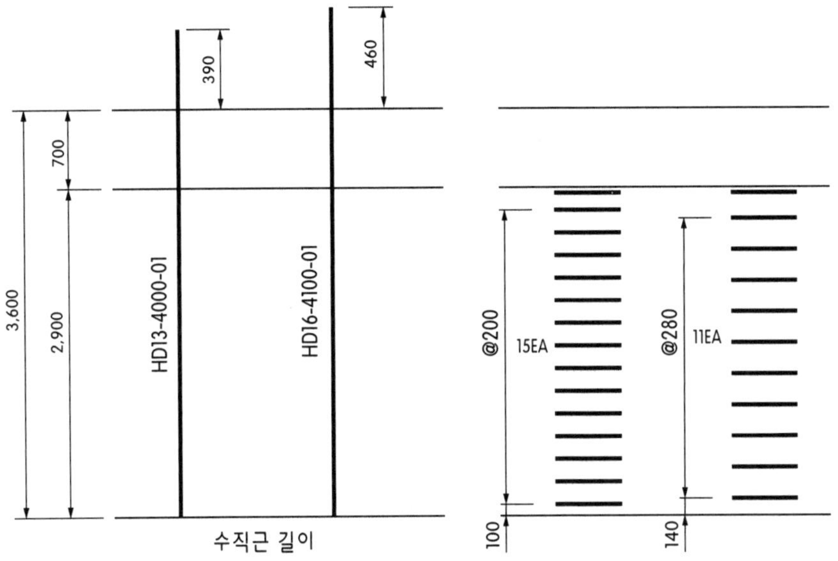

[그림 17-4] 수직근 길이 및 수평근 개수 산정

수직근의 길이 = 층고+B급 인장철근 이음길이

= 3,600+390 = 3,990 ≒ 4,000(단순화)

(2) 수평근

[그림 17-5] 벽체 수평근 및 U바

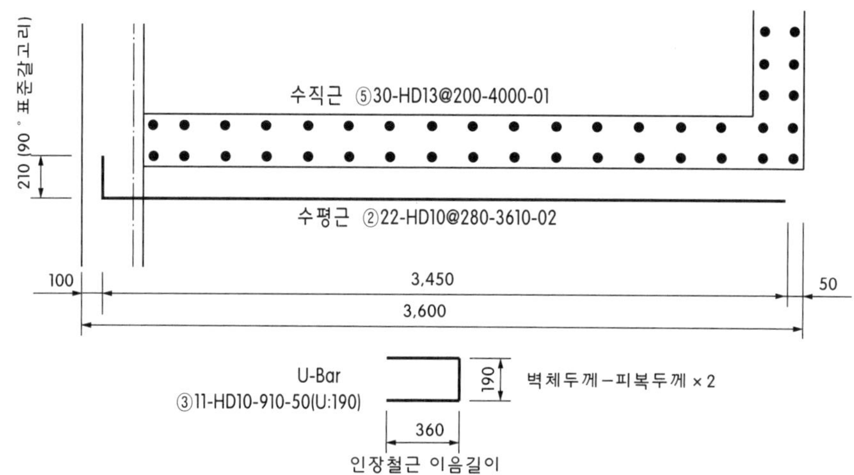

위 그림은 W3의 철근상세도를 나타낸 것이다. W3은 왼쪽에 T형, 오른쪽에 L형 교차부를 형성하고 있다. 왼쪽 정착부에는 90°표준갈고리를 만들고 정착길이만큼 매입하면 되지만, 일반적으로 시공오차가 발생할 수 있으므로 정착할 부재의 두께에서 100을 뺀 값을 정착길이로 계산한다.

다른 벽체와 교차하는 경우에는 통상 50을 뺀 값을 적용한다. 이것은 다른 벽체와 교차하지 않는 경우에도 마찬가지다. 따라서 수평근의 전체길이는 벽체 전체길이 3,600에서 왼쪽 100, 오른쪽 50을 뺀 3,450에 90°표준갈고리 길이 210을 더한 3,610으로 계산한다.

슬래브 위에 맨 처음 배근하는 수평근은 배근 간격(S)의 1/2로 하고, 그다음부터 배근 간격만큼 배근하는데, 맨 위 철근은 보 하부 주근에서 수평근의 배근 간격보다 좁게 위치해야 한다. 이 사례에서는 수평근의 간격이 280이므로 맨 처음 철근을 140 간격으로 하고 나머지 철근을 배근하면 개수는 열한 개가 된다.

(3) U바

벽체 수평근이 다른 벽체와 교차하는 부위에는 U바로 보강하는 것이 일반적인데, U바의 다리 길이는 인장철근 이음길이만큼 길게 한다. U바의 폭은 벽체 두께에서 양쪽 피복두께만큼 뺀 값을 적용한다. 〈콘크리트구조 설계기준〉에서 규정하고 있는 벽체의 피복두께는 20이지만, 벽체에 사용하는 철근이 굵지 않기 때문에 피복두께 20을 확보하기가 현장시공상 쉽지 않다. 따라서 여유치를 반영하여 30을 적용하는 것이 일반적이다.

이 사례에서는 벽체 두께가 250이기 때문에 양쪽 피복두께 60을 뺀 값을 계산하면 190으로 U바의 폭을 계산할 수 있다.

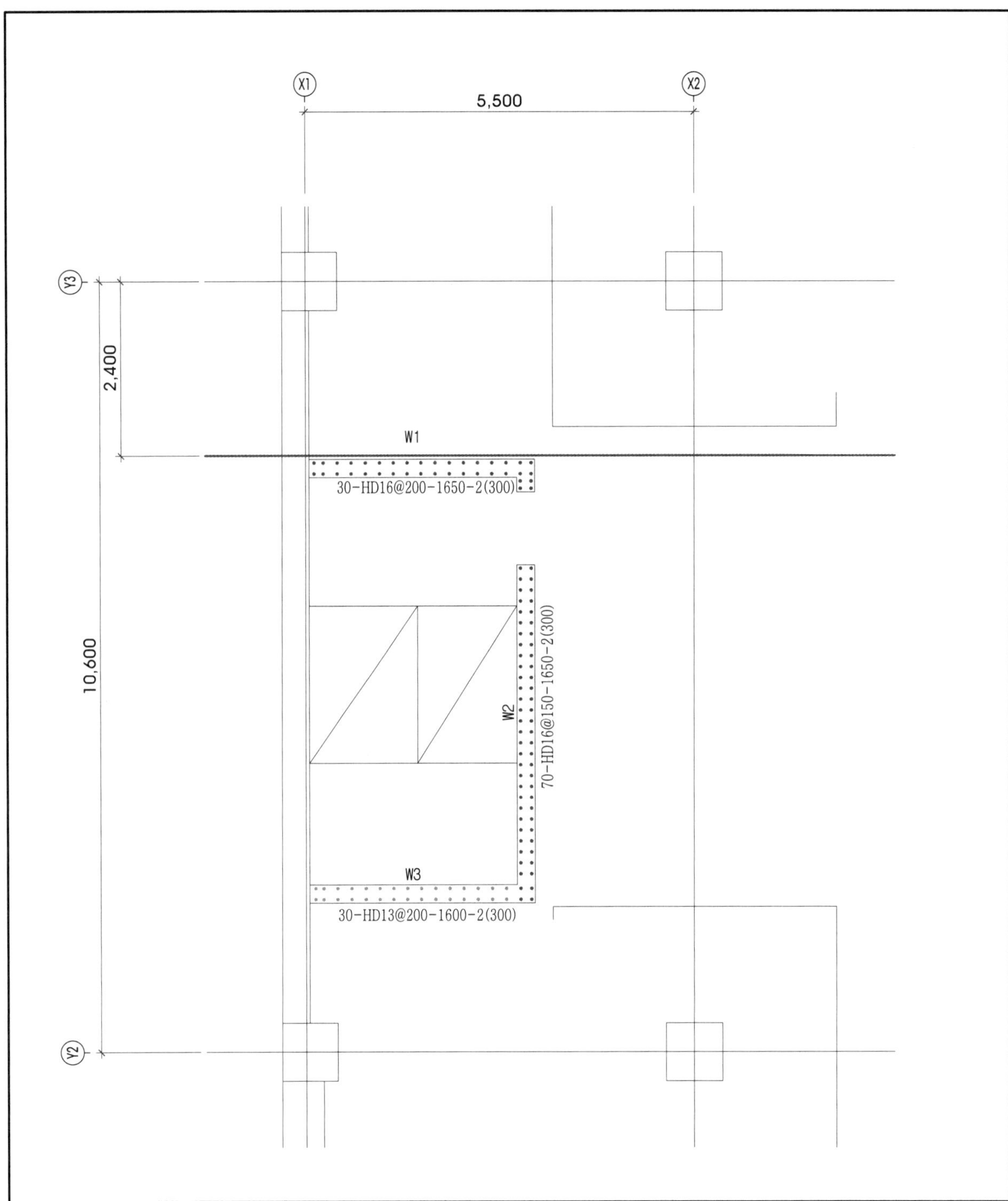

[그림 17-6] 벽체 다우얼 사례도면

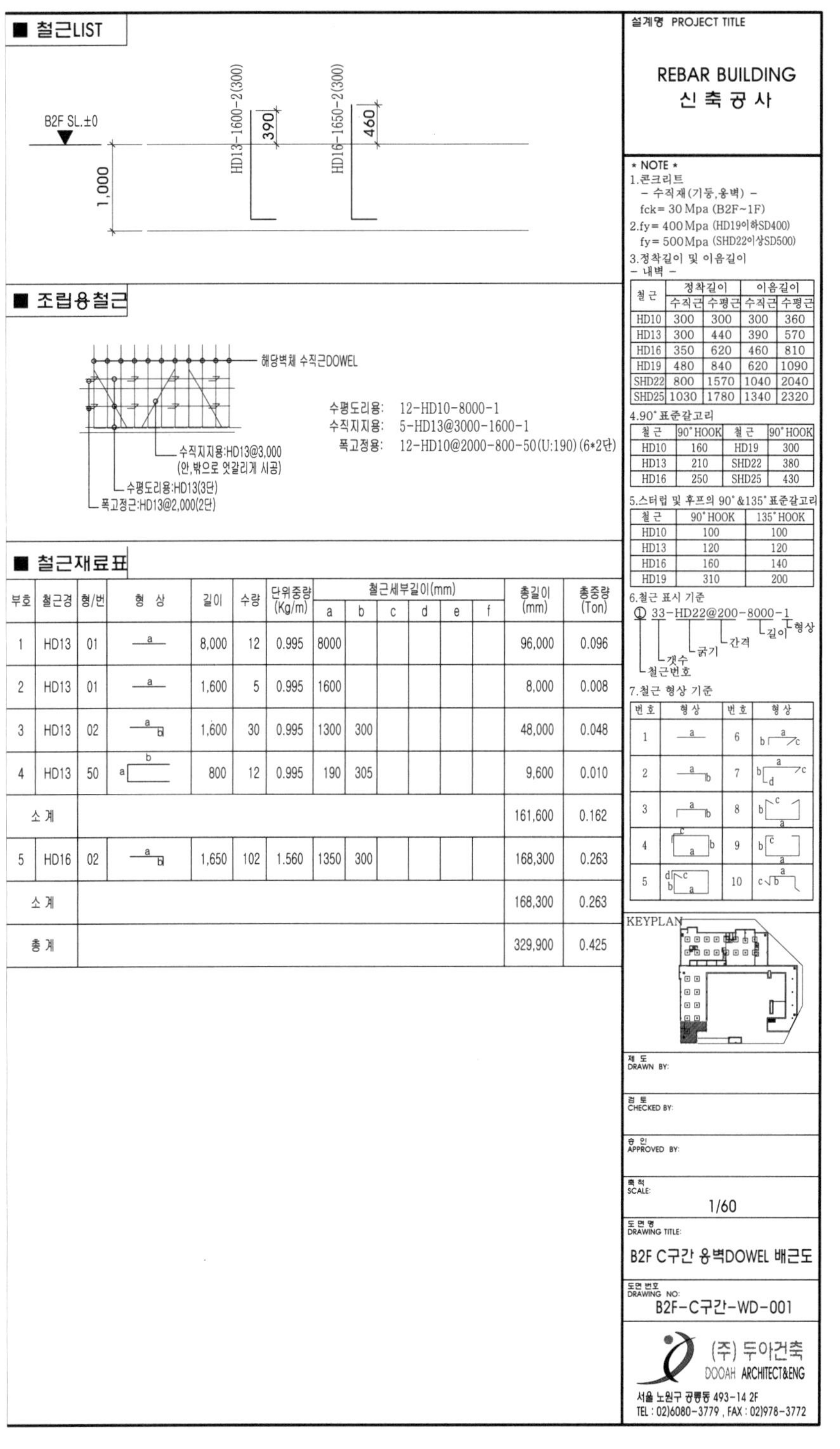

부호	철근경	형/번	형 상	길이	수량	단위중량 (Kg/m)	철근세부길이(mm) a	b	c	d	e	f	총길이 (mm)	총중량 (Ton)
1	HD13	01	a	8,000	12	0.995	8000						96,000	0.096
2	HD13	01	a	1,600	5	0.995	1600						8,000	0.008
3	HD13	02	a b	1,600	30	0.995	1300	300					48,000	0.048
4	HD13	50	a b	800	12	0.995	190	305					9,600	0.010
소 계													161,600	0.162
5	HD16	02	a b	1,650	102	1.560	1350	300					168,300	0.263
소 계													168,300	0.263
총 계													329,900	0.425

설계명 PROJECT TITLE

REBAR BUILDING
신 축 공 사

* NOTE *
1.콘크리트
 - 수직재(기둥,옹벽) -
 fck= 30 Mpa (B2F~1F)
2.fy= 400 Mpa (HD19이하SD400)
 fy= 500 Mpa (SHD22이상SD500)
3.정착길이 및 이음길이
 - 내벽 -

철 근	정착길이 수직근	정착길이 수평근	이음길이 수직근	이음길이 수평근
HD10	300	300	300	360
HD13	300	440	390	570
HD16	350	620	460	810
HD19	480	840	620	1090
SHD22	800	1570	1040	2040
SHD25	1030	1780	1340	2320

4.90° 표준갈고리

철 근	90° HOOK	철 근	90° HOOK
HD10	160	HD19	300
HD13	210	SHD22	380
HD16	250	SHD25	430

5.스터럽 및 후프의 90°&135° 표준갈고리

철 근	90° HOOK	135° HOOK
HD10	100	100
HD13	120	120
HD16	160	140
HD19	310	200

6.철근 표시 기준
① 33-HD22@200-8000-1
철근번호, 갯수, 굵기, 간격, 길이, 형상

7.철근 형상 기준

번 호	형 상	번 호	형 상
1	a	6	b a c
2	a b	7	b a c d
3	a b	8	b c a
4	c a b	9	b c a
5	d c b a	10	c b a

KEYPLAN

제 도 DRAWN BY:

검 토 CHECKED BY:

승 인 APPROVED BY:

축 척 SCALE: 1/60

도 면 명 DRAWING TITLE: B2F C구간 옹벽DOWEL 배근도

도면 번호 DRAWING NO: B2F-C구간-WD-001

(주) 두아건축
DOOAH ARCHITECT&ENG
서울 노원구 공릉동 493-14 2F
TEL : 02)6080-3779 , FAX : 02)978-3772

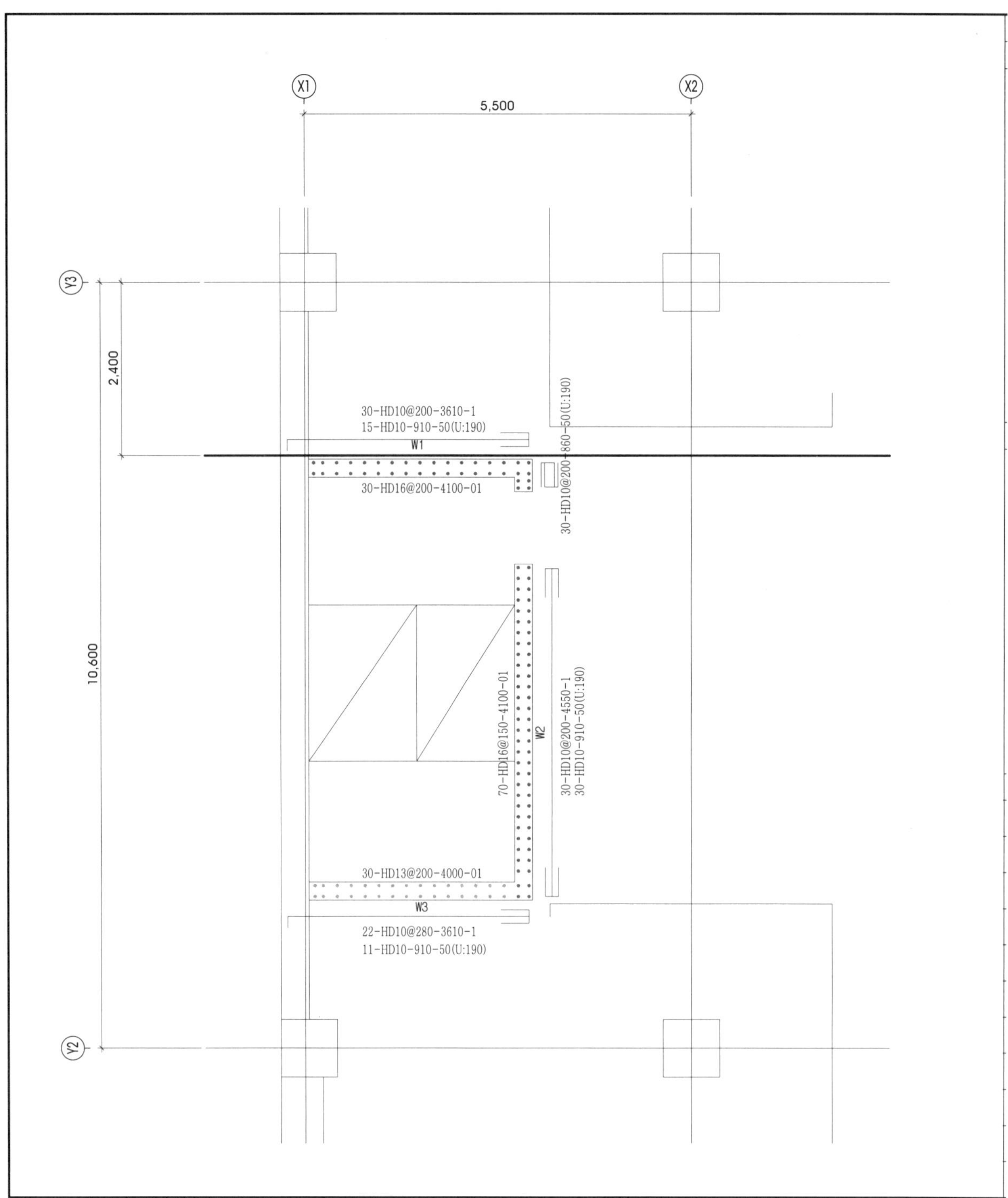

[그림 17-7] 벽체 일반 사례도면

■ 철근LIST

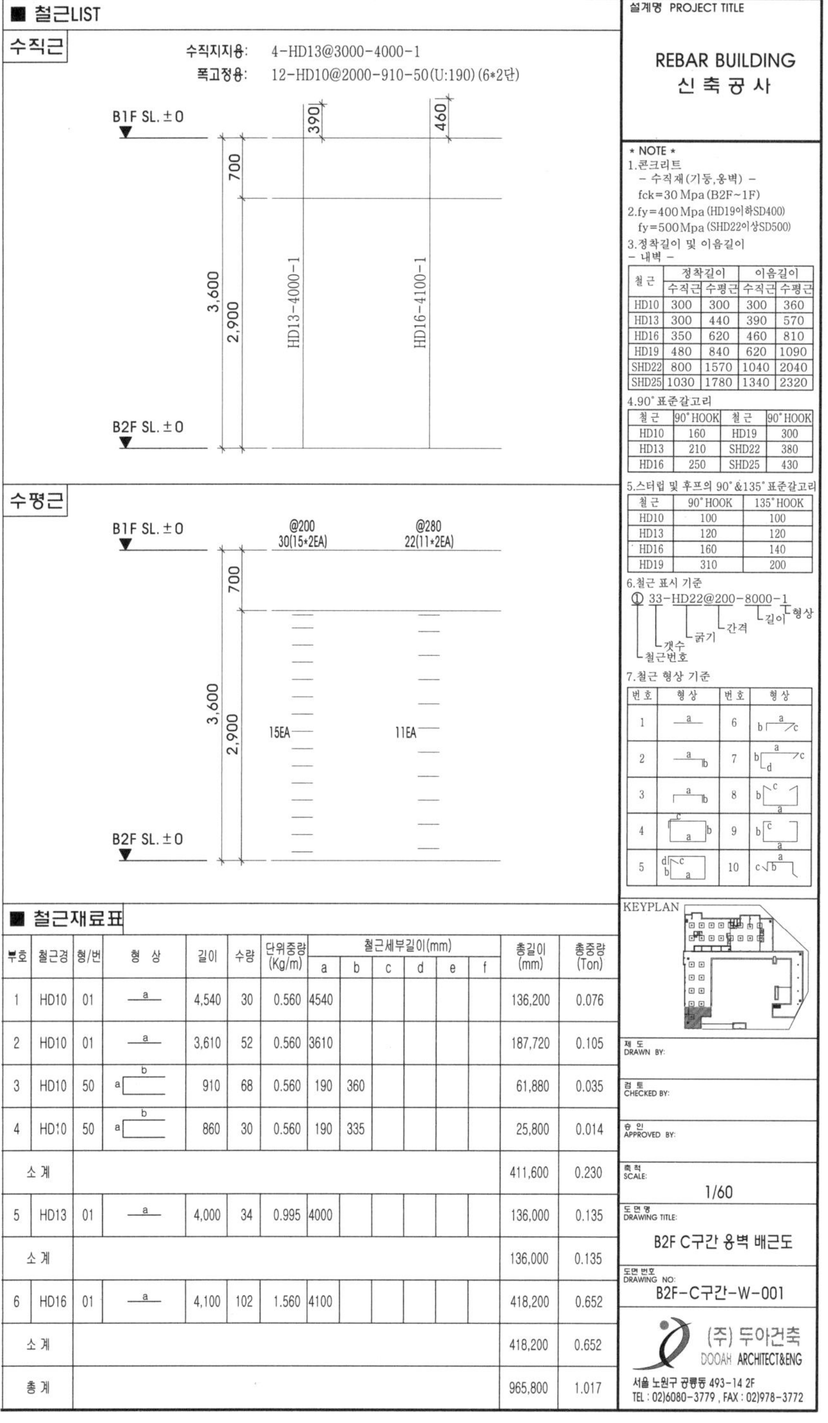

■ 철근재료표

부호	철근경	형/번	형 상	길이	수량	단위중량(Kg/m)	철근세부길이(mm) a	b	c	d	e	f	총길이(mm)	총중량(Ton)
1	HD10	01	a	4,540	30	0.560	4540						136,200	0.076
2	HD10	01	a	3,610	52	0.560	3610						187,720	0.105
3	HD10	50	a b	910	68	0.560	190	360					61,880	0.035
4	HD10	50	a b	860	30	0.560	190	335					25,800	0.014
소 계													411,600	0.230
5	HD13	01	a	4,000	34	0.995	4000						136,000	0.135
소 계													136,000	0.135
6	HD16	01	a	4,100	102	1.560	4100						418,200	0.652
소 계													418,200	0.652
총 계													965,800	1.017

설계명 PROJECT TITLE

REBAR BUILDING
신 축 공 사

* NOTE *

1.콘크리트
 − 수직재(기둥,옹벽) −
 fck=30 Mpa (B2F~1F)

2.fy=400 Mpa (HD19이하SD400)
 fy=500 Mpa (SHD22이상SD500)

3.정착길이 및 이음길이
 − 내벽 −

철 근	정착길이 수직근	정착길이 수평근	이음길이 수직근	이음길이 수평근
HD10	300	300	300	360
HD13	300	440	390	570
HD16	350	620	460	810
HD19	480	840	620	1090
SHD22	800	1570	1040	2040
SHD25	1030	1780	1340	2320

4.90° 표준갈고리

철 근	90° HOOK	철 근	90° HOOK
HD10	160	HD19	300
HD13	210	SHD22	380
HD16	250	SHD25	430

5.스터럽 및 후프의 90°&135° 표준갈고리

철 근	90° HOOK	135° HOOK
HD10	100	100
HD13	120	120
HD16	160	140
HD19	310	200

6.철근 표시 기준
① 33−HD22@200−8000−1
(철근번호, 갯수, 굵기, 간격, 길이, 형상)

7.철근 형상 기준

번 호	형 상	번 호	형 상
1	a	6	b a c
2	a b	7	b a c d
3	a b	8	b c a
4	c a b	9	b c a
5	d c b a	10	c b a

KEYPLAN

제 도 DRAWN BY:

검 토 CHECKED BY:

승 인 APPROVED BY:

축 척 SCALE: 1/60

도 면 명 DRAWING TITLE: B2F C구간 옹벽 배근도

도면 번호 DRAWING NO: B2F−C구간−W−001

(주) 두아건축
DOOAH ARCHITECT&ENG
서울 노원구 공릉동 493−14 2F
TEL : 02)6080−3779 , FAX : 02)978−3772

18 보 철근상세도

연속보의 배근 방법에 대하여 다음 사례를 보기로 하자. 지면 관계상 경간을 많이 나타낼 수 없기 때문에 경간 두 개로 이루어진 사례를 대상으로 하였다. 비록 경간이 두 개밖에 없지만, 더 늘어난다 하더라도 배근하는 방식은 동일하므로 이해하는 데는 문제가 없을 것이다.

[그림 18-1] 보 구조 도면 사례

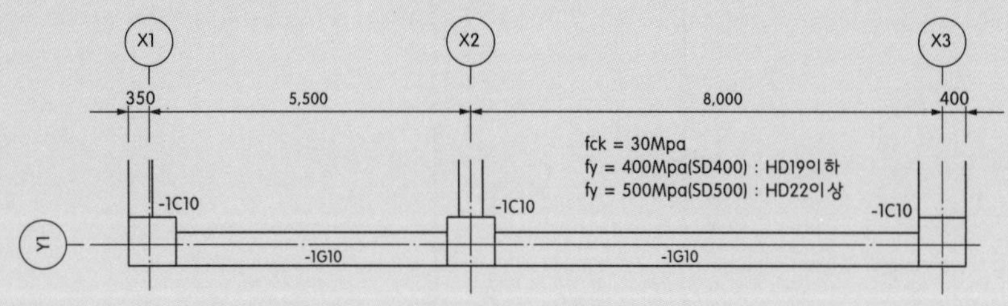

기호	-1C10	기호	1G10	
크기	800x800	크기	500x700	
평면		단면	〈단부〉	〈중앙부〉
주근	32-HD25	상부근	12-HD25	6-HD22
띠철근	HD10@300 (중앙)	하부근	6-HD22	12-HD22
	HD10@150 (단부)	스터럽	4-HD13@150	4-HD13@150

이 사례에서는 크기가 800 × 800인 C10기둥 세 개와 그 내부에 G10보가 두 개 있다. 보 철근을 기둥에 정착하는 데는 큰 문제가 없으나, 경간의 크기가 서로 다르다는 점에 주의해야 한다.

1. 상하부 주근

(1) 상부 주근

1) 상부 주근(연속)

우선 보 일람표에서 −1G10보를 확인해 보자. −1G10보에는 상부근이 HD25이며, 양 단부에는 열두 개를 배근해야 하고 중앙부에는 여섯 개를 배근해야 한다. 따라서 보 전단면에 걸쳐 연속해서 여섯 개를 배근해야 한다. 여기서는 최상부에 있는 여섯 개 철근 모두를 연속 배근하고, 상부 2단근 여섯 개를 단부에 배근하는 형태를 이루고 있다.

경간 전체의 중심선 길이는 13,500이다. 따라서 연속으로 배근해야 할 철근의 길이를 계산하려면 13,500의 양쪽에 정착길이를 더해야 하므로 전체 길이가 12,000을 넘게 된다. 일반적으로 철근은 최대 12m까지 표준길이로 생산되기 때문에 이 사례에는 철근이음이 필요하다. 경간이 두 개 이상이면 대부분 철근을 이어서 배근해야 한다. 철근을 이을 때는 응력이 집중되지 않고 압축응력이 작용하는 곳에 이음하는 것이 좋다. 일반 보에서 상부 주근은 경간의 중앙부 상단에서 이음하는 것이 가장 좋다.

일반적으로 연속해서 배근해야 하는 상부 주근은 8m 장대철근을 절반으로 자른 4m 철근을 주로 사용한다. 철근콘크리트 보의 일반적인 경간 길이가 6~7m 정도인데, 4m 철근을 첫 번째에 배근하면 철근의 이음 위치가 중앙부 상단에서 이루어질 때가 많다. 보를 배근할 때 철근의 이음 위치를 모두 압축응력이 작용하는 구간에 맞추는 것은 매우 어렵다. 대부분 이음 위치 규정을 무시하고 B급 인장철근 이음길이로 겹침이음을 주로 한다.

그러나 이 사례에서 4m 철근을 사용하면 이음을 세 번 해야 하므로 작업이 번거롭고 철근 손실도 많다. 또 표준길이가 긴 철근을 사용하면 이음길이를 줄일 수 있으므로, 최근에는 8m보다 긴 철근을 사용하기도 한다. 여기서는 10m 장대철근을 사용하는 것으로 적용하였다.

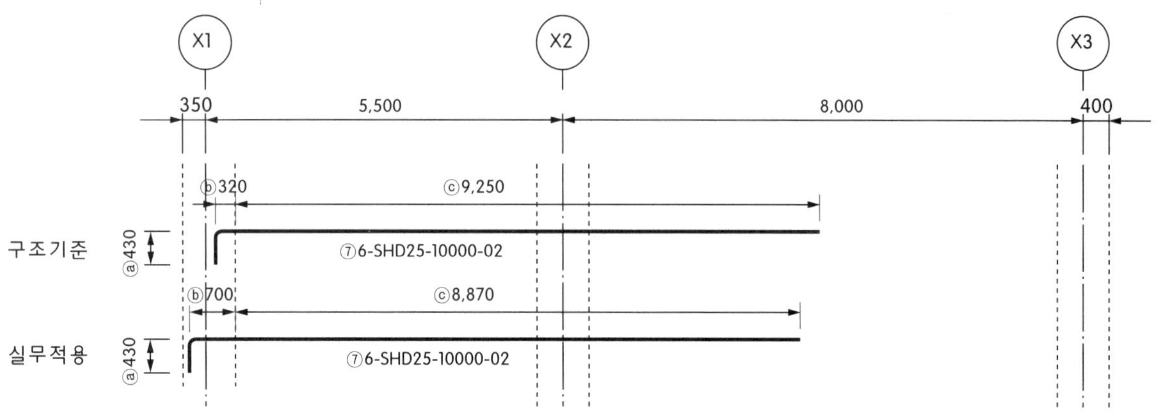

[그림 18-2] 연속 배근되는 상부 주근의 첫 번째 배근

10m로 시작하는 철근은 최외단 기둥에 정착해야 한다. 이때 직선으로 정착한다고 가정하고 정착길이를 구조도면에서 찾아보면, 보에 사용하는 콘크리트와 철근이 각각 f_{ck} =30MPa, f_y =500MPa이므로, 이때의 값은 1,780이다. 그러나 보통 보 철근을 기둥에 정착할 때는 끝단에 표준갈고리를 만들어 정착하며, 이때의 정착길이는 구조도면에서 320이 된다. 따라서 90°표준갈고리 12d를 포함한 ⓐ부분의 길이(A 또는 G)는 430이고, 위험단면에서 기둥 안쪽으로 320만큼 정착시켜 배근해야 한다.

그러나 철근을 배근할 때 정확히 320이라는 치수에 맞추어 정착하려면 시공성이 떨어진다. 또 정착길이를 320보다 더 크게 배근하면 뒤에 이어야 할 철근의 이음길이가 부족할 수 있으며, 320보다 작으면 정착성능을 확보하지 못한다. 따라서 시공성을 고려한다면 약간의 여유가 필요하고 현장에서도 이를 많이 요구한다. 그러므로 실제로 표준갈고리를 갖는 인장철근의 정착길이를 계산할 때에는 기둥두께에서 100만큼 뺀 값으로 한다.

실무상 정착길이 = 기둥두께 – 100

기둥 콘크리트 외면에서 기둥 주근까지의 두께를 계산하면, 피복두께 = 40, 띠철근(D10 또는 D13) ≒10, 주근(HD25 이상) ≒ 30이므로 이것을 모두 합하면 70 정도가 된다. 따라서 기둥두께에서 100을 뺀 값으로 정착길이를 계산하면 기둥 주근이 있는 위치에서 약 30 정도 안쪽에 배근할 수 있으며 시공오차를 흡수할 수 있다.

상부 연속인 주근은 여섯 개이지만 이것을 모두 10,000으로 시작하면 이음 구간이 모두 같아져 내력이 저하된다. 따라서 서로 이음 위치가 다르게 배근해야 하는데 여기서는 세 개를 10,000으로 하고 나머지 세 개를 10,000이 아닌 다른 철근으로 하여 이음 위치를 엇갈리게 해야 한다. 이때 많이 쓰는 방법이 좌우를 바꾸는 것이다. 첫 번째 철근을 10,000으로 시작하면 이와 동일한 위치에서 맨 마지막에 배근하는 철근의 길이가 보 경간에 따라 달라진다. 즉, 마지막 철근의 길이가 10,000이 아닌 다른 값으로 나올 때가 많다. 따라서 주근 여섯 개 중 세 개를 10,000으로 시작하고, 나머지 세 개 철근을 반대로 배근하면, 이음 구간을 서로 엇갈리게 할 수 있고, 가공 횟수도 줄일 수 있기 때문에 시공성이 좋아진다.

연속 배근되는 상부 주근은 마지막 기둥에 정착할 때까지 장대철근을 이어서 연속적으로 배근한다. 이 사례에서는 경간이 짧고 10m 장대철근을 첫 번째에 배근했기 때문에 이음 구간을 1회만 적용한다. 앞에서 기술한 것처럼 첫 번째 철근은 장대철근을 쓰거나 절반으로 잘라서 배근하고, 이어서 배근하는 두 번째 철근의 이음 구간이 항상 압축 구간은 아니고 경간 길이에 따라 달라질 수 있다. 철근상세도를 작성할 때 원칙적으로 이것을 모두 고려하여 이음 구간별로 압축이음인지 인장이음인지 표시해야 한다. 그러나 그렇게 표시하더라도 배근작업의 시공성이 떨어지므로 보통 인장 B급 이음으로 배근한다. 여기에서는 상부 주근이 콘크리

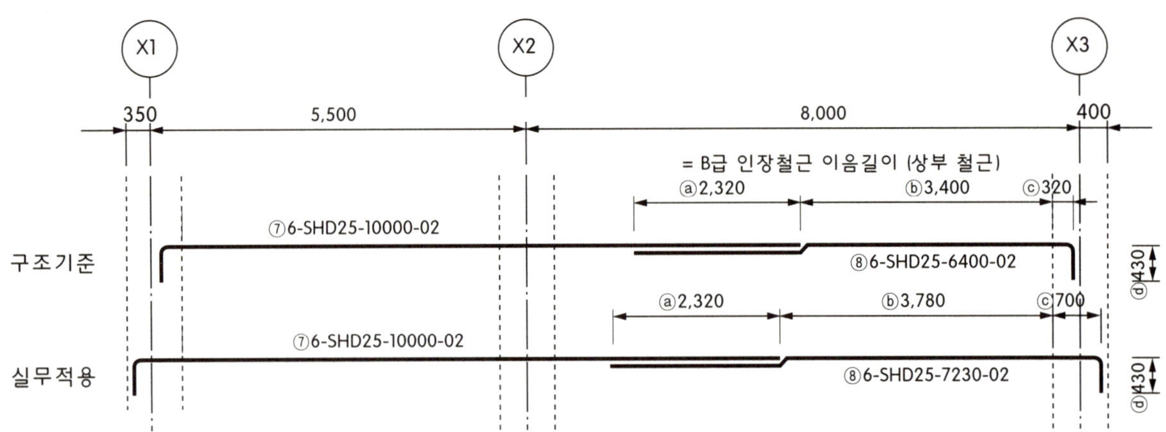

[그림 18-3] 연속 배근되는 상부 주근의 이음

트 밑면에서 300 이상 위쪽에 위치하고 있기 때문에 상부철근에 해당하는 값을 찾아서 2,320을 적용한다.

이 철근은 배근 구간의 끝에 해당하므로 C10기둥에 정착해야 한다. 이 철근의 전체 길이는 세 부분으로 구성되는데, 앞 철근과 겹침이음하는 ⓐ부분, 나머지 배근 구간에 해당하는 ⓑ부분, 기둥에 정착하는 ⓒ와 ⓓ부분을 더해서 계산할 수 있다. 구조기준에 맞게 계산한 값과 실무에서 활용하는 값에 차이가 있음을 알 수 있다.

2) 상부 주근 외단부 커트바

G10보 일람표에서 상부근의 개수를 보면 양단부에서 열두 개, 중앙부에서 여섯 개로 되어 있으므로 양단부에는 커트바 여섯 개를 배근해야 한다. 이때 커트바의 내민길이는 외단부와 내단부가 각각 다르기 때문에 주의해야 한다.

외단부에 배근하는 커트바는 기둥에 정착하는 부분과 경간 안쪽으로 내민길이를 각각 구해야 한다. 기둥 안쪽으로 정착하는 길이는 연속되는 상부 주근과 동일하게 계산할 수 있다. 경간 안쪽으로 내민길이(ⓒ부분)는 경간 길이에 0.25를 곱해서 계산하기 때문에 좌측 외단부에서는 ⓒ = 4,650 × 0.25 = 1,163이 되고 우측 외단부에서는 ⓒ = 7,200 × 0.25 = 1,800이 된다.

[그림 18-4] 상부 주근 외단부 커트바

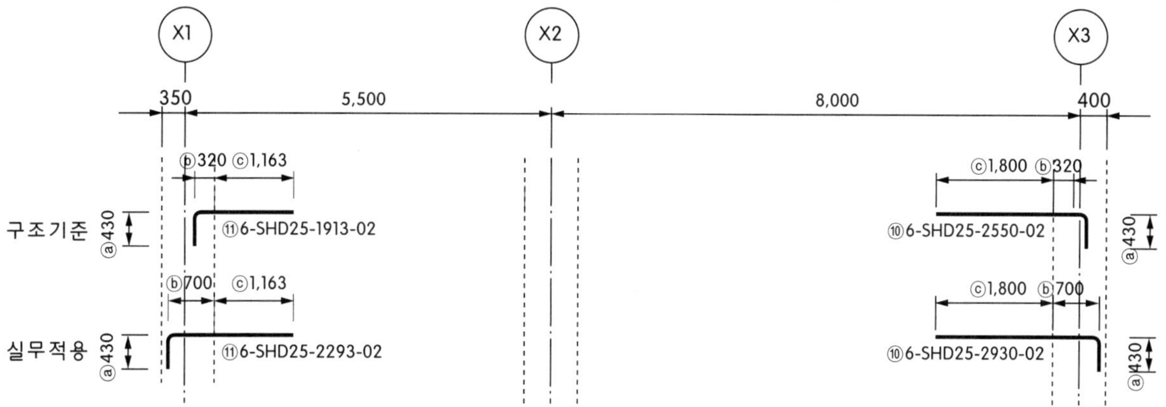

3) 상부 주근 내단부 커트바

내단부 커트바에서 경간 안쪽으로 내민길이(ⓐ 부분)를 구할 때 양쪽 경간 길이 중 긴 값에 0.3을 곱하여 구하도록 규정하고 있다. 이것은 이어지는 경간 길이가 길어 모멘트가 크게 발생할 경우, 경간 길이가 짧은 쪽의 모멘트도 커지기 때문이다. 이 사례에서는 양쪽 경간 길이 중 긴 쪽이 7,200이므로 ⓐ = 7,200 × 0.3 = 2,160으로 구할 수 있다. 따라서 전체 길이는 5,120이 된다.

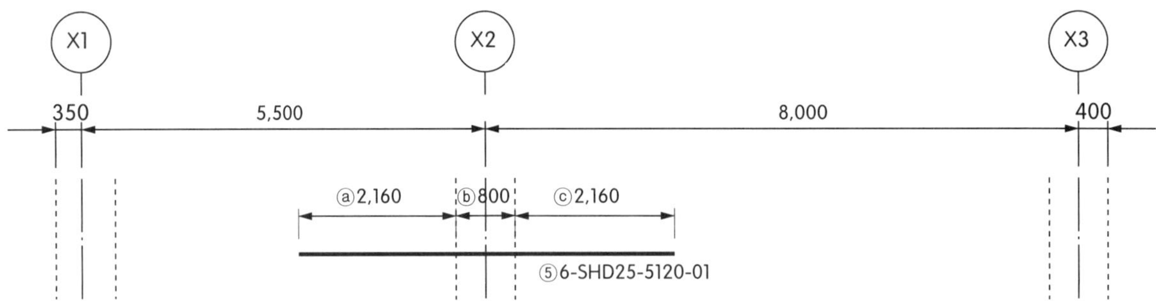

[그림 18-5] 상부 주근 내 단부 커트바

(2) 하부 주근

1) 하부 주근(연속)

G10보 일람표에서 하부근의 개수를 보면 휨모멘트가 큰 중앙부에 열두 개를 배근하고, 단부에는 여섯 개를 배근한다. 따라서 하부 주근 여섯(12 – 6) 개는 경간 전체에 배근해야 한다.

보 경간의 단부에서는 상부에 인장력이 작용하고 하부에 압축력이 작용한다. 따라서 하부근을 기둥에 정착할 때에는 압축철근으로 보고 계산할 수 있다. 그러나 보에 지진력이 작용하면 상하단의 응력이 반전될 수 있다. 특히 단부에서 쉽게 반전되는데, 이때는 반대로 상부–압축력, 하부–인장력이 작용한다. 따라서 경간 전체에 연속으로 배근하는 하부 주근을 정착할 때에는 상부 주근과 같이 인장철근으로 보고 동일하게 적용하는 것이 일반적이다. 따라서 연속되는 상부 주근과 하부 주근의 배근은 동일하다.

다만 하부 주근의 이음길이는 콘크리트 밑면에서 300 이상 위쪽에 있는 상부 철근이 아니기 때문에 일반철근의 이음길이를 적용할 수 있다.

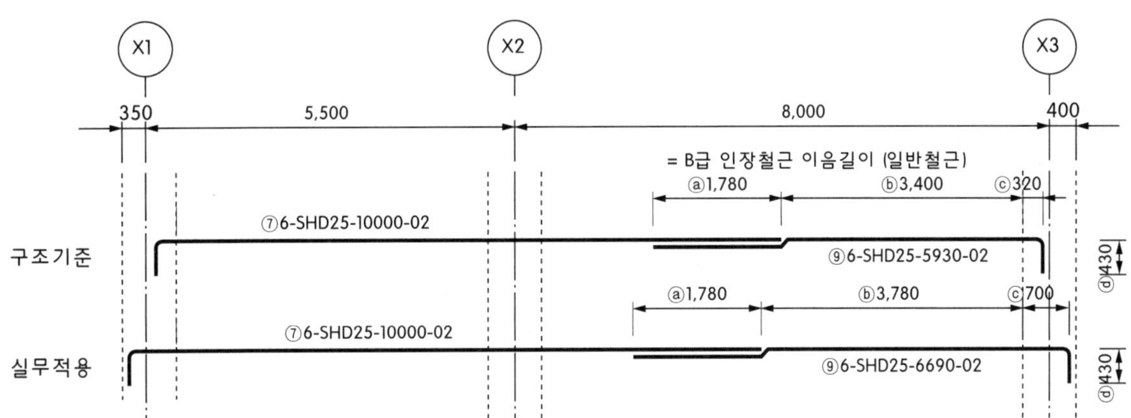

[그림 18-6] 연속 배근되는 하부 주근

2) 하부 주근 중앙부 커트바

하부 주근 중에서 휨모멘트가 크게 작용하는 경간 중앙부는 단부보다 철근 개수가 많은 것이 보통이다. G10도 단부는 여섯 개로 되어 있지만 중앙부는 열두 개로 되어 있으므로 여섯 개를 추가로 배근해야 한다. 이 철근은 중앙부에서 단부쪽으로 경간 길이 × 0.125를 뺀 길이만큼 내밀도록 규정하고 있다. 따라서 왼쪽 경간에서는 4,650 – (4,650 × 0.125) × 2(양쪽) = 3,488이 오른쪽 경간에서는 7,200 – (7,200 × 0.125) × 2(양쪽) = 5,400이 된다.

[그림 18-7] 하부 주근 중앙부 커트바

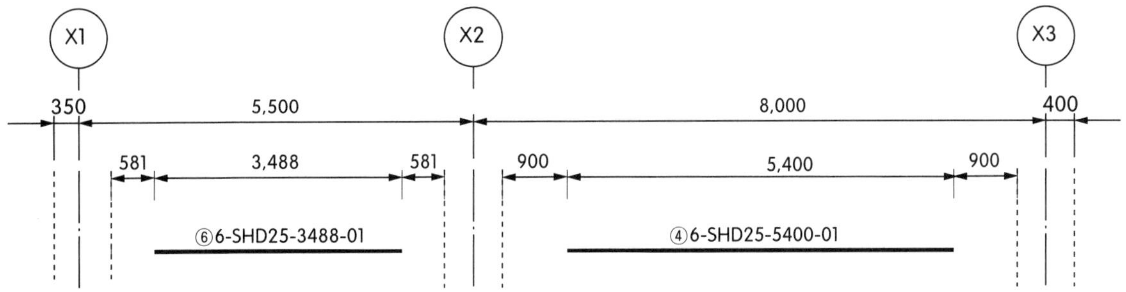

2. 스터럽

지상층이 없는 공동주택 지하주차장의 내부 보와 같이 내진설계를 적용하지 않으면 개방형 스터럽으로 할 수 있다. 하지만 그 외에는 대부분 폐쇄형 스터럽을 적용한다. 스터럽의 크기는 보 피복두께인 40을 뺀 길이에 스터럽의 표준갈고리 부분의 길이(D13의 경우 120)를 더해 계산한다.

스터럽은 전단력에 저항하기 때문에 스터럽 배근 간격은 단부에서 좁고 중앙부에서 넓은 것이 보통이다. 그러나 이 사례에서는 중앙부와 단부가 @150으로 동일하게 적용되었으므로, 위험단면에서 50 떨어진 위치에 처음 스터럽을 배치하고, 나머지 구간에는 배근 간격에 맞게 배근하였다.

[그림 18-8] 보 스터럽의 형태

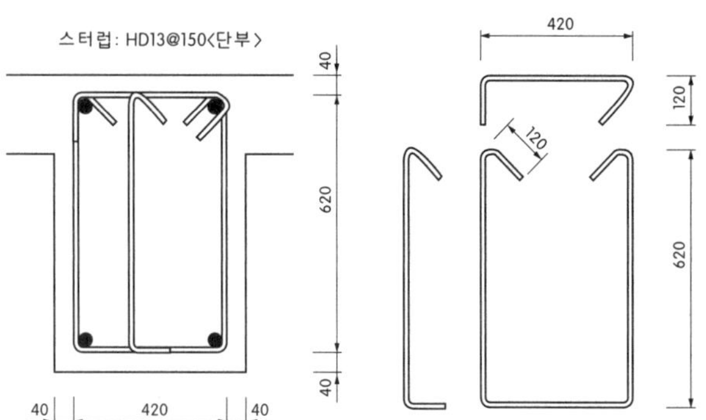

[그림 18-9] 스터럽 배근

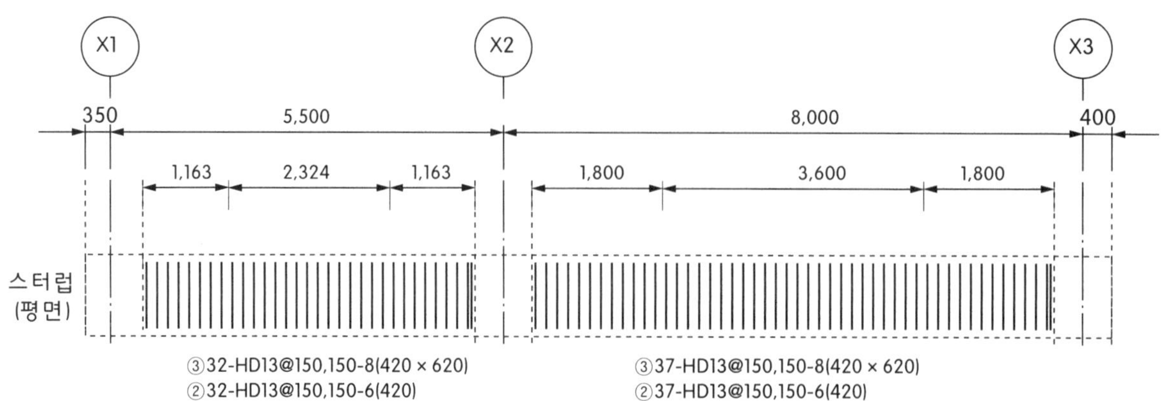

3. 단순화

앞에서 설명한 과정을 종합해서 나타내면 [그림 18-10]과 같다. 그러나 수치가 너무 복잡하여 이대로 시공한다면 시공성이 떨어진다. 따라서 가공치수를 단순화하는 과정을 거쳐야 하는데, 실제 철근상세도에서는 100단위로 단순화한 치수로 나타낸다.

[그림 18-10] 단순화하지 않은 보의 철근상세도

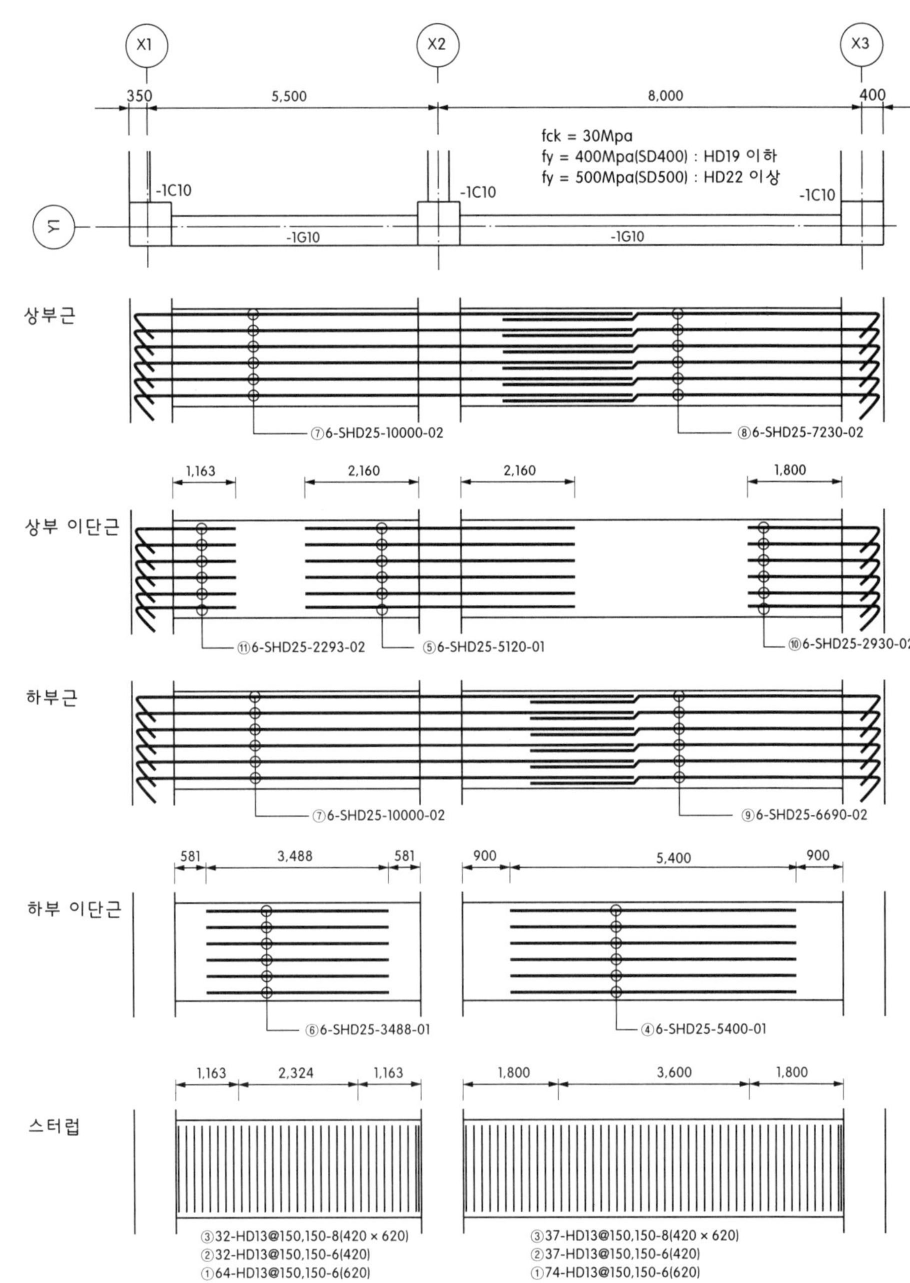

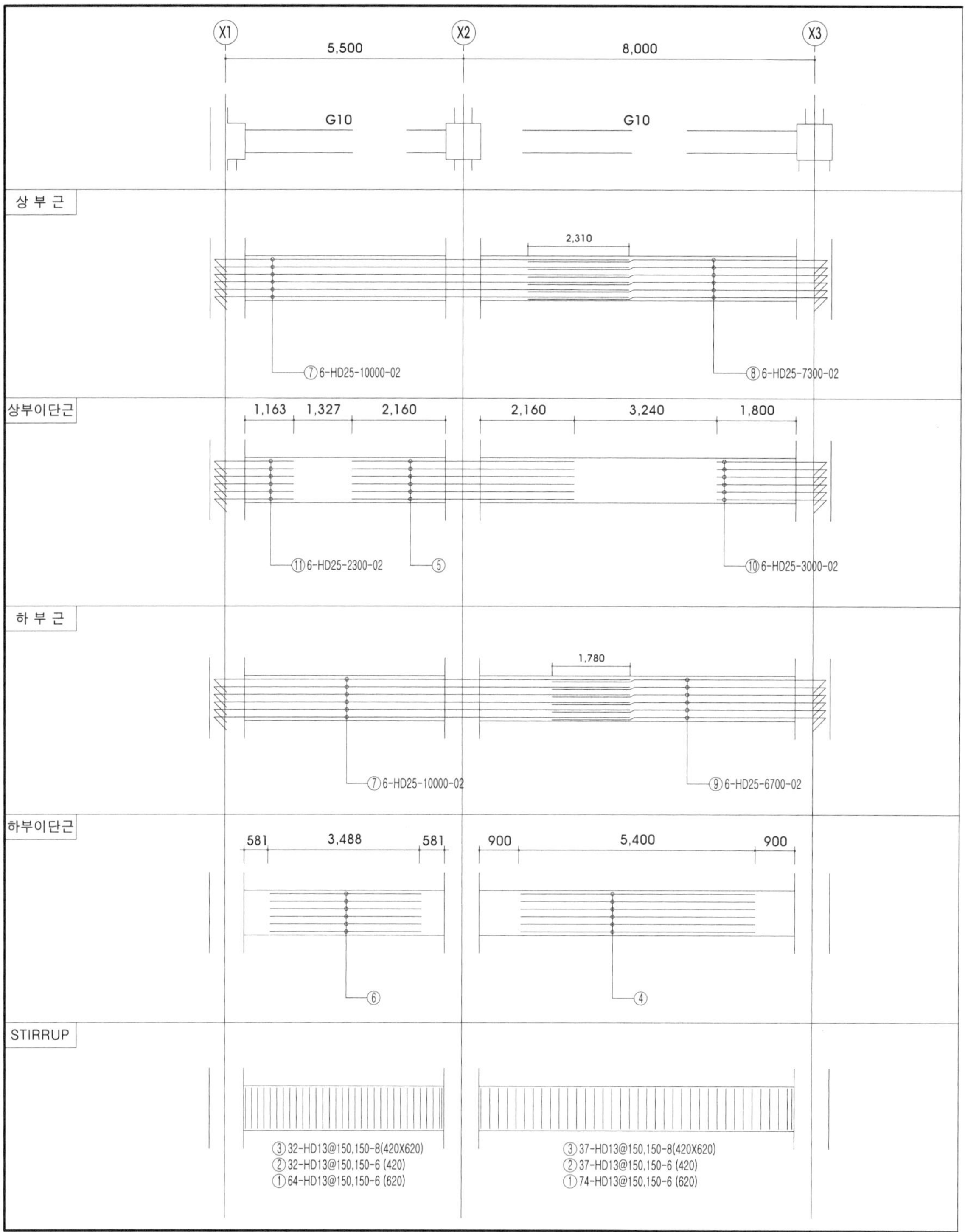

[그림 18-11] 보 사례 도면

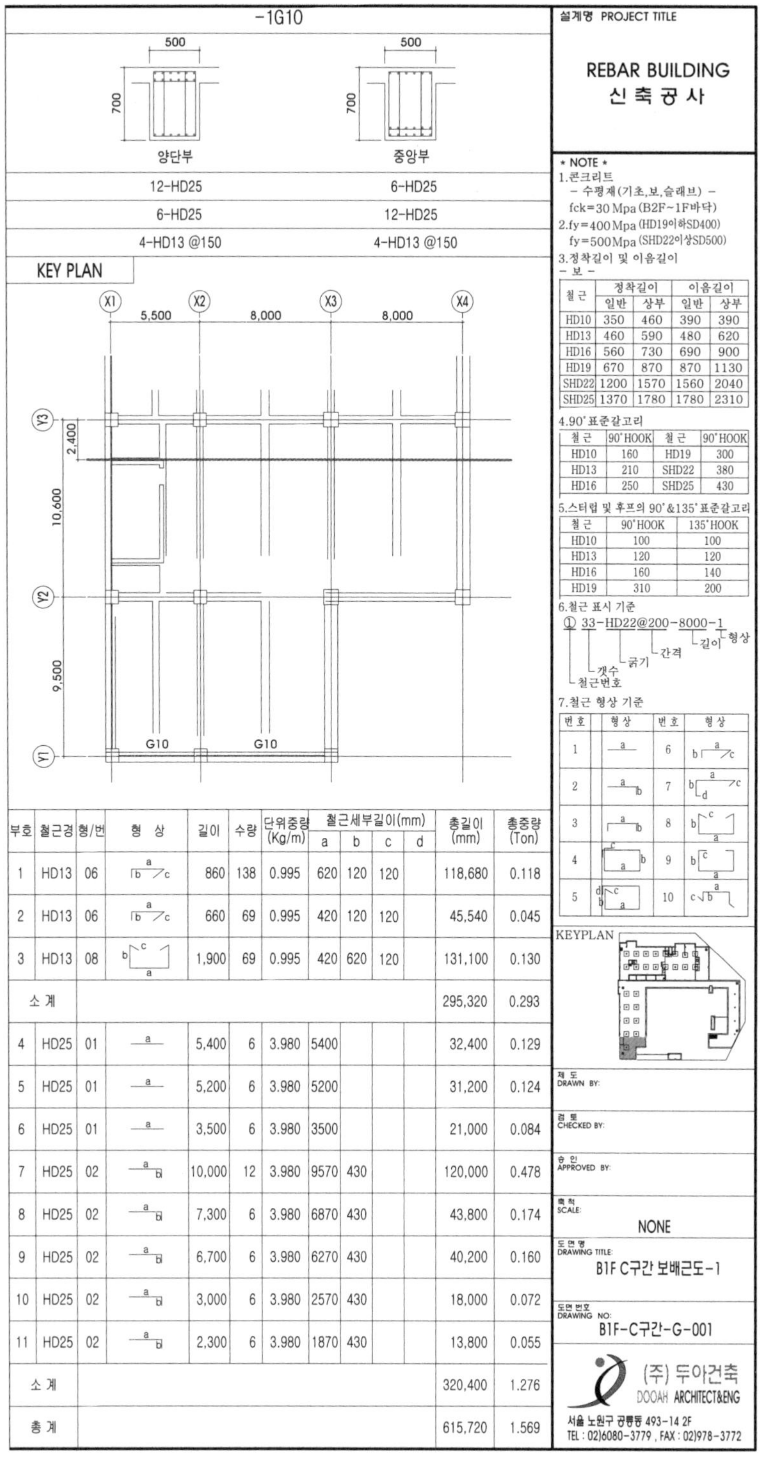

-1G10	양단부	중앙부
	12-HD25	6-HD25
	6-HD25	12-HD25
	4-HD13 @150	4-HD13 @150

부호	철근경	형/번	형 상	길이	수량	단위중량 (Kg/m)	철근세부길이(mm) a	b	c	d	총길이 (mm)	총중량 (Ton)
1	HD13	06		860	138	0.995	620	120	120		118,680	0.118
2	HD13	06		660	69	0.995	420	120	120		45,540	0.045
3	HD13	08		1,900	69	0.995	420	620	120		131,100	0.130
소 계											295,320	0.293
4	HD25	01		5,400	6	3.980	5400				32,400	0.129
5	HD25	01		5,200	6	3.980	5200				31,200	0.124
6	HD25	01		3,500	6	3.980	3500				21,000	0.084
7	HD25	02		10,000	12	3.980	9570	430			120,000	0.478
8	HD25	02		7,300	6	3.980	6870	430			43,800	0.174
9	HD25	02		6,700	6	3.980	6270	430			40,200	0.160
10	HD25	02		3,000	6	3.980	2570	430			18,000	0.072
11	HD25	02		2,300	6	3.980	1870	430			13,800	0.055
소 계											320,400	1.276
총 계											615,720	1.569

설계명 PROJECT TITLE

REBAR BUILDING
신 축 공 사

* NOTE *

1.콘크리트
- 수평재(기초,보,슬래브) -
fck=30 Mpa (B2F~1F바닥)

2.fy=400 Mpa (HD19이하SD400)
fy=500 Mpa (SHD22이상SD500)

3.정착길이 및 이음길이
- 보 -

철근	정착길이 일반	정착길이 상부	이음길이 일반	이음길이 상부
HD10	350	460	390	390
HD13	460	590	480	620
HD16	560	730	690	900
HD19	670	870	870	1130
SHD22	1200	1570	1560	2040
SHD25	1370	1780	1780	2310

4.90˚표준갈고리

철근	90˚HOOK	철근	90˚HOOK
HD10	160	HD19	300
HD13	210	SHD22	380
HD16	250	SHD25	430

5.스터럽 및 후프의 90˚&135˚표준갈고리

철근	90˚HOOK	135˚HOOK
HD10	100	100
HD13	120	120
HD16	160	140
HD19	310	200

6.철근 표시 기준
① 33-HD22@200-8000-1
철근번호, 갯수, 굵기, 간격, 길이, 형상

7.철근 형상 기준

번호	형상	번호	형상
1	a	6	b a c
2	a b	7	b a c d
3	a b	8	b c a
4	c a b	9	b c a
5	d c b a	10	c a b

KEYPLAN

제 도 DRAWN BY:

검 토 CHECKED BY:

승 인 APPROVED BY:

축 척 SCALE: NONE

도 면 명 DRAWING TITLE: B1F C구간 보배근도-1

도면번호 DRAWING NO: B1F-C구간-G-001

(주) 두아건축
DOOAH ARCHITECT&ENG
서울 노원구 공릉동 493-14 2F
TEL : 02)6080-3779 , FAX : 02)978-3772

19 슬래브 철근상세도

슬래브의 배근 방법에 대하여 다음 [그림 19-1]의 사례를 보기로 하자. 슬래브에서도 지면 관계상 경간이 세로방향 두 개로 이루어진 사례를 대상으로 했다. 철근상세도 작성 방법에 대한 설명은 Y1~Y2열을 대상으로 설명하였다.

이 사례에서는 두께가 200인 S1슬래브 아홉 개와 S2슬래브 한 개로 이루어져 있다. 모든 슬래브가 장변 방향의 경간이 단변 방향보다 두 배 이상인 1방향 슬래브로 되어 있다.

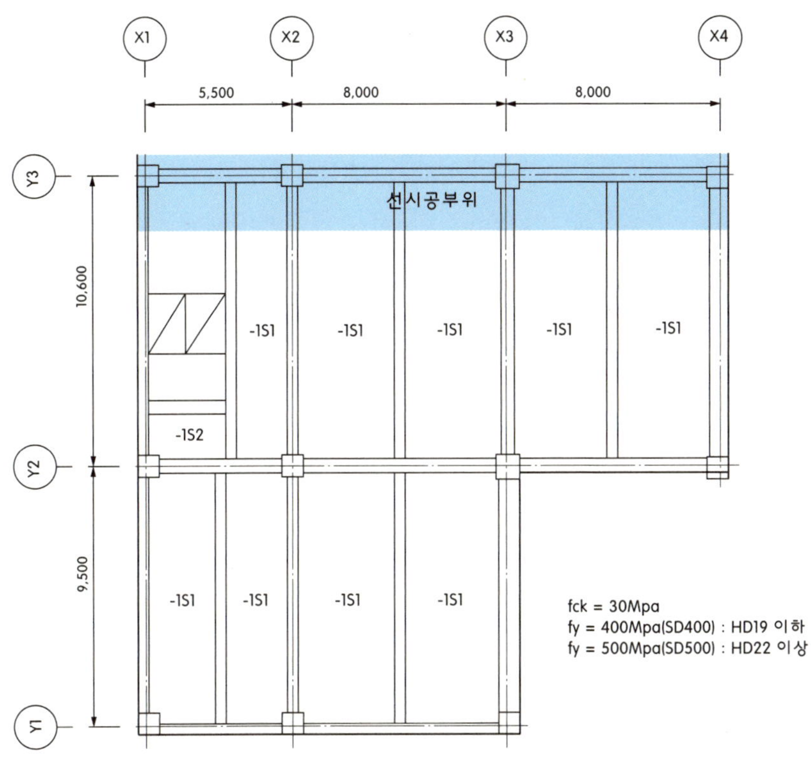

[그림 19-1] 슬래브 구조도면 사례

■ 슬래브 일람표

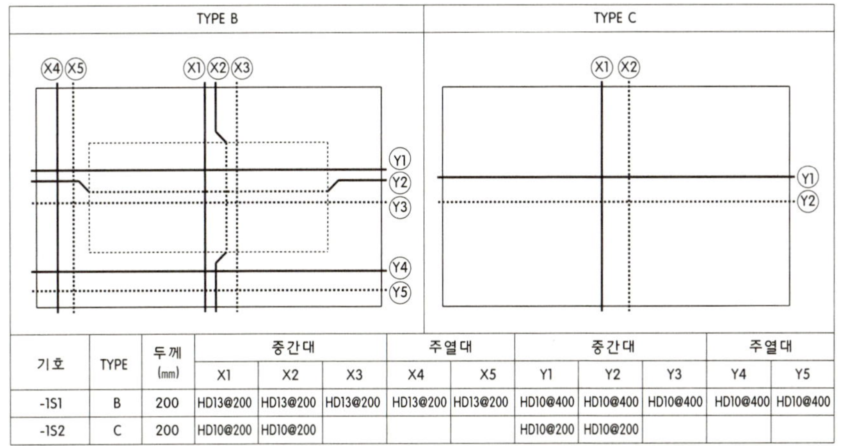

기호	TYPE	두께 (mm)	중간대			주열대		중간대			주열대	
			X1	X2	X3	X4	X5	Y1	Y2	Y3	Y4	Y5
-1S1	B	200	HD13@200	HD13@200	HD13@200	HD13@200	HD13@200	HD10@400	HD10@400	HD10@400	HD10@400	HD10@400
-1S2	C	200	HD10@200	HD10@200				HD10@200	HD10@200			

1. 하부 주근

슬래브는 주로 단변 방향으로 힘이 전달되기 때문에 단변 방향이 주근 방향이 된다. 슬래브 철근상세도를 작성하기 위해서는 주열대와 중간대를 구분해야 하는데, 이 사례에서는 구조설계도면 일반주기사항에 명기된 상세에 따라 단변 방향 순경간(L_x)의 1/4(0.25)를 기준으로 구분하였다.

하부 주근의 배근은 중간대와 주열대에서 달라질 수 있는데 여기서는 슬래브 배근일람표상의 X3와 X5가 HD13@200으로 동일하기 때문에 연속해서 배근할 수 있다.

슬래브에서는 장대철근을 연속해서 배근하는 것이 일반적인데, 여기서는 많이 사용하는 8,000을 적용해 배근하였다. 처음 배근하는 ⑱번 철근은 좌측에 정착해야 하는데, 압축정착에 해당하므로 150만큼 보에 정착한다. ⑱번 철근에 이어 연속해서 배근하는 ⑲번 철근은 ⑱번 철근에 B급 인장철근 이음길이인 390만큼 겹침이음하고 나머지 구간을 배근한다. X1에서 X3구간의 순경간 길이는 13,500 – 50 – 400 = 13,050이므로 ⑱번 철근을 배근하고 남는 길이는 13,050 – (8,000 – 150) = 5,200이 된다. 여기에 이음길이와 정착길이를 더해 계산하면, 5,200 + 390 + 150 = 5,740이 된다. 이것을 100단위로 단순화하면 ⑲번 철근의 길이는 5,800이다.

보와 인접한 위험단면에서 처음 배근하는 철근의 간격은 보통 배근 간격의 1/2이기 때문에, 여기서는 100만큼 간격을 두고 처음 배근하고 나머지 구간은 모두 배근 간격인 200으로 하여 철근의 개수를 산출한다. 여기서는 주열대와 중간대의 배근 간격이 200으로 동일하다.

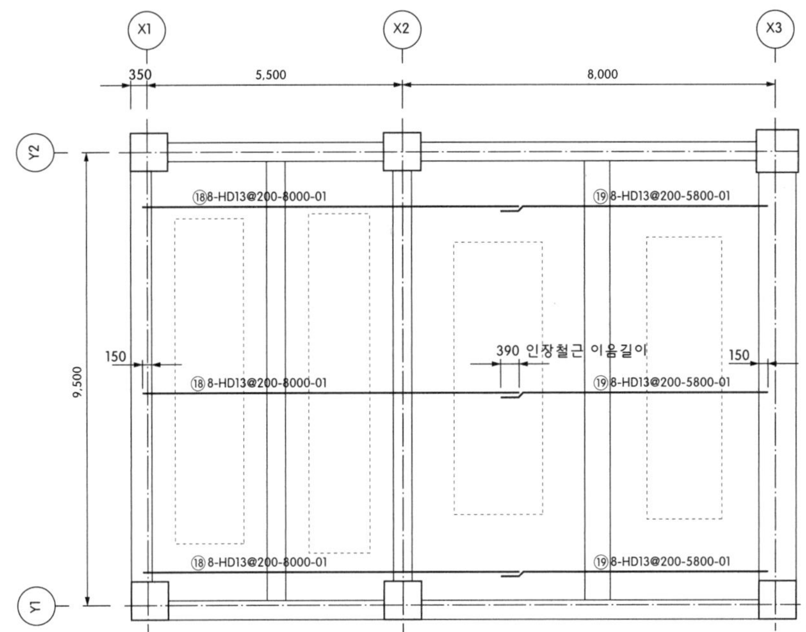

[그림 19-2] 슬래브 하부 주근 배근 상세

2. 하부 부근

슬래브 하부 부근은 장변 방향에 해당한다. 하부 부근은 하부 주근과 마찬가지로 150만큼 보에 정착하는 방식으로 배근한다. 이 사례에서는 X2열을 기준으로 좌측(X1~X2)과 우측(X2~X3)의 배근 방법이 달라진다. 좌측에서는 Y1~Y2열의 배근과 Y2~Y3열의 배근 간격이 달라지므로 Y1~Y2열 사이에 배근한 철근이 Y2~Y3열까지 연속 배근하지 못하고 정착이 된다. 반면 X2~X3열 구간에서는 동일 간격으로 배근하므로 장대철근 8,000을 연속해서 배근한다.

장변 방향 하부 부근의 배근 개수 산출은 하부 주근과 동일한 방식으로 하는데, 다만 주열대 하부근(Y5)의 배근 간격은 HD10@200인 반면, 중간대 하부근(Y3)의 배근 간격은 HD10@400이므로 배근 개수 산출 시 주의한다.

[그림 19-3] 슬래브 하부 부근 상세

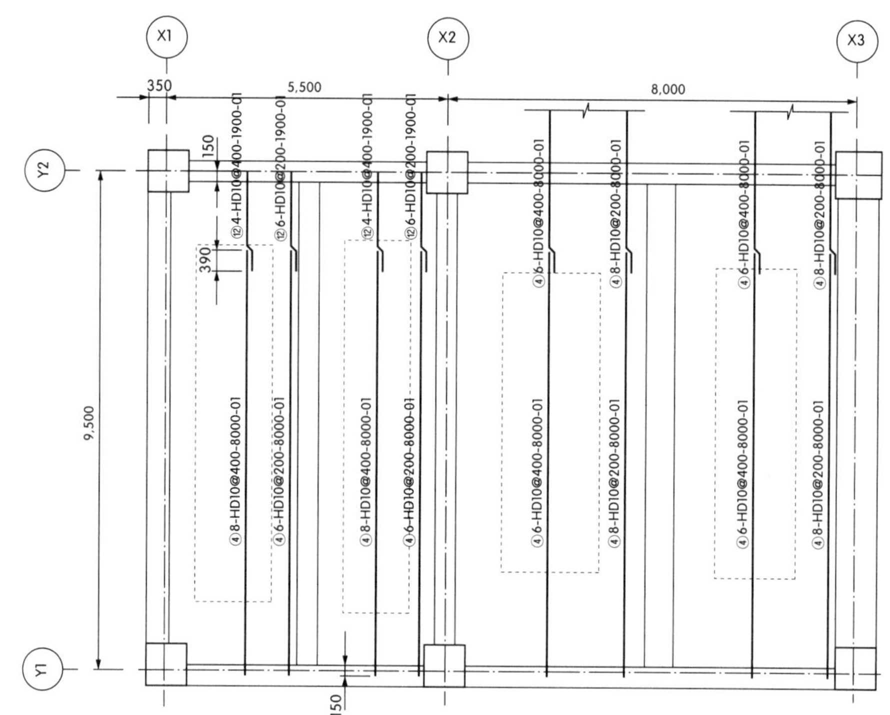

3. 상부 부근

보와 접하는 단부 슬래브 상단에는 인장력이 작용하기 때문에 상부 부근은 인장철근 정착길이만큼 배근해야 한다. 이 경우 상부 철근의 정착길이는 일반 정착길이 300의 1.3배이기 때문에 390이 된다. 그러나 보철근과 마찬가지로 슬래브 철근도 표준갈고리를 갖는 이형철근의 정착으로 배근한다.

이 사례에서 장변 방향 순경간 길이는 9,500 – (250 + 50) = 9,200이기 때문에 ⑮번 철근의 길이에서 정착되는 부분을 제외한 길이를 빼면 9,200 – (8,000 – 300 – 160) = 1,660이 된다. 이 철근에 이음길이(390)와 정착길이(390)를 합산하면,

1,660 + 390 + 390 = 2,440 ≒ 2,500(단순화)이 된다. 따라서 상부 철근의 길이는 2,500으로 계산한다.

상부 철근과는 달리 굽힘철근은 일반철근보다 절곡되는 부분만큼 길이가 늘어나므로 이 늘어나는 길이를 반영해야 한다. S1슬래브의 두께는 200이므로 상하부에서 슬래브 피복두께 20을 빼면 160이 된다. 따라서 일반철근보다 늘어나는 길이는 160 × (1.414 − 1) = 66.24 ≒ 70 정도가 된다. 맨 왼쪽 경간에서 절곡되는 부분은 모두 두 곳이므로 늘어나는 길이는 70 × 2 = 140만큼 더해 주어야 한다. 따라서 앞에서 구한 상부 철근 길이 2,440에 140을 더하면 2,580이 되며 100단위로 단순화하면 2,600으로 굽힘철근의 길이를 계산할 수 있다.

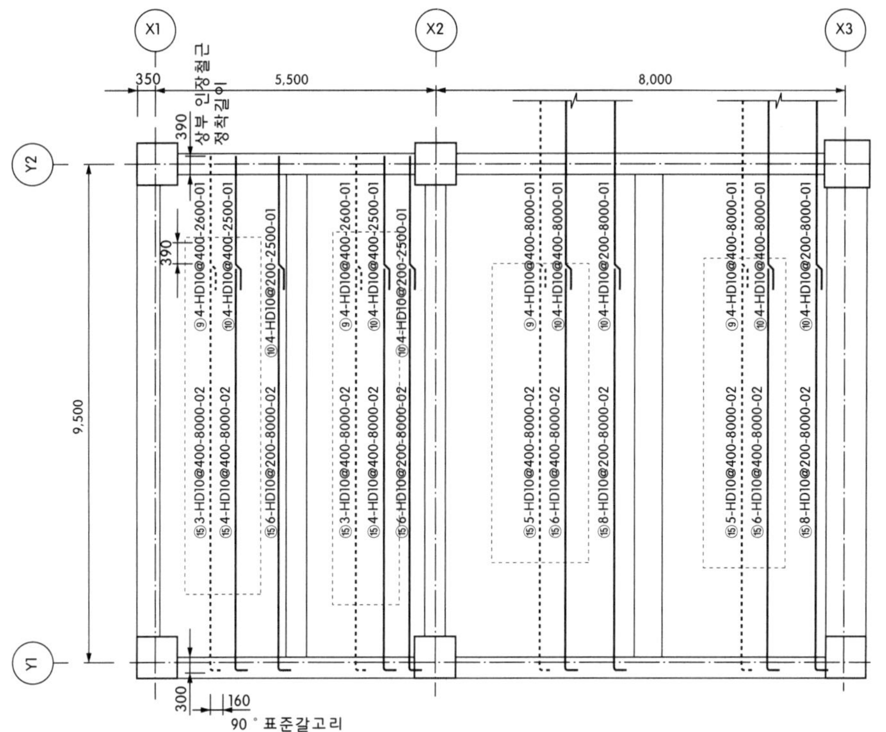

[그림 19-4] 슬래브 상부 부근 상세

4. 상부 주근

상부 주근은 X2열을 기준으로 좌우측 경간의 굽힘철근을 적용하는 구간이 달라지므로 우측에서부터 좌측 방향으로 장대철근 8,000을 배근하는 것으로 작성하였다. X3열에서 슬래브와 접하는 보의 폭은 800이므로 HD13의 상부 인장철근의 정착길이인 450을 확보할 수 있고 직선정착이 가능하다. 반면 X1열에 있는 보는 폭이 400이므로 정착길이를 확보할 수 없기 때문에 표준갈고리를 갖는 인장철근의 정착으로 배근해야 한다.

상부 주근의 길이를 산출해 보자. X1열에서 X3열 구간의 순경간 길이는 13,500 – 50 – 400 = 13,050이므로 장대철근 8,000을 450만큼 정착한 후 배근하고 남는 길이는 13,050 – (8,000 – 450) = 5,500이 된다. 여기에 이음길이와 정착길이를 더해 계산하면, 5,500+390+300+210 = 6,400이 된다. 따라서 굽힘철근이 아닌 상부철근은 6,400으로 적용한다.

굽힘철근은 굽힘 부분의 늘어난 길이만큼 길게 계산해야 하는데, 앞에서 산출한 것처럼 늘어나는 길이는 70이므로, 구간에 따라 굽혀지는 곳이 네 곳이면 70 × 4 = 280만큼 가산하고, 여덟 곳이면 70 × 8 = 560만큼 가산한다. 따라서 6,400+280 = 6,680 ≒ 6,700(단순화)으로, 6,400+560 = 6,960 ≒ 7,000(단순화)으로 계산한다.

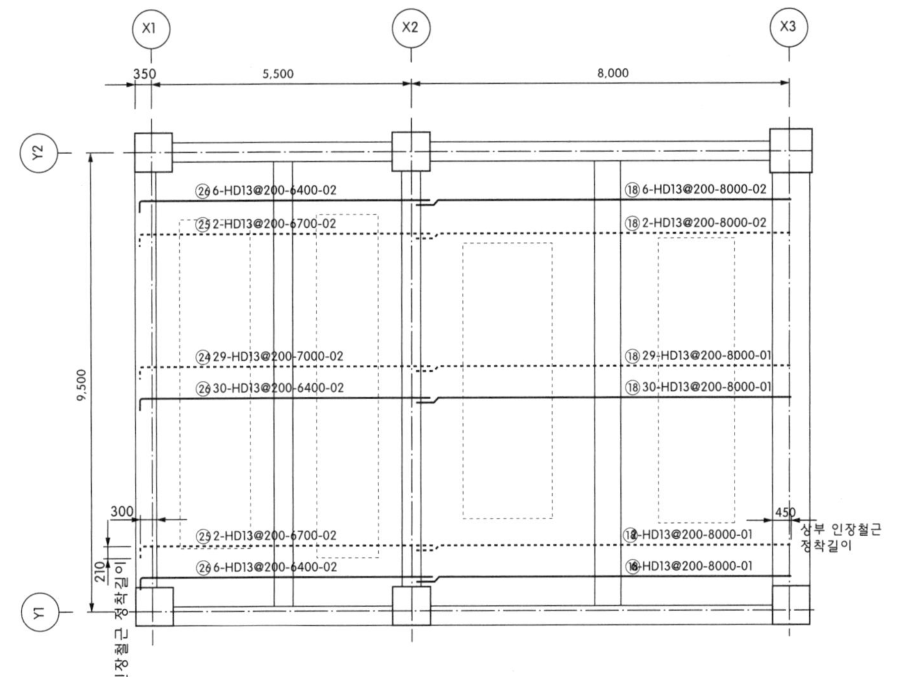

[그림 19-5] 슬래브 상부 주근 상세

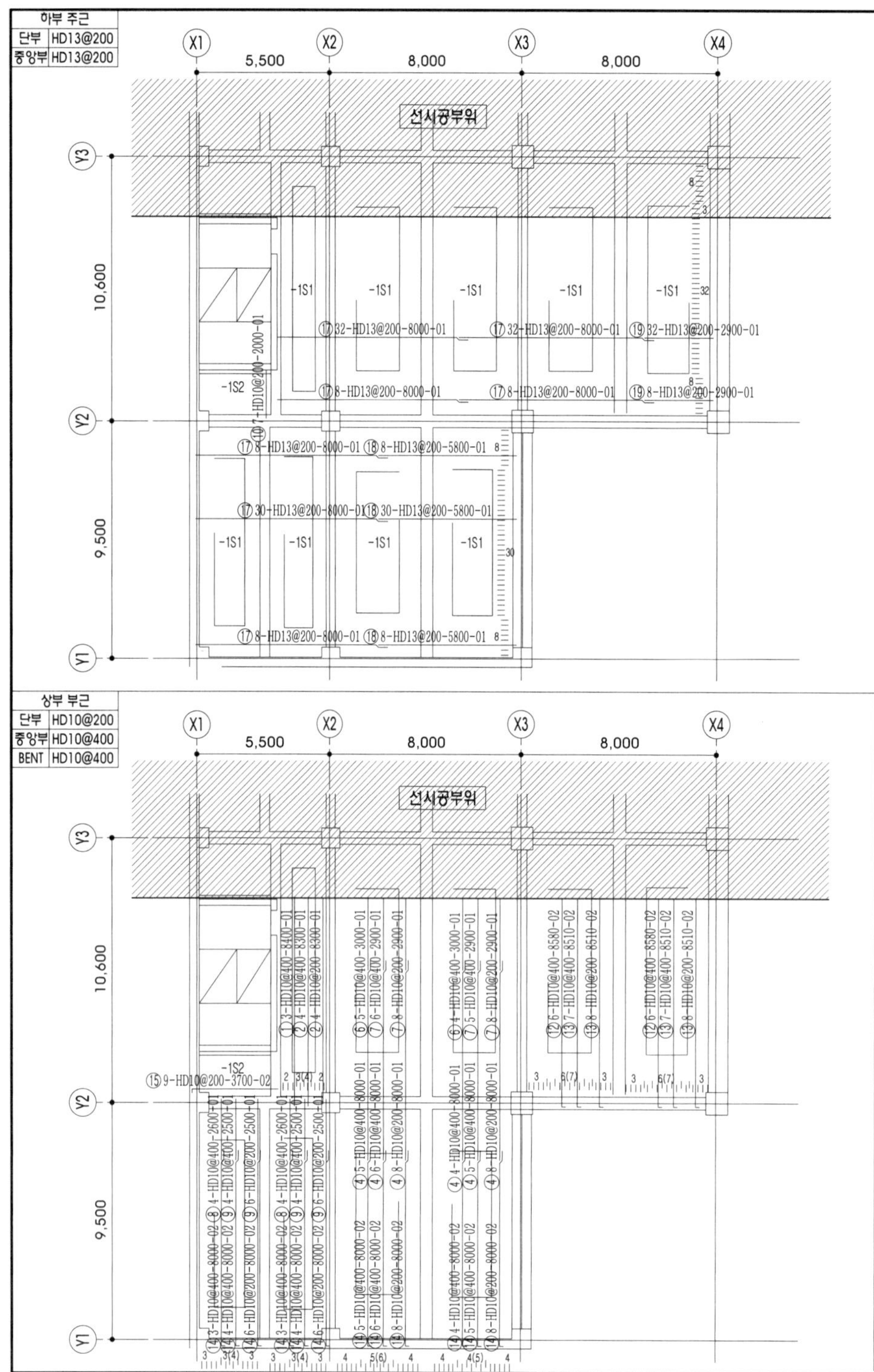

[그림 19-6] 슬래브 도면 사례

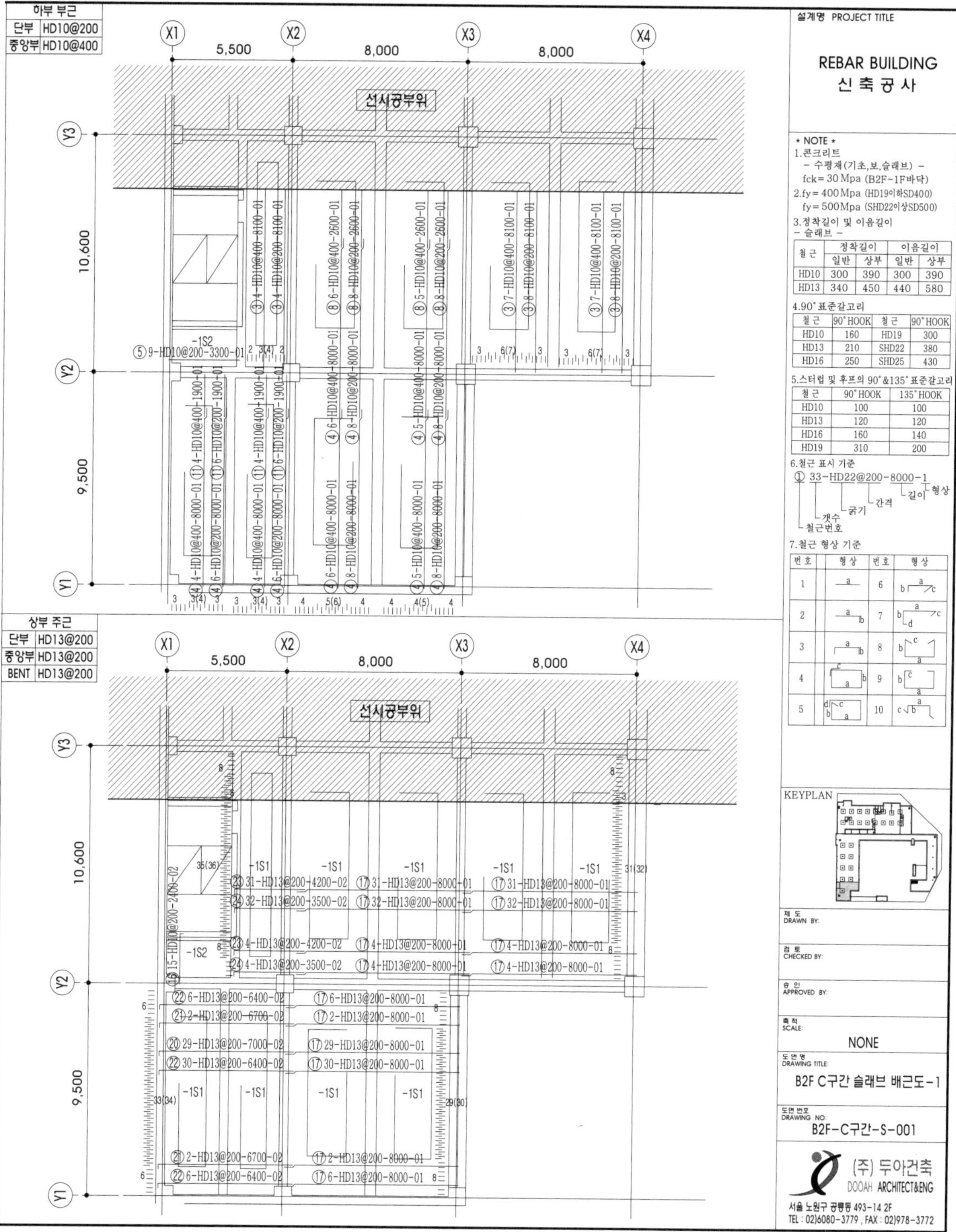

철근	정착길이 일반	정착길이 상부	이음길이 일반	이음길이 상부
HD10	300	390	300	390
HD13	340	450	440	580

철근	90° HOOK	철근	90° HOOK
HD10	160	HD19	300
HD13	210	SHD22	380
HD16	250	SHD25	430

철근	90° HOOK	135° HOOK
HD10	100	100
HD13	120	120
HD16	160	140
HD19	310	200

번호	형상	번호	형상
1	a	6	b a c
2	a b	7	b a c d
3	a b	8	b c a
4	c a b	9	b c a
5	d c b a	10	c b

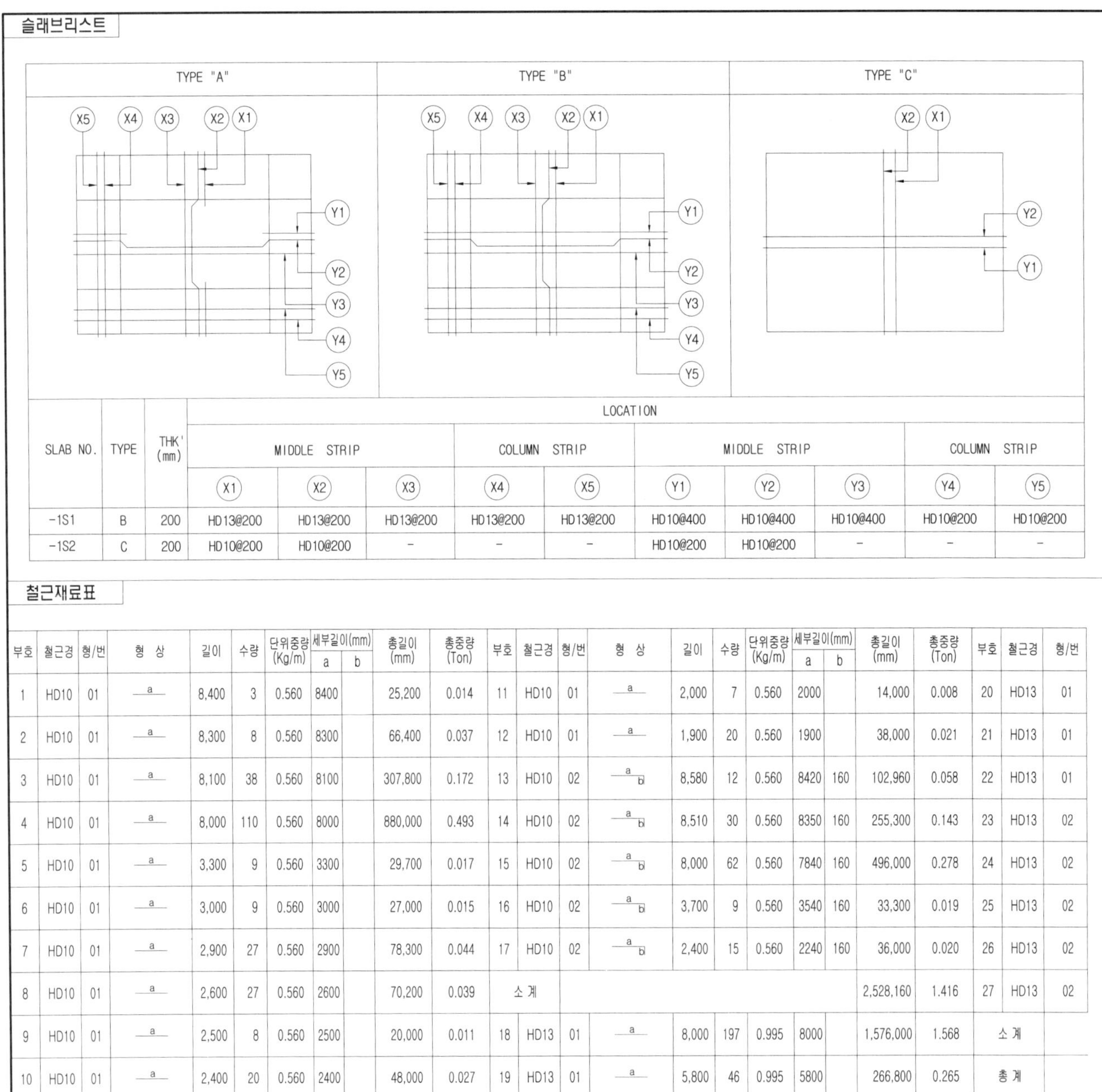

SLAB NO.	TYPE	THK' (mm)	LOCATION									
			MIDDLE STRIP			COLUMN STRIP		MIDDLE STRIP			COLUMN STRIP	
			X1	X2	X3	X4	X5	Y1	Y2	Y3	Y4	Y5
-1S1	B	200	HD13@200	HD13@200	HD13@200	HD13@200	HD13@200	HD10@400	HD10@400	HD10@400	HD10@200	HD10@200
-1S2	C	200	HD10@200	HD10@200	-	-	-	HD10@200	HD10@200	-	-	-

철근재료표

부호	철근경	형/번	형 상	길이	수량	단위중량 (Kg/m)	세부길이(mm) a	세부길이(mm) b	총길이 (mm)	총중량 (Ton)
1	HD10	01	a	8,400	3	0.560	8400		25,200	0.014
2	HD10	01	a	8,300	8	0.560	8300		66,400	0.037
3	HD10	01	a	8,100	38	0.560	8100		307,800	0.172
4	HD10	01	a	8,000	110	0.560	8000		880,000	0.493
5	HD10	01	a	3,300	9	0.560	3300		29,700	0.017
6	HD10	01	a	3,000	9	0.560	3000		27,000	0.015
7	HD10	01	a	2,900	27	0.560	2900		78,300	0.044
8	HD10	01	a	2,600	27	0.560	2600		70,200	0.039
9	HD10	01	a	2,500	8	0.560	2500		20,000	0.011
10	HD10	01	a	2,400	20	0.560	2400		48,000	0.027

부호	철근경	형/번	형 상	길이	수량	단위중량 (Kg/m)	세부길이(mm) a	세부길이(mm) b	총길이 (mm)	총중량 (Ton)
11	HD10	01	a	2,000	7	0.560	2000		14,000	0.008
12	HD10	01	a	1,900	20	0.560	1900		38,000	0.021
13	HD10	02	a b	8,580	12	0.560	8420	160	102,960	0.058
14	HD10	02	a b	8,510	30	0.560	8350	160	255,300	0.143
15	HD10	02	a b	8,000	62	0.560	7840	160	496,000	0.278
16	HD10	02	a b	3,700	9	0.560	3540	160	33,300	0.019
17	HD10	02	a b	2,400	15	0.560	2240	160	36,000	0.020
소 계									2,528,160	1.416
18	HD13	01	a	8,000	197	0.995	8000		1,576,000	1.568
19	HD13	01	a	5,800	46	0.995	5800		266,800	0.265

부호	철근경	형/번
20	HD13	01
21	HD13	01
22	HD13	01
23	HD13	02
24	HD13	02
25	HD13	02
26	HD13	02
27	HD13	02
소 계		
총 계		

[그림 19-7] 슬래브 사례 도면(계속)

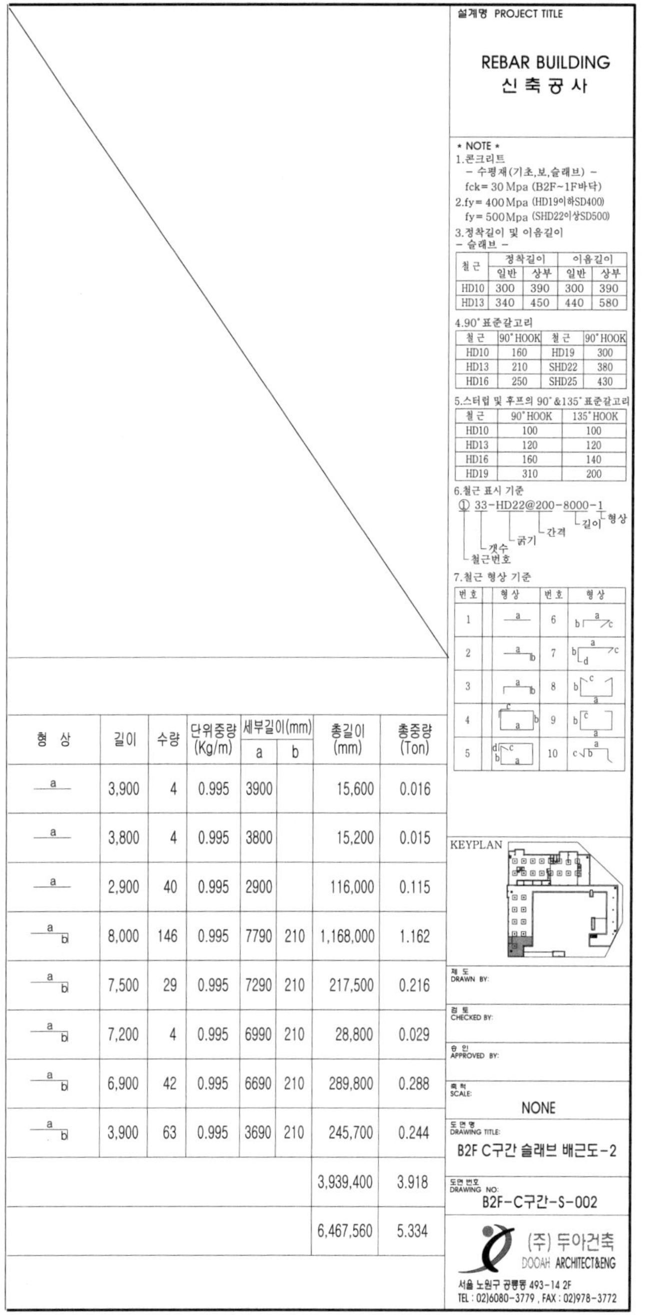

형 상	길이	수량	단위중량 (Kg/m)	세부길이(mm) a	세부길이(mm) b	총길이 (mm)	총중량 (Ton)
a	3,900	4	0.995	3900		15,600	0.016
a	3,800	4	0.995	3800		15,200	0.015
a	2,900	40	0.995	2900		116,000	0.115
a b	8,000	146	0.995	7790	210	1,168,000	1.162
a b	7,500	29	0.995	7290	210	217,500	0.216
a b	7,200	4	0.995	6990	210	28,800	0.029
a b	6,900	42	0.995	6690	210	289,800	0.288
a b	3,900	63	0.995	3690	210	245,700	0.244
						3,939,400	3.918
						6,467,560	5.334

설계명 PROJECT TITLE

REBAR BUILDING
신축공사

* NOTE *

1.콘크리트
- 수평재(기초,보,슬래브) -
fck= 30 Mpa (B2F~1F바닥)

2.fy= 400 Mpa (HD19이하SD400)
fy= 500 Mpa (SHD22이상SD500)

3.정착길이 및 이음길이
- 슬래브 -

철근	정착길이 일반	정착길이 상부	이음길이 일반	이음길이 상부
HD10	300	390	300	390
HD13	340	450	440	580

4.90° 표준갈고리

철근	90° HOOK	철근	90° HOOK
HD10	160	HD19	300
HD13	210	SHD22	380
HD16	250	SHD25	430

5.스터럽 및 후프의 90° & 135° 표준갈고리

철근	90° HOOK	135° HOOK
HD10	100	100
HD13	120	120
HD16	160	140
HD19	310	200

6.철근 표시 기준

① 33-HD22@200-8000-1
(철근번호 - 갯수 - 굵기 - 간격 - 길이 - 형상)

7.철근 형상 기준

번호	형상	번호	형상
1	a	6	b a c
2	a b	7	b a c d
3	a b	8	b c a
4	c a b	9	b c a
5	d c b a	10	c b a

KEYPLAN

제 도 DRAWN BY:

검 토 CHECKED BY:

승 인 APPROVED BY:

축 척 SCALE: NONE

도면명 DRAWING TITLE: B2F C구간 슬래브 배근도-2

도면번호 DRAWING NO: B2F-C구간-S-002

(주) 두아건축
DOOAH ARCHITECT&ENG
서울 노원구 공릉동 493-14 2F
TEL : 02)6080-3779 , FAX : 02)978-3772

참고문헌

김무한 및 A+CM건축, 〈공동주택감리 이야기〉, 공간예술사, 2006

김우 외 4인 역, 〈콘크리트구조설계〉, 동화기술, 2007

대한건축학회, 〈건축기술지침(건축 1)〉, 공간예술사, 2008

대한건축학회, 〈콘크리트구조설계기준 건축구조물설계 예제집〉, 기문당, 2008

대한주택공사 건설관리처, 〈2005 공동주택 공사감독 핸드북〉, 건설도서, 2005

대한주택공사, 〈철근콘크리트조의 배근 시공도작성실무〉, 기문당, 2000.

민창식, 〈철근콘크리트공학(제2판)〉, 구미서관, 2009

(사)한국건축구조기술사회, 〈철근콘크리트 배근상세 (제3판)〉, 도서출판 구미서관, 2020

태연기계, 〈한국 철근가공의 현주소〉, 태연기계㈜, 2001.

한국콘크리트학회, 〈콘크리트구조설계기준 · 해설〉, 기문당, 2008

한국콘크리트학회, 〈콘크리트표준시방서 해설〉, 기문당, 2009

현대산업개발 구조설계팀, 〈2007철근콘크리트 배근 상세도〉, 현대산업개발, 2006.

Nison, Arthur H., David Darwin, and Charles W. Dolan, 〈콘크리트구조설계〉, 김우, 김진근, 오병환 역, 동화기술, 2007

Allen, Edward and Joseph Iano, *Fundamentals of Building Construction,* John Wiley & Sons Inc, 2003

American Concrete Institute, *ACI Detailing Manual -2004,* 2004

Concrete Reinforcing Steel Institute(CRSI), *Manual of Standard Practice 27th Ed.,* CRSI, 2003

Concrete Reinforcing Steel Institute(CRSI), *Placing Reinforcing Bars 8th Ed., CRSI,* 2005

荒川治德, 〈鐵筋工事.本音の現場學〉, 學藝出版社, 1995

豊島 光夫, 〈鐵筋最前線〉, 東京: 建築技術, 1999

철근형상별 코드표

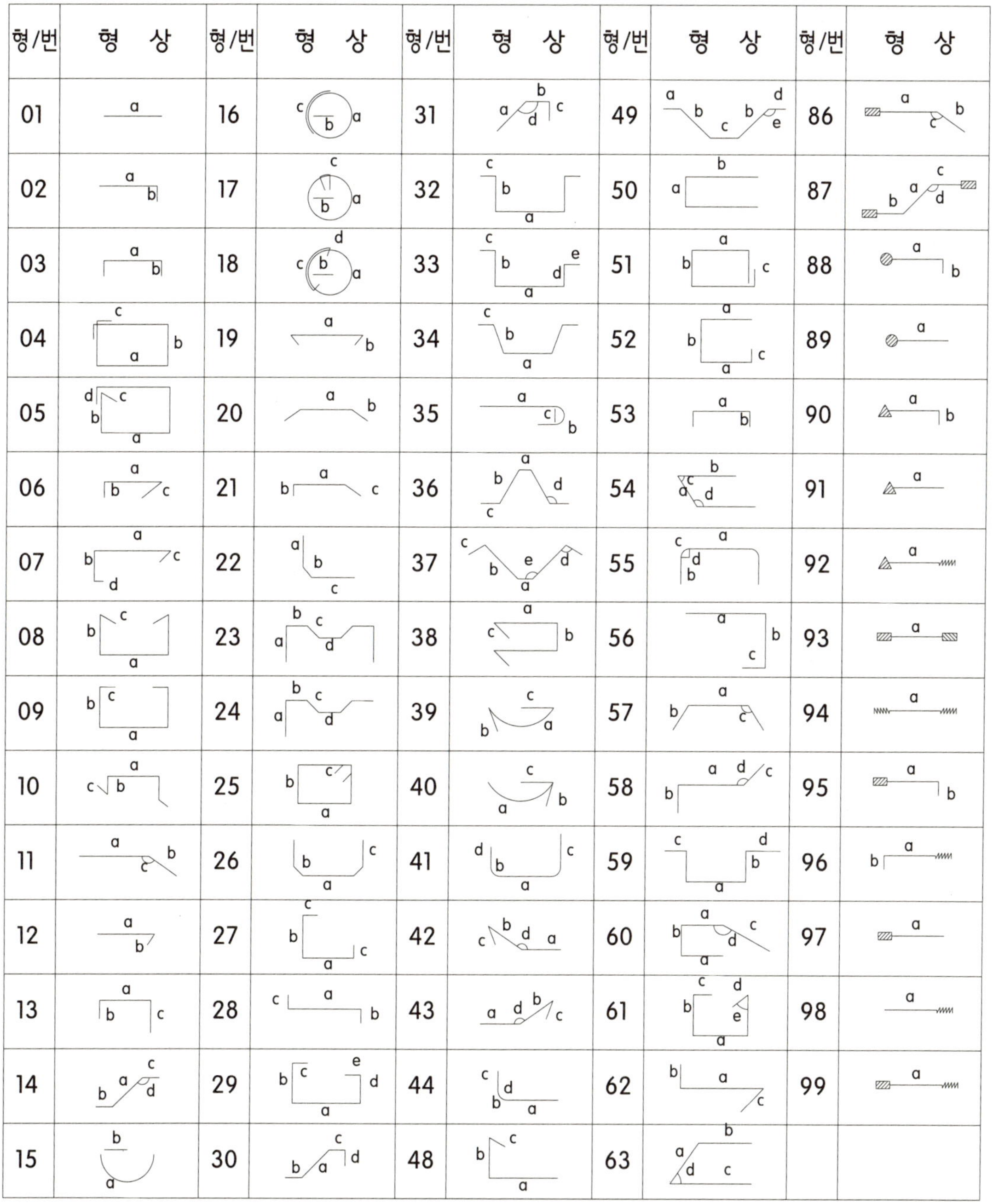

형/번 형 상 형/번 형 상 형/번 형 상 형/번 형 상 형/번 형 상
01 16 31 49 86
02 17 32 50 87
03 18 33 51 88
04 19 34 52 89
05 20 35 53 90
06 21 36 54 91
07 22 37 55 92
08 23 38 56 93
09 24 39 57 94
10 25 40 58 95
11 26 41 59 96
12 27 42 60 97
13 28 43 61 98
14 29 44 62 99
15 30 48 63

■ 저자 약력

박우열

(현) 안동대학교 건축공학과 교수, 고려대학교 공학박사
저서로는 〈이론과 현장실무 중심의 건축시공학〉, 〈START 건축일반구조〉, 〈건축적산〉 등이 있다.

정현옥

(현) 현대철강 및 두아건축 대표
고려대학교 박사 수료

강태경

(현) 한국건설기술연구원 건설정책연구소, 중앙대학교 공학박사
'실적기반 공사비 DB 구축 및 예정가격 산정기법 개발' 등 연구 보고서 다수

조훈희

(현) 고려대학교 건축사회환경공학부 교수, 고려대학교 공학박사
저서로는 〈이론과 현장실무 중심의 건축시공학〉이 있다.

철근 배근 이론과 실무 [제3판]

초판 1쇄 발행 2011년 03월 21일
개정 1쇄 발행 2016년 11월 30일
3판 1쇄 발행 2023년 03월 30일

지 은 이 박우열 · 정현옥 · 강태경 · 조훈희
발 행 인 김호석
발 행 처 도서출판 대가
등 록 제 311-47호
주 소 경기도 고양시 일산동구 무궁화로 32-21 로데오메탈릭타워 405호
전 화 (02) 305-0210
팩 스 (031) 905-0221
전자우편 dga1023@hanmail.net
홈페이지 www.bookdaega.com

ISBN 978-89-6285-369-8 93540